"十四五"职业教育国家规划教材

养猪生产技术

第2版

李和国　关红民　主编

中国农业大学出版社
·北京·

内容简介

本教材根据高等职业教育畜牧兽医专业教学标准、人才培养方案和课程教学标准，以养猪的“生产特点＋发展动态”“生产节律＋工艺组织”“设施规划＋圈舍建筑”“设备配置＋饲料筹划”“环境控制＋育种繁殖”“生物安全＋生产管理”为主要内容，以“项目＋思政”“任务＋实践”“线上＋线下”“自测＋师评”为教学特色，设计了教学目标、学习任务、思政关联、实践训练、线上学习、考核评价六个课堂组织模块，将思政教育充分融入智慧生产中。在教材的使用过程中，既要引导学生通过课堂、网络、图书室和生产现场等途径的学习，又充分照顾学生在思想、政治、兴趣、习惯、个性、态度、品质等方面的培养，促使其职业技能达到从事相应职业岗位群工作所必需的要求和标准。本教材的体例格式既有利于教师和学生开展诸如课程思政教育、岗位实践训练、线上线下学习、小组分析讨论、自主考核评价等灵活多样的教学活动，又便于教师和学生置身于现场工作情景、模拟场景及仿真环境中，开展“项目导向、任务驱动”的教学模式。

本教材图文并茂、通俗易懂，职教特色明显，既可作为教师和学生开展“产教融合、校企合作、工学结合、知行合一”人才培养模式的特色教材，又可作为企业技术人员的培训教程，还可作为广大畜牧兽医工作者短期培训、技术服务和继续学习的参考用书。

图书在版编目(CIP)数据

养猪生产技术／李和国，关红民主编. --2版. --北京：中国农业大学出版社，2024.3(2025.1重印)

ISBN 978-7-5655-3174-3

Ⅰ.①养… Ⅱ.①李…②关… Ⅲ.①养猪学-高等职业教育-教材 Ⅳ.①S828

中国国家版本馆CIP数据核字(2024)第042445号

书　　名　养猪生产技术　第2版
作　　者　李和国　关红民　主编

策划编辑　康昊婷　　**责任编辑**　林孝栋
封面设计　李尘工作室
出版发行　中国农业大学出版社
社　　址　北京市海淀区圆明园西路2号　　**邮政编码**　100193
电　　话　发行部 010-62733489，1190　　编辑部 010-62732617，2618
出版部 010-62733440　　读者服务部 010-62732336
网　　址　http://www.caupress.cn　　**E-mail**　cbsszs@cau.edu.cn
经　　销　新华书店
印　　刷　涿州市星河印刷有限公司
版　　次　2024年3月第2版　2025年1月第2次印刷
规　　格　185 mm×260 mm　16开本　13.5印张　337千字
定　　价　54.00元

编审人员

主　编　李和国（甘肃畜牧工程职业技术学院）
　　　　关红民（甘肃畜牧工程职业技术学院）

副主编　张　玺（甘肃畜牧工程职业技术学院）
　　　　周　俊（广东茂名农林科技职业学院）
　　　　杨庆芳（晋中职业技术学院）
　　　　闫红军（杨凌职业技术学院）

参　编　李心蕊（甘肃畜牧工程职业技术学院）
　　　　王晨阳（甘肃畜牧工程职业技术学院）
　　　　董淑红（徐州生物工程职业技术学院）
　　　　吴文桃（江西农业工程职业学院）
　　　　杨俊芳（乌兰察布职业学院）

主　审　田　方（宁夏正通农牧科技有限公司）

前 言

党的二十大报告提出:“教育、科技、人才是全面建设社会主义现代化国家的基础性、战略性支撑”“统筹职业教育、高等教育、继续教育协同创新,推进职普融通、产教融合、科教融汇,优化职业教育类型定位”,并把大国工匠和高技能人才纳入国家战略人才力量,这是职业院校新时期改革发展的方向指引和重要驱动。职业院校作为培养高素质技术技能人才的主阵地,承担着为党育人、为国育才的重要任务,这就迫切需要把党的二十大精神写进教材、引入课堂和融进头脑,并在人才培养过程中,科学谋划、精心组织、创新方法、务求实效。课堂是平台,教材是载体,教师是关键。结合党的二十大报告,全面推进课程思政建设,及时有效地将报告精神与专业知识联系起来,找准授课切入点,精准挖掘各类课程中蕴含的思政育人元素,认真做好对学生的价值引导、人格培育与精神滋养,促进学生关注时事、关心国家、关注未来;要结合学生的专业水平和工匠精神的培养,把理论问题讲生动、讲鲜活,把技能训练做扎实、做精湛,促使课程思政与专业教学的有效融合和共同发力、同向而行,全面推进职业教育高质量发展。

《国家职业教育改革实施方案》明确提出:要建设一大批校企“双元”合作开发的国家规划教材,倡导使用新型活页式、工作手册式教材并配套开发信息化资源。学校和企业应当协同配合、紧密合作,基于专业教学标准、人才培养方案和课程教学标准,精准构建完善的课岗融通体系,编写工学结合教材,并将教学、实习、就业融为一体,通过校企“双主体”和工学“双融通”教学,充分发挥其双向育人效力,提升人才培养质量,力争做到学生培养与就业之间的无缝对接。正是在这样的背景下,甘肃畜牧工程职业技术学院联合宁夏正通农牧科技有限公司等多家企业,以甘肃省职业教育李和国名师工作室为平台,结合教育部《“十四五”职业教育规划教材建设实施方案》和“互联网+职业教育”的发展需求,共同组织修订了畜牧兽医专业群基于工学结合的校企“双元”教材——《养猪生产技术》。

本教材的修订以习近平新时代中国特色社会主义思想为指引，以党的二十大精神及全国教育大会精神为指导，不但践行了现代职业教育“产教融合、校企合作、工学结合、知行合一”的人才培养模式，而且将“人民安康、工匠精神、生态环保、食品安全、乡村振兴、质量强国”等思政元素贯穿于课程教学项目和学习任务中，同时还渗透了现代畜牧业相关的法律、法规、标准及人工智能与智慧养猪的新技术、新工艺和新方法，提升大学生服务“三农”事业的使命感和责任感，为培养农业战线“一懂两爱”的能工巧匠奠定了坚实的基础。

本教材按照“项目导向、任务驱动”的教学设计构思，将学生的理论教学、思政教育、实践训练、线上学习、考核评价与现代养猪的新技术、新工艺、新方法等有机对接，旨在通过学校和企业、教师和师傅、学生和学徒、专业和课程、岗位和实践等方面的高度融合，把企业的场景、项目和专家融入课堂，实施校企“双主体”精准育人，以保证学生按照“学生（学校）→学徒（学校＋企业）→准员工（企业跟岗）→员工（企业顶岗）”的递进路线健康成长，进而实现学生毕业与就业的“零距离”对接，为达成课程教学目标和满足现代养猪产业对高素质技术技能人才的需求奠定了良好的基础。

本教材由甘肃省职业教育李和国名师工作室整体规划与设计，甘肃畜牧工程职业技术学院李和国、关红民老师担任主编。其中项目一任务一由周俊、闫红军、董淑红、吴文桃、杨俊芳编写，任务二由杨庆芳编写，项目二和六由张玺编写，项目三和五由李心蕊编写，项目四由王晨阳编写，德康集团北方区域公司经理王振国、大伟嘉集团养猪事业部经理秦志斌提供了养猪技术视频，全书由李和国、张玺统稿。甘肃农业大学史兆国教授、宁夏正通农牧科技有限公司田方总经理担任教材的主审，并对书稿提出了宝贵的意见和建议，显著提高了本教材的质量。

由于现代养猪的理论研究、技术创新和工艺改进等进展很快，加之编者水平所限，教材中错误和不妥之处在所难免。为此，深切盼望读者在使用教材的过程中能够提出批评和建议，以备再版时修改。

编　者

2024 年 1 月

目录

项目一

养猪的生产特点和发展动态

教学目标

知识目标 了解我国养猪业的发展历程，理解传统养猪与现代养猪的主要区别，掌握养猪的生产特点和发展趋势，为更好地促进养猪生产的可持续发展奠定必要的理论知识基础。

技能目标 学会规模化养猪场参观调研报告的撰写方法；学会利用文献资料的查询和综述，分析养猪的生产特点和发展趋势。

思政目标 知道“猪粮安天下”的战略意义，培育放眼世界、热爱祖国、服务人民、强农有我的思想情怀。

学习任务

任务一 养猪的生产特点

长期以来，我国的传统养猪业多以农户分散饲养和企业小规模饲养的方式进行生产，相比现代养猪有着很大的区别。一是传统养猪依靠原始的直接生产经验，简单地利用自然条件和猪的生产机能进行低水平生产；而现代养猪依靠综合配套技术，对猪的配种、妊娠、分娩、哺乳、断奶、保育、生长（或育成）和育肥（或后备）等进行有效控制，有计划和能动地进行高水平生产。二是传统养猪受自然因素的制约很大，饲养方式简单，计划性差，非专业性经营；而现代养猪则实行人工对环境、繁育和饲养的有效性控制，计划性强，属于专业化经营。三是传统养猪利用简单的生产工具粗放式饲养，劳动生产率低；而现代养猪则利用先进的设施设备精细化、精准化饲养，劳动生产率高。四是传统养猪产业化程度低，缺乏标准化的工艺、技术和产品，规范性差；而现代养猪产业化程度高，无论是建场、设备、环境、饲料，还是猪种、繁育、饲养、兽医、管理以及产品，都要依据标准化的工艺、技术和产品进行高质量的生产。

现代养猪是指以应用先进的设施建筑、设备配套、环境控制、育种繁殖、饲料配合、饲养管理、兽医保健、粪污处理和农牧循环等新技术、新工艺和新方法为基本要求，改进传统养猪模式，推行以工厂化养猪为主要内容的专业化、高效化生产组织体系。其主要特点如下。

一、养猪设备的自动化和环境控制的系统化成为必备条件

养猪生产基于工厂化设计、系统化环控、良种化繁育、标准化饲喂、自动化饮水、立体化防疫、

人性化管理等新技术、新工艺和新方法，配置了机械化、自动化和智能化的设施设备，有效提高了劳动生产效率；同时基于饲料、饮水、空气、土壤、粪污、微生物、尘埃、温度、湿度、光照、噪声等因素，精准改善养猪的大气候环境和猪舍的小气候环境，这是现阶段高质量养猪的必备条件。

（一）养猪设备的自动化

主要是养猪生产基于新技术、新工艺、新方法等在实践中的应用，使"人养设备，设备养猪"逐渐变为一种可能。即首先按照现代养猪的基本要求，规划建设能适应各类猪群生理和生产要求的功能化设施。如配种车间、妊娠车间、分娩车间、保育车间、生长（或育成）车间、育肥（或后备）车间、猪医院、饲料加工厂、人工授精站、粪污处理厂等，然后配置现代化、智能化的猪场远程视频监控系统、全自动环境控制系统、全自动喂料饮水系统、全自动粪污清理系统、母猪发情鉴定系统、公猪饲喂站、母猪饲喂站、肥猪饲喂器、仔猪饲喂器以及猪场一体化系统管理ERP（Enterprise Resource Planning，企业资源计划）软件等先进设备，创新生产技术和工艺，提高劳动生产率。

目前我国各地的许多猪场，通过在猪舍安装智能环控、视频监控、自动喂料、轨道机器人以及给猪佩戴电子耳标等设备，促使养猪生产迈向设施畜牧业的高质量时代。如由料塔、料管、送料绞龙、驱动电机、料斗、下料管、感应器和控制设备等组成的自动化养猪料线。喂料系统工作时，可通过料位感应器感应料桶饲料量；当饲料用完后，料位感应器感应到料桶内饲料状态，然后发出指令，主机就会自行带动传送系统塞盘，将贮藏在料塔里的饲料，运送到每一个料桶或者料槽里；当到达喂食时间时，猪舍只需要打开统一下料的开关，即可自动下料，满足猪只采食的要求。

现代养猪自动化料线和猪舍的智能化布局见图 1-1、图 1-2。

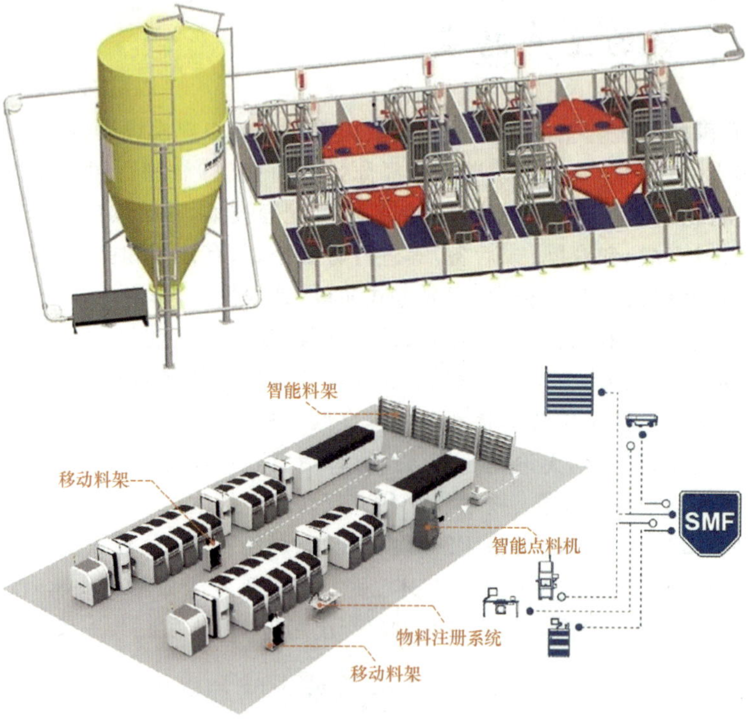

图 1-1　养猪自动化料线配置

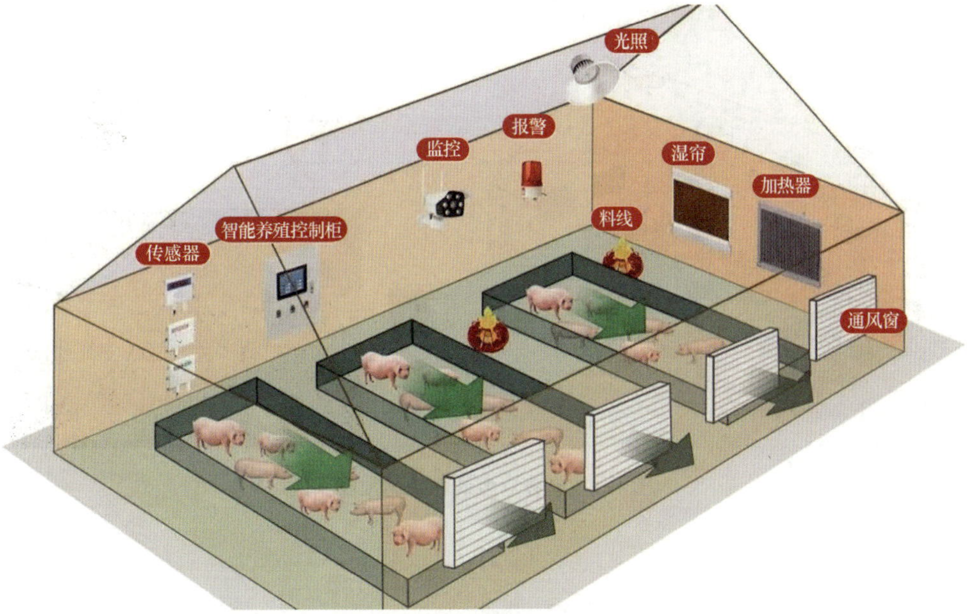

图 1-2 养猪智能猪舍布局

(二)养猪环境控制的系统化

主要是养猪生产以建场位置、设施设备、水体土壤、空气质量、人员物流、技术工艺、猪体粪污和销售产品以及猪舍内的环境因子等为控制点,通过全方位、全要素的系统化达标,为猪群提供健康、安全和舒适的生活生产条件。第一是选择偏向于远离居民生活圈、水电资源充足、交通运输便利、地形广阔、地势较高、通风良好和防疫方便的地方规划建场;第二是保证场区内外的水土净化、卫生清洁、隔离消毒、防疫驱虫、绿植栽培、物流进出、人畜健康、猪群饲养等制度落实到位;第三是对影响养猪大环境的空气、水体、土壤、绿植、饲料、人畜、车辆、猪体、饲料、粪污等物流因子和猪舍小环境的温度、湿度、空气、光照、微生物、尘埃等气候因子,保证达到标准要求;第四是基于先进的设施、设备、信息化和数字化资源等,实现对养猪生产环境的智能化调节和管理;第五是应用生态、健康、安全的绿色饲料,减少猪只通过营养代谢产生更多的氨氮排污;第六是做好猪只粪污资源的生态循环利用,从根源上控制养猪最大污染源对环境造成的危害。

例如,养猪生产对舍内环境的全自动控制,可通过猪舍内安装控制柜、加热器、湿帘、光照灯、通风机、监控器、报警器以及传感器(温度、湿度、光照、风速、换气量、粉尘浓度、二氧化碳浓度、氨气浓度、硫化氢浓度)等设备,并将其接入智能化管理控制系统,通过数据感知、信号传输和智能调节等措施,为猪群创造适宜的生活和生产条件。

猪舍环境的自动化控制系统见图 1-3。

二、养猪配料的精准化和猪肉产品的优质化成为核心要素

养猪生产基于工厂化模式进行饲料的精准配合,是提高猪只生产性能和生产优质猪肉的关键手段。饲料是猪肉生产的始端,大力推进无公害、绿色和有机等优质猪肉的生产,需要严格遵守肉猪生产从“饲料”到“餐桌”的标准、技术、规范和有关的法律法规,这是现阶段高质量养猪的核心要素。

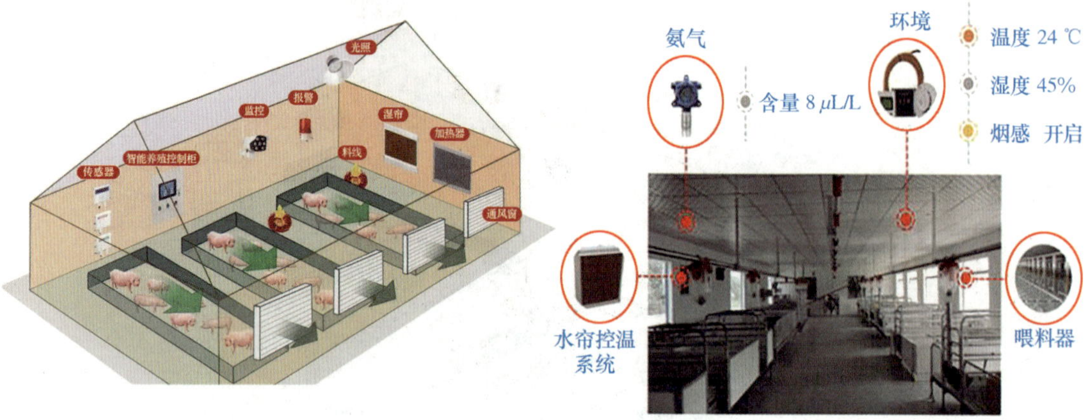

图 1-3 猪舍环境的自动化控制系统

(一)饲料配合的精准化

主要是养猪生产基于猪的饲养标准、饲料质量和优质猪肉生产规范，按照猪的配种、妊娠、分娩、保育、生长(或育成)和育肥(或后备)等工艺流程，为种公猪、空怀母猪、妊娠母猪、泌乳母猪、哺乳仔猪、保育仔猪、生长(或育成)猪、育肥(或后备)猪等精准配合全价饲料，并形成系列化日粮和精细化的饲养制度。它不但充分保证了猪的营养需要，而且做到了依据不同类别猪群的生理和生产特点，进行个性化的科学饲养，为高效率养猪和优质猪肉的生产奠定了良好的基础。

猪的常用商品配合料见图 1-4。

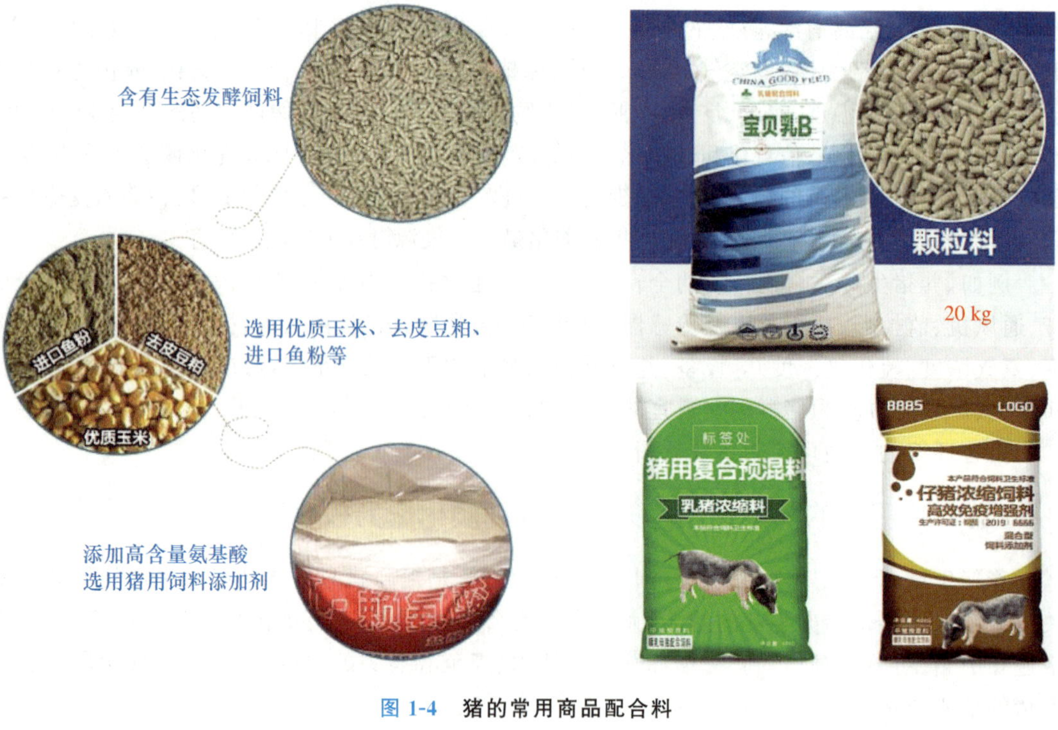

图 1-4 猪的常用商品配合料

(二)养猪产品(猪肉)的优质化

主要是养猪生产基于健康的养殖环境、优良的品种品系、绿色的配合饲料、科学的饲养标准、严密的兽医保健、规范的屠宰加工、安全的肉品入市、严格的监管执法等措施,进行有效的产品质量控制,促使猪肉的感官指标与理化指标,尤其是安全、卫生和营养指标,均达到或超过国家、行业甚至国际质量标准,为提高人体的健康和营养提供坚实的保障。

1. 无公害猪肉

无公害猪肉是指严格按照无公害食品的质量标准组织生产的猪肉。在养猪的产前、产中、产后过程中,采用无污染、无残留、无激素的饲料及饲料添加剂,控制环境和饮水的卫生质量,遵守和规范兽药的使用品种、用量等措施进行生产。主要特点是重金属元素、抗生素含量低,不含“瘦肉精”或其他有害激素,达到无公害食品标准。一般应通过专门的认证机构认定,依法使用“无公害猪肉”标志进行管理。

2. 绿色猪肉

绿色猪肉是指严格按照绿色食品的质量标准组织生产的猪肉。相比无公害猪肉具有更高的要求,对生猪的环境、猪种、饲料、饲养、防疫、屠宰、加工、包装、贮运、销售等全过程进行规范和达标生产。关键点有三个方面:一是强调猪肉生产的最佳生态环境;二是对猪肉生产实行全程质量控制;三是要求猪肉产品必须通过有关主管部门严格检测和达标,并经专门机构认定,依法使用“绿色食品”标志进行管理。

3. 有机猪肉

有机猪肉是指严格按照有机食品的质量标准组织生产的猪肉。相比绿色猪肉具有更高的要求,首先是要做到猪的生长和生产管理符合动物的福利标准;其次是猪的饲料应来源于有机种植业提供的原料配合而成,饮用水必须检测达标方可使用,以山泉水为最佳;再次是资质认证,一般由第三方机构依据标准认定,并颁发具有法律法规效力的证书和标志。

无公害猪肉、绿色猪肉和有机猪肉都是以环保、安全、健康为目标的优质肉品,代表着未来猪肉产品发展的方向。

三、养猪粪污的资源化和兽医保健的立体化成为安全保证

养猪生产基于工厂化模式将粪污的资源化利用和兽医保健的立体化控制,作为解决高密度、集约化养殖污染及疫病威胁问题的主要措施,这是现阶段高质量养猪的安全保证。

(一)养猪粪污的资源化

主要是养猪生产基于专门的清理运输工艺,将粪污收集到净化处理区,通过固液分离和生物学方法进行处理,并加工生产有机肥料,进而形成养猪业与种植业、林果业、水产业、蔬菜栽培、能源利用等相结合的生态养殖模式。例如,以粪污生态处理为中心的养猪业—种植业—沼气工程物质循环利用系统,以及粪污健康和能源综合利用型生态工程等模式。粪便处理后可直接用作农作物、林果、蔬菜、花卉等方面的肥料,必要时还可用来养鱼。另外,沼气可以用于发电和燃烧,沼渣、沼液还能给菜园、果园等当作肥料使用;同时,污水处理后还可直接用于灌溉农田和清洗猪舍,以减少对环境的污染和资源的浪费,达到可持续发展的目的。

养猪生产基于集养、种、能为一体的生态养殖模式见图 1-5。

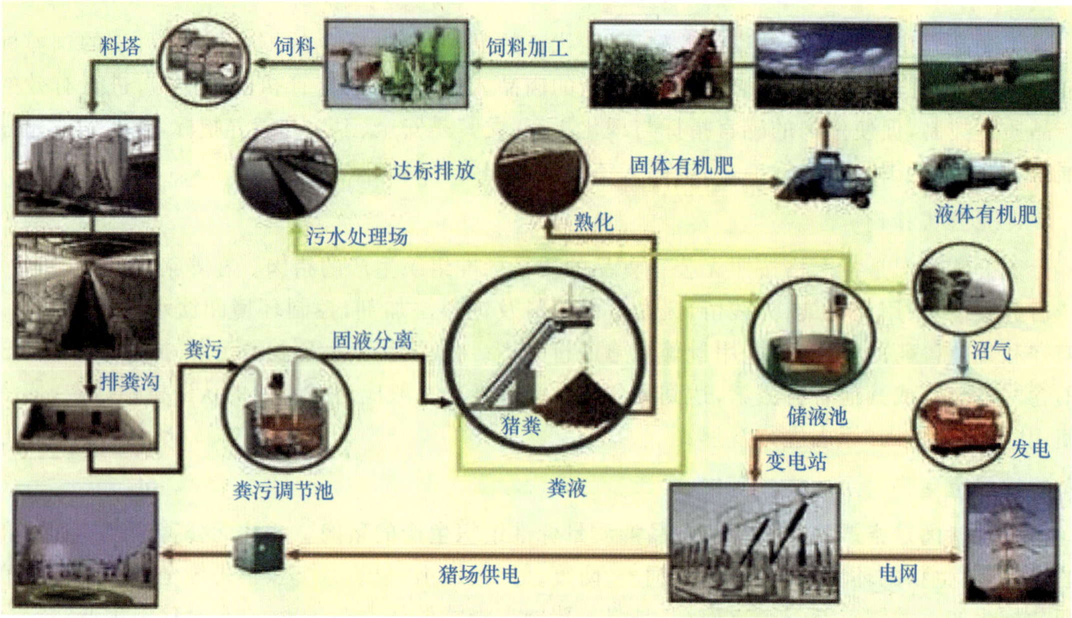

图 1-5 养猪生产基于集养、种、能为一体的生态养殖模式

(二)养猪兽医保健的立体化

主要是养猪生产基于“防重于治”的原则。首先做到猪场应在地势较高、通风干燥，远离居民区、交通干线、城镇企业或屠宰场等的地方建场，且获取水源方便，四周开阔，面积充足。其次是猪场功能区的划分一定要布局合理，既要相对的隔离，又要便于生产运行，特别是各功能区的消毒卫生、人员进出、物资流通、净污分离等须有严格的管理制度。再次是消毒卫生在兽医保健体系中突出基础地位，主要是通过隔离消毒、定期消毒、季节消毒和紧急消毒等制度安排，定期对场区内外、猪舍内外等区域及人员车辆、流动物资、地面道路、猪体粪污等净化处理，及时杀灭蚊蝇虫害，尽可能减少有害微生物的滋生和传播。接着是免疫体系的全方位建立和不断完善，是兽医保健立体化控制的核心内容。要针对不同地域、季节和猪群，认真做好疫苗的筛选、运输、贮藏和使用，建立健全科学的免疫程序。然后是生产区内各类猪群的转进转出、肉猪销售、病猪隔离、粪污处理及舍内环境的调控，应按照标准、规范和规程执行。最后是高度重视无特定病原种猪的生产净化，执行严格的引种、隔离和无菌产仔的管理制度，切实做好土壤、水体和空气质量的达标检测及场区内外的绿化工作。

养猪兽医保健体系的立体化管理见图 1-6。

四、养猪工序的流水化和运行过程的节律化成为关键工艺

养猪生产基于工厂化模式将猪的配种、妊娠、分娩、保育、生长(或育成)、育肥(或后备)等环节串联在一起，以固定“时限”为转群单位，形成了养猪工序的流水化和运行过程的节律化，这是现阶段高质量养猪的关键工艺。

图 1-6　养猪兽医保健体系的立体化管理

(一)养猪工序的流水化

主要是养猪生产基于配种、妊娠、分娩、保育、生长(或育成)、育肥(或后备)等工序任务，组建各车间基于“工艺流水线”连续周转的“达标”数量猪群，并保证其在固定的时限内全进全出，进而实现母猪配种繁殖和肉猪生产的批量管理。

养猪工序的流水化特征见图 1-7。

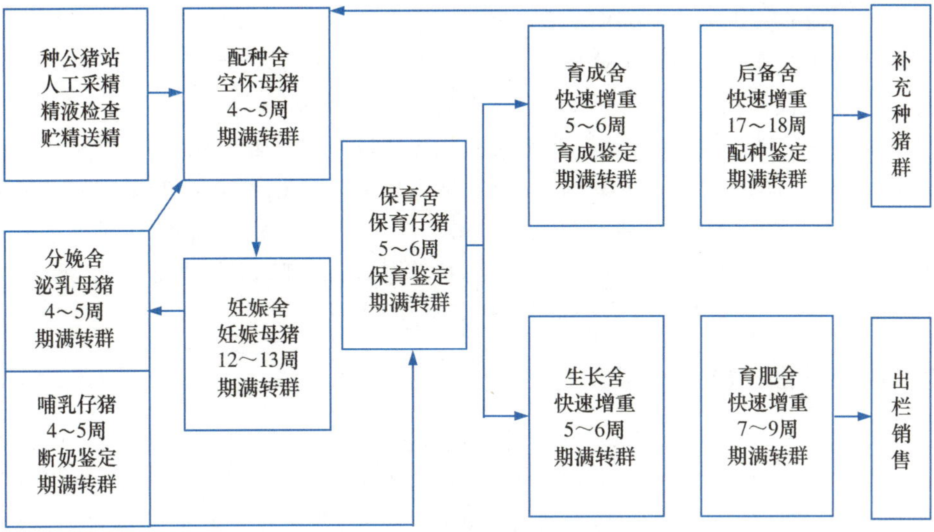

图 1-7　养猪工序的流水化特征

(二)养猪运行过程的节律化

主要是养猪生产基于“1 d、3 d、7 d”的时间节律单位，分批次安排母猪的配种、妊娠、分娩和仔猪的保育、生长(或育成)、育肥(或后备)直至出售。我国的工厂化养猪常以“周”为节律时限,执行“分期分批、全进全出”的周转制度和商品猪的批量生产。例如,一个年产万头商品猪的规模化养猪场,如果采用工厂化养猪模式,每周大约有 200 头肉猪出栏,25 头母猪配种妊娠、24 头母猪分娩产仔和 24 窝哺乳仔猪断奶、保育、生长(或育成)、育肥(或后备)并出售。这种模式的生产节律,工艺组织严密紧凑,生产车间衔接有序,工序任务限时完成,并可实现商品猪生产的连续化、均衡化和批量化。

近年来,随着养猪规模的集约化生产和产业化经营,为了解决高密度饲养带来的疫病卫生安全问题。目前,大规模的工厂化养猪,常采用相对独立的“多点”生产新工艺,即配种妊娠产仔为一个场区、断奶保育为一个场区、育成育肥为一个场区,并配套建设种公猪站。这种工艺模式既要确保各场区之间人员、物资、用具、猪群等保持一定的间隔距离,又要将配种、妊娠、分娩、保育、生长(或育成)、育肥(或后备)等环节串联在一起,常年进行均衡而连续的生产。这是现代养猪走向规模化、产业化和集约化发展的新型工艺。

五、养猪规模的扩大化和应用技术的创新化成为发展必需

养猪生产基于工厂化模式将饲养规模的扩大化和应用技术的创新化,作为养猪业追求高效益生产和可持续发展的重要举措,这是现阶段高质量养猪的发展必需。

(一)养猪规模的扩大化

主要是养猪生产基于对土地、资金、人员等资源的最大利用效率,来确定饲养基础母猪或年出栏商品育肥猪数量的多少。根据 2023 年中国生猪养殖产业现状及发展趋势研究报告(简版)数据显示:2012—2021 年,中国生猪养殖方式发生巨大变化,散户养殖方式呈现逐年下降的趋势,生猪养殖逐渐向规模化方向发展;2021 年,中国散户占比达到 23.5%,较上年下降 20.4%;专业户养殖方式整体保持平稳状态,2021 年占比达到 27.5%,较上年下降 1.2%;大户和企业的占比不断攀升,2021 年分别同比增长 12.1%和 9.5%,生猪养殖行业的市场集中度不断增长。在现代养猪生产实践中,一个标准规模的养猪场即饲养成年母猪 100 头,年产商品肉猪 1 800~2 200 头。目前,我国的大型规模化养猪场年出栏商品猪数量在 10 000 头及以上,需要通过选用优良猪种,饲喂全价饲料,创造适宜环境,执行严密防疫和采用先进工艺等措施,实现养猪产业的高质量发展,最终目的是获得较高的经济效益和减轻市场风险带来的不稳定性。因此,需要有一定的人才、资金、技术和设备等条件来保障,并根据产业实际,适时进行扩大再生产。

(二)养猪应用技术的创新化

主要是养猪生产基于设施、设备、环境、饲料、繁殖、育种、兽医、保健、饲养、管理和粪污净化等方面的应用技术创新,提升产业发展的科技化水平和可持续发展能力。首先是现代养猪以“周”为单位,实行连续而均衡的“全进全出”制生产模式,并构建严密的生物安全体系,为降低猪病的发生率、死亡率和推进工厂化养猪,提供了坚实支撑。其次是现代养猪以猪群的“饲养时段”为单元,科学配置符合不同生产类别猪群的系列化日粮,为猪群的精准化、精细化饲养和生产水平的提高,奠定了良好基础。再次是现代养猪以不同类型猪舍的“环境参数”为要求,配套安装湿帘降温系统、地热供暖系统和自动清粪处理系统等先进设备,保证了猪群在舒适、

健康的环境中发挥高效的生产性能。然后是现代养猪以“人工授精”和“经济杂交”为主，建立健全猪的杂交繁育体系，为种猪的高效繁殖和商品猪的规模化生产提供了数量和质量保证。最后是现代养猪广泛采用了繁殖母猪的“分段化、精细化”饲养，哺乳仔猪的“早期、超早期”断奶，保育仔猪的“高床”饲养和“人性化”管理，后备种猪的“限制”饲养和商品猪的“直线”育肥，猪病防制体系的“立体化”建设和猪肉产品的“绿色化”生产，粪污资源的“生态化”利用和猪场组织管理的“智慧化”模式等新技术、新工艺和新方法，不仅体现了养猪生产的高质量发展理念，而且显著提高了企业的经济效益。

六、养猪产业的链条化和经营管理的标准化成为必由之路

养猪生产基于工厂化模式将其前端的设施设备与饲料生产、中端的规模养殖与粪污利用、末端的屠宰加工与产品销售及延伸产业等有机地衔接起来，做到了产业的链条化运行和标准化管理，这是现阶段高质量养猪的必由之路。

(一)养猪产业的链条化

主要是养猪生产基于人员、资金、设施、设备、饲料、环境、引种、繁殖、选育、饲养、防病、治病、周转、更新、出栏、屠宰、加工、销售和社会服务等要素的组合，推行集产前、产中、产后为一体的全产业链经营模式。关键是看产业架构、组织体系、产品质量等核心要素，是否与经济社会、市场供需和现代管理等有机对接和融合，以实现经济效益的最大化。

养猪产业的链条化运行模式见图 1-8。

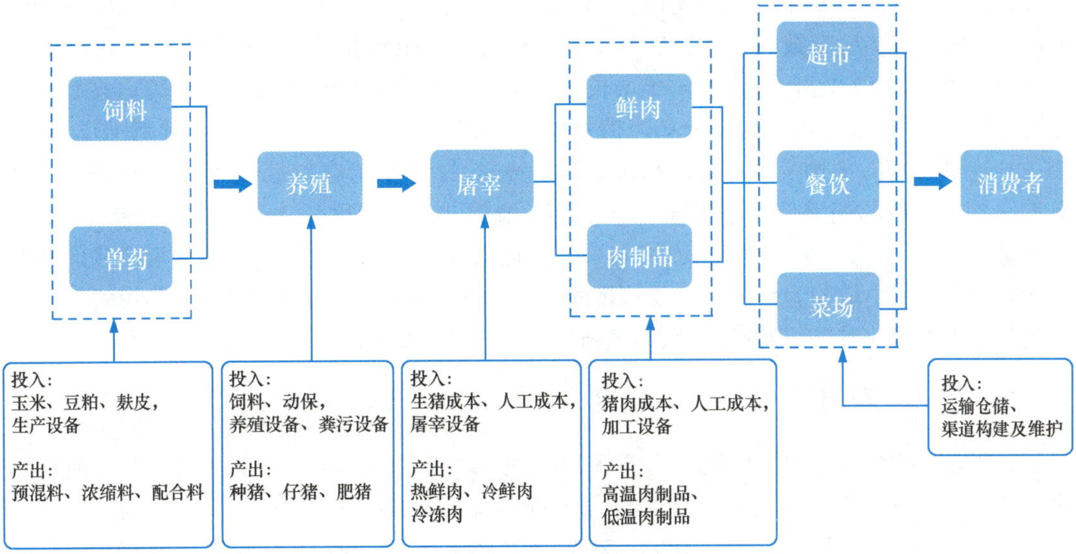

图 1-8　养猪产业的链条化运行模式

(二)养猪经营管理的标准化

主要是养猪生产基于规范经营和质量效益，从建场、饲料、设备、品种、环境、饲养、防疫、粪污处理以及产品加工、销售服务等各个环节，贯彻落实与其相关的法律法规、行业标准和技术规程，进而高质量推进养猪产业的发展。一是严格落实国家和地方各级农业、畜牧、兽医、环

保、技术、卫生等部门颁布或监督执行的法规、条例、办法等，为现代养猪的合法化经营奠定基础。如《中华人民共和国畜牧法》《中华人民共和国动物防疫法》《中华人民共和国种畜禽管理条例》《中华人民共和国兽药管理条例》《饲料和饲料添加剂管理条例》《生猪屠宰管理条例》《动物免疫标识管理办法》《动物检疫管理办法》等。二是严格执行基于设施建筑、设备配套、环境控制、育种繁殖、饲料配合、饲养管理、兽医保健、粪污处理和农牧循环等方面的标准、规范和规程，为现代养猪的高效化生产提供支撑。如《规模猪场建设标准》(GB/T 17824.1—2008)、《规模猪场生产技术规程》(GB/T 17824.2—2008)、《规模猪场环境参数及环境管理》(GB/T 17824.3—2008)、《规模猪场兽医防疫规程》(GB/T 17824.4—2008)、《饲料加工成套设备技术规范》(GB/T 30472—2013)、《猪营养需要量》(GB/T 39235—2020)、《猪人工授精技术规程》(NY/T 636—2002)、《长白猪种猪》(GB 22283—2008)、《瘦肉型猪生产技术规范》(GB/T 25883—2010)、《畜禽粪便无害化处理技术规范》(GB/T 36195—2018)等。随着国家生态战略和乡村振兴战略的实施以及畜牧业的快速发展，我国的养猪业必将以先进的技术、标准和规范，驶入规模化、产业化和健康化的高质量发展快车道。

任务二　养猪的发展动态

我国是养猪生产大国，生猪饲养量和猪肉消费量占世界总量的 50%左右。特别是自改革开放以来，普遍存在市场价格高时养猪的进入率和集中度高，市场价格低时养猪的吸引力和进入率低，进而造成市场供给的不稳定。加之生猪生长周期性、大规模疫病等因素的影响，生猪养殖行业往往呈现周期性的波动规律，一般以 3～4 年为 1 个周期。2023 年中国生猪养殖产业现状及发展趋势研究报告(简版)显示：2018—2020 年，生猪养殖产值规模不断上升，2022 年中国肉类产量为 9 227 万 t，较 2021 年增长 2.64%。其中，猪肉产量达到 5 541 万 t，在 2022 年肉类产量占比中达到 60%，生猪养殖产值规模达到 15 048 亿元，与 2018 年相比增加 5 507 亿元；2019—2022 年，中国生猪存栏量呈现上升趋势，2022 年生猪存栏量 45 256 万头，较上一年增长 0.74%，其中，能繁母猪存栏量 4 390 万头，增加 62 万头，增长 1.4%。2022 年中国猪肉生产量达到 5 541 万 t，较 2021 年增长 4.63%。随着我国现代畜牧业高质量发展时代的到来，养猪业以传统农户散养为主的生产经营模式，终将被未来规模养猪业发展的新型模式所取代，这是新时代养猪业贯彻新发展理念、构建新发展格局的重要内容。

一、养猪发展历程

养猪业是我国农业的支柱性产业之一，历史悠久。自 1949 年以来，特别是改革开放后，它的发展进入了快车道。其发展历程主要分为统购统销阶段(1949—1984 年)、市场开放阶段(1985—1997 年)、量质过渡阶段(1998—2004 年)、转型升级阶段(2005 年至今)四个阶段。由于各阶段的经济社会和时代特征不同，发展水平也不尽相同。

(一)统购统销阶段

1949—1984 年，从新中国成立初期发展到改革开放的起始阶段，在此期间，国家对主要农副产品实行有计划的统购统销政策，养猪饲养规模小、生产水平低、产品短缺，种、料、药和技术服务等处于起步阶段，生产和消费严格按国家计划调配。由于经济发展滞后，养猪生产力低下，肉食品供给匮乏，人均猪肉消费低。根据2023年中国生猪养殖产业现状及发展趋势研究报告(简版)数据显示：截至1984年，全国猪肉产量1 445万t，人均占有量仅有13.84 kg，肉食品种也比较单一，猪肉产量占肉类总产量的比重高达93.78%。

(二)市场开放阶段

1985—1997年，我国实行家庭联产承包责任制，极大地调动了畜禽养殖的积极性，养猪业进入新的发展阶段。1985年，中共中央、国务院发出《关于进一步活跃农村经济的十项政策》，逐步取消生猪派养派购，实行自由上市，随行就市，按质论价，生猪购销政策放开。随着"菜篮子工程"和生猪长效经营体制改革的不断推进，养猪生产发展迅速，饲养规模逐步扩大，技术水平不断提高，居民猪肉消费大幅增长。根据2023年中国生猪养殖产业现状及发展趋势研究报告(简版)数据显示：1997年全国猪肉产量3 956万t，人均占有量29.09 kg，猪肉产量占肉类总产量的比重下降为68.3%，1985—1997年猪肉产量年均增速达到6.7%。

(三)量质过渡阶段

1998—2004年，养猪生产从以数量增长为主逐步向量质并重、优化结构和增加效益过渡，生猪生产开始向优势区域集中，产业整合速度加快，更加注重质量安全和可持续发展。养猪生产经历改革开放阶段的较快发展后，产量大幅提升，并由"数量"为主向"质量"为先转型，技术工艺、生产效率和食品安全成为产业发展的新增要素。

(四)转型升级阶段

2005年至今，我国的养猪生产步入了现代化转型升级的行业发展新阶段。生猪养殖规模化、标准化水平大幅提升，良种覆盖率逐年提高，转型升级步伐明显加快。结合国家政策的调控，养猪生产逐渐呈现规模化、集约化水平不断提升，产销区更加集中、产业链不断延伸。以应用先进设施建筑、设备配套、环境控制、育种繁殖、饲料配合、饲养管理、兽医保健、粪污处理和农牧循环等新技术、新工艺、新方法为基本要求，以工厂化养猪为主要形式的专业化、高效化养猪组织体系，在全国各地得到大力推广和迅速发展。标准化、集约化、生态化、健康化、福利化、智能化养殖新技术，逐步走向现代养猪生产的前台。

二、养猪发展趋势

近年来，为保持猪肉供给稳定，我国不断加强相关政策的颁布实施，促进养猪生产加速前行。2021年12月，农业农村部《"十四五"全国畜牧兽医行业发展规划》提出：落实生猪稳产保供省负总责和"菜篮子"市场负责制，确保猪肉自给率保持在95%左右，猪肉产能稳定在5 500万t左右，生猪养殖业产值达到1.5万亿元以上，着力提升发展质量，加强产能调控，缓解"猪周期"波动，增强稳产保供能力。2023年1月，中共中央、国务院《扩大内需战略规划纲要(2022—2035年)》提出：推动畜牧业转型升级，发展标准化规模养殖。随着国家利好政策的推动、人们生活水平的提高和高质量发展的要求，未来我国的养猪业将基于创新、协调、绿色、开放、共享的发展理念，呈现良好的发展态势。

(一)生态化养猪

生态化养猪是指在规模化、集约化经营的基础上，将养猪产业与沼气能源、作物种植、水产养殖、林果蔬菜和绿色环保等有机结合起来，做到资源循环利用的一种生产模式。目前，我国的生态养猪业刚刚起步，人们的观念、意识有待加强，技术、设备有待完善。在养猪生产中应力求做到以下几点：一是通过对猪场的场址选择、设施规划、环境治理、林草绿化和猪的科学饲养、兽医卫生等措施，力求保持水土、空气、饲料、设施、设备、物流和生产过程等符合生态环保的要求，不断加强污染治理和提升绿色养殖水平。二是通过饲料类型改变、饲养方式创新和养猪规模控制等措施，加大青粗饲料、发酵饲料的使用比例或通过替代品，降低配合饲料中的蛋白质水平，推广低碳减排养殖技术，提高环保效益。三是通过对猪场粪污的集中收集、固液分离、粪便发酵、污水净化等措施，促使其粪便转为有机肥，污水变为灌溉水，用于作物种植、林果栽培、花卉蔬菜和水产养殖等产业，也可直接将粪污收集入池，用于沼气发电，力求实现粪污资源的环保利用。例如，以养猪业为龙头，衔接能源、饲料和肥料生产，带动种植、林果、蔬菜、花草、养禽、养鱼等产业，大力发展农、林、牧、渔、蔬、花、草等相互循环的立体式生态养猪业。

(二)健康化养猪

健康化养猪是指在规模化、集约化和生态化经营的基础上，将生产中的绿色化饲料、过程性净化、安全性产品(无公害猪肉、绿色猪肉和有机猪肉)等充分体现出来，做到猪肉产品从源头到餐桌保持全过程净污达标的一种生产模式。目前，我国的健康养猪业虽然得到了政府、行业、企业和人们的重视，但缺乏有效的创新措施和制度约束，效果不是很明显。随着我国人民生活水平的提高和餐桌上肉食品比例的升高，人们必然需求更多安全、优质、健康的“放心肉”。在养猪生产中应力求做到以下几点：一是使用经认证合格且具有绿色产品标志的饲料原料和饲料添加剂，确保原料采购、加工配合、工艺过程、产品营养、卫生指标和运输保存等方面要高于普通饲料，把好健康化养猪的第一关。二是重视养猪生产环节的净化，定期对水体、土壤、空气、猪群、饲料、兽药、疫苗、环境和物流等实施动态监控，健全养猪全过程净化体系。例如，现代养猪已逐渐出现公猪站、母猪场、保育场和育肥场等相对独立地封闭式管理、建立无特定病原种猪群、非限位养猪模式和饲料中禁用激素、抗生素及磺胺类添加剂等健康养猪新技术。三是遵循我国《无公害食品　猪肉》(NY 5029—2008)、《绿色食品　畜禽肉制品》(NY/T 843—2015)、《有机食品技术规范》(HJ/T 80—2001)等国家、地方和行业的技术标准、规程及规范，积极创造条件，贯穿于产前、产中、产后等养猪全过程，并通过使用有机饲料、关注福利饲养、提供舒适环境、规范消毒防疫、安全诊治疾病和严格兽药使用等健康生产措施，提升无公害猪肉、绿色猪肉和有机猪肉的生产能力。

(三)福利化养猪

福利化养猪是指让猪在饲养、运输、宰杀过程中，确保其不受饥渴、疾病和痛苦等方面的伤害和影响，并给予自由舒适和人性化管理的一种生产模式。目前，我国的福利化养猪仍然停留在“概念”和“意识”上，人们并没有认识到福利化养猪在改进猪肉品质、提高生产性能和增强机体抵抗力等方面的优越性。随着我国经济社会的发展和人们对美好生活的向往，未来我国的养猪业必将在人与猪的环境和谐、共存共生和互惠互利等方面出现新的需求。在养猪生产中应力求做到以下几点：一是养猪业为人类的生存和发展提供了餐桌上最多的肉食品，所以，不能因为猪是一种动物，而降低对它的保护属性。二是按照猪的生物学特性充分满足其采食、饮水、运动、休息、群居、繁殖等方面的行为需求，并积极创造条件为猪群提供适宜的饲料类型、饲养方式和生活环境。三是突出对猪群的人性化管理，消除限位饲养模式，减少作为实验动物时的粗暴对待和宰杀时的痛苦与伤害，尽可能做到人与猪的"亲和"，使其生产、生存自由舒适。四是让猪只享受健全的营养、环境、保健和医疗等服务保障，确保猪的生活品质。

(四)智慧化养猪

智慧化养猪是指以智能装备、物联网、互联网、大数据和人工智能等技术为核心要素，通过物联网智能感知设备对猪只环境和生长过程的信息进行采集，并使用互联网技术进行数据传输，然后利用大数据系统对各类相关数据进行分析，最终采用人工智能技术进行决策和控制，实现猪只信息的全面感知、生产环境的精准调控、配合饲料的精准饲喂、粪便污水的自动清理和生产过程的智能监管，以达到无人化控制为目标的一种新型生产模式。近年来，随着物联网、互联网和大数据等新技术的迅速发展，我国养猪生产从设施、设备、饲料、环境、育种、繁殖、兽医、屠宰到销售等各个环节，开展了多方位的智能化技术研究与应用，取得了较为显著的成果。在养猪生产中应力求做到以下几点：一是猪舍的设计以只需个别人员或者无人化管理为目标，按照智能化控制的要求，进行配套设施的安装，如智能饲喂系统、智能环控系统、智能巡检系统等设备，显著提高了养猪生产的管理效率。二是猪舍的环控以各种智能化的传感器实施监测，并通过互联网、大数据和人工智能等技术，适时进行自动化调控和智慧化管理，为猪群提供舒适的生活和生产环境。例如，目前大、中型现代化养猪场，已逐渐应用互联网、大数据和人工智能等技术，对猪舍湿度、温度、光照、有害气体、通风换气和粪污清理等进行智能化控制。三是猪的饲料采食，以个性化的自动饲喂站在无人监管的情况下，通过计算机视觉设备、物联网和人工智能等技术，对其生长和生产需求进行分析，进而实现猪的精准饲喂和精细饲养，大大提升了养猪生产的水平和效益。四是猪的健康管理使用智能化的轨道机器人和走地机器人，利用红外摄像头、3D 摄像头和特定耳标等设备，对猪的体温、体重、体尺、采食、饮水、行走、运动、休息、爬跨、粪污排泄等日常行为，进行相关数据、图像和视频的采集，获取信息后再通过大数据、云计算、云存储等技术，进行资料的整理、分析和研究，从而更好地为猪的兽医保健、生长培育和高效生产，提供重要的参考依据。五是猪场的智能决策以大数据为核心，结合人工智能、互联网和物联网等多种手段，对产业、市场及时地进行分析、判断和行动，有利于提高猪场的经济效益和竞争力。

养猪场通常是通过构建自己企业级的物联网系统、生产管控系统、溯源系统和全链条大数据平台等，实现养猪过程信息的全面感知、精准决策和溯源服务。例如，通过给猪佩戴耳标、剪耳缺或者喷二维码等方式，可进行猪只身份的准确识别和日常管理；通过带有电子秤的猪只饲喂器、能记录水流量的饮水器和记载各类环境指标适时变化的传感器等设备，可进行猪只喂食、饮水及环境控制的标准化和智能化管理。当前，我国的规模化、集约化养猪已取得很大的进展，为增强企业竞争力，快速抢占市场份额，应不断提升智能化养殖的水平，特别是对于大、中型养猪企业，效益提高会更加明显。而数字化转型是实现智能化养猪的必经之路，一方面要通过大数据建设，实现全产业链成本的精细化控制，进而降低外部环境的经营风险；另一方面可通过在线化和可视化的信息技术手段，对猪的生产、生活状态进行适时的监控和调节，发现问题，及时处理，进而实现养猪生产的精准化管理。

（五）集约化养猪

集约化养猪是一个系统概念，它是将人力资源、资金保障、饲料配合、设备加工、种猪繁育、肉猪育肥、屠宰分割、产品营销、社会服务等环节，以及品牌创建、人才培训、技术服务和市场开发等附属要素，有机地串联起来，形成大规模经营、全产业链推进的一种系统管理模式。目前，我国集约化养猪的占比还不高，生产要素的集合也不系统，特别是人才队伍的职业化程度、产业体系的链条化经营、市场平台的系统化打造、猪肉产品的绿色化经营和对市场的抗风险能力仍显不足。例如，目前的养猪生产虽然与饲料、设备、养殖紧密联系，但与销售、屠宰、加工仍然脱节，伴随着我国养猪业的规模化、产业化和集约化发展，未来我国的养猪业基于饲料、设备、养殖、加工、销售、屠宰、服务等为一体的专业化生产和集约化经营，必然成为一种选择。在生产中应力求做到以下几点：一是养猪始端的设备、饲料等产业，到中端的生产、屠宰、销售和末端的产品加工及附带产业，需要集约化经营，全产业链推进，并切实提高对市场的调控能力。二是基于产业化经营的智能化、智慧化养猪新技术，以及绿色化、品牌化的优势产品打造和链条化的经营模式，仍需不断的探索和创新。三是基于现代企业经营的管理、技术、生产、销售等人才队伍建设和职业技能培训，需要不断加强。四是以国内外市场为导向，以科技创新为支撑，以提高经济效益为核心，围绕支柱产业和主导产品，健全以市场牵龙头、龙头带基地、基地连农户，集种养加、产供销、内外贸、农科教为一体的集约化运行机制，亟待不断完善。

综上所述，在我国的养猪业正处在新发展阶段、贯彻新发展理念和构建新发展格局的关键时期，如何基于生态环保、健康安全、福利养殖、智能管理和集约经营等时代要求，高质量推进现代养猪业，已成为我国畜牧业可持续发展的重要课题和战略需求。具体来讲，就是在规模化、标准化养殖的基础上，将养猪过程中的良建、良舍、良料、良繁、良育、良饲、良防、良管、良治和良营等生产环节，与国际国内先进的技术、规范、规程、模式等有效衔接，积极打造高质量的优质产品和主导产业，并融合于我国的生态建设和乡村振兴战略，这是未来我国养猪业发展的必然趋势。

目前，在我国的养猪业结构中，虽然传统养猪生产的比例下降，规模化、集约化养猪生产的比例不断提升，但基于绿色、协调、健康、安全和产业化经营的高质量养猪企业并不多。在生产中应力求做到以下几点：一是注重环境保护和产业结构布局，推广绿色健康养殖新技术，构建生态养猪业与种植业、林果业、水产业、能源业相互融合发展的产业结构体系，不断推进现代养猪业的高质。二是注重创新驱动和食品质量安全，通过净化产地环境、使用无抗饲料、推广福利养猪、减少兽医污染，规范屠宰加工等生产措施，加大无公害猪肉、绿色猪肉、有机猪肉的生产能力。三是注重科学研究和智慧养猪生产，通过智能猪场设计、智能猪舍修建、智能精准饲喂、智能精准查情、智能精准查病、智能物联应用、智能决策管理等最新技术成果和信息化手段，积极打造智慧养猪产业，为高质量推进工厂化、生态化、健康化、福利化和集约化等养猪新模式，赋予新的技术内涵和时代特征。四是注重产业发展与经济社会融合，按照国际国内经济双循环相互促进的新发展格局，对接国家生态战略和乡村振兴战略，创建立足国内、走向世界的产业经营模式和品牌产品，为我国新时代养猪业的可持续发展，奠定良好的基础。

思政关联

猪粮安天下——关乎国泰民生

我国是世界上养猪历史最悠久的国家。在远古时期，有“猪”才有“家”。象形文字中“猪”为一个猪躺卧的形态，金文“豕”字出现，汉代以前用彘（zhì），汉代之后就演化出了“猪”字。古代文字中房顶下面一个猪（宝盖下面一个豕）称为“家”。从字义上来看，“豕人所居，通曰家”（《玉篇》）；古人居无定所，生产力低下，打猎捕食，活捉野兽（猪），圈养野兽（猪），猪和家互生与互养，并成为人们的“肉粮”之所需，故有猪的家，才算富足安定。

猪贪吃、贪睡、易于驯化，加之相较于牛、羊等家畜，繁殖性能更强，生长速度更快，可在短期内为人类提供更多的肉食。“猪粮”供给自古以来，便是民生之基。我们的民族，也曾赤地千里；我们的百姓，也曾食不果腹。食为政首，藏粮于地，藏粮于技不可动摇。“民为国基，谷为民命”，粮食安全于一国之重要性毋庸置疑，以科技改良增收，已成为当代农业生产主旋律，守住十八亿亩耕地红线，大力发展种植业和养殖业，早已作为我国的基本国策。

我们的祖先筚路蓝缕，以启山林，刀耕火种，拽耙扶犁。当机械化生产覆盖全球，拥有十四亿人口的我们，又岂能不与时俱进？过去谈粮食安全，更多强调的是三大主粮，随着生活水平的提高，人们不光要吃饭，还要吃肉蛋奶，要吃水果蔬菜，这就要求我们树立新的粮食安全观，树立大食物观。有粮有肉，吃喝不愁，才是小康餐桌；想吃就能买得到、买得起，才是每个人看得到摸得着的小康。

我国有句老话叫“猪粮安天下”，说的就是粮食和生猪等农产品供给的战略意义。十四亿人口要吃饭，始终是我们最大的国情，保供给始终是农业农村工作的头等大事。“民以食为天”，粮食安全无疑是小康生活的应有之义，它不但直接影响着城乡居民的生活水平，更关乎国家宏观经济和调控政策走向。

古今中外的经验都证明，“粮猪”问题处理不好，经济社会发展就无从谈起，再宏伟的蓝图也不过是镜中花、水中月。站在“两个一百年”奋斗目标交汇的历史关键点上，我们更应看到“粮猪”保供给，对发展全局的稳底盘作用。社会要发展，人民要幸福，中国人的吃饭问题必须牢牢掌握在自己手中，基础不牢，地动山摇，粮猪“安”，则天下“安”。要千方百计抓好“米袋子”，守紧“肉筐子”，拎稳“菜篮子”。“猪粮安天下”不仅是中华农耕文明的千年传承，也是我们迈向全面建成小康社会不可或缺的“定盘星”。稳住农业这块“压舱石”，中国这艘大船才能乘风破浪，驶向中华民族伟大复兴的彼岸。

实践训练

规模化养猪场的参观调研

一、实习目的

基于对养猪场的参观调研，了解现代养猪的生产过程与管理，分析辨识现代养猪的生产特点和发展趋势。

二、实习地点

学校养猪场或基于校企合作的校外养猪场。

三、实习内容

猪的生产过程与动态、消毒卫生与防疫、饲料加工与配合、设施建筑与设备、种猪引入与繁殖、仔猪生长与培育、肉猪育肥与销售等。

四、实习组织

1. 专题报告

邀请企业专家作“猪的生产与动态”专题报告。

2. 参观体验

教师发布《猪场参观调研观测表》《猪场参观调研问询表》等学生必备资料，并与企业相关人员配合，带领学生参观体验主要生产岗位。

3. 师生互动讨论交流

教师将学生分为若干小组，以学生交流发言和教师点评的方式，进行以观后感和听课信息为内容的专题讨论和交流。

五、实习总结

(1)学生撰写并提交猪场参观调研报告和专家讲座听课笔记。

(2)教师批阅修改，并及时反馈学生报告和笔记的评价意见。

线上学习

(1)课件学习　养猪的生产特点和发展趋势。

(2)行业感知　《“十四五”全国畜牧兽医行业发展规划》。

(3)相关链接　中国畜牧网、中国养猪网等官网。

(4)技术视频　现代养猪技术。

项目一养猪的生产特点和发展趋势 PPT

《“十四五”全国畜牧兽医行业发展规划》

考核评价

1. 理论测试

以养猪的生产特点和发展趋势为主要内容，以校园为共享平台，连接学生手机和教室智慧黑板，并要求其在规定的时间（30 min）内完成答题内容，并适时提交。教师通过智慧黑板考核窗口，适时发布学生的答题结果，并进行适当的点评（15 min）。成绩评定按照每空格 2 分，共计 50×2＝100 分，其中 90 分及以上为优秀，80 分及以上为良好，60 分及以上为合格，59 分及以下为不合格。

（1）我国有句老话叫“猪粮安天下”，说的就是（　　）和（　　）等农产品供给的战略意义。

（2）现代养猪依靠综合配套技术，对猪的（　　）、（　　）、（　　）、（　　）、（　　）、（　　）、（　　）等环节进行有效控制，有计划和能动地进行高水平生产。

（3）养猪设备的（　　）和环境控制的（　　）成为现代养猪的必备条件。

（4）养猪配料的（　　）和猪肉产品的（　　）成为现代养猪的核心要素。

（5）养猪粪污的（　　）和兽医保健的（　　）成为现代养猪的安全保证。

（6）养猪工序的（　　）和运行过程的（　　）成为现代养猪的关键工艺。

（7）养猪规模的（　　）和应用技术的（　　）成为现代养猪的发展必需。

（8）养猪产业的（　　）和经营管理的（　　）成为现代养猪的必由之路。

（9）生态化养猪是指在规模化、集约化养猪的基础上，将养猪产业与（　　）、（　　）、（　　）、（　　）和（　　）等有机结合起来，做到资源循环利用的一种生产模式。

（10）健康化养猪是指在规模化、集约化和生态化养猪的基础上，将养猪生产中的（　　）饲料、（　　）净化、（　　）产品（无公害猪肉、绿色猪肉和有机猪肉）等充分体现出来，做到猪肉产品从（　　）到（　　）保持全过程净污达标的一种生产模式。

（11）福利化养猪是指让猪在饲养、运输、宰杀过程中，确保其不受（　　）、（　　）和（　　）等方面的伤害和影响，并给予自由舒适和人性化管理的一种生产模式。

（12）智慧化养猪是指以智能装备、物联网、互联网、大数据和人工智能技术为核心要素，通过（　　）智能感知设备对猪只环境和生长过程的信息进行采集，并使用（　　）技术进行数据传输，然后利用（　　）系统对各类数据进行分析，最终采用（　　）技术进行决策和控制，实现对猪只信息的全面感知、生产环境的精准调控、配合饲料的精准饲喂、粪便污水的自动清理和生产过程的智能监管，以达到无人化控制为目标的一种新型生产模式。

（13）集约化养猪是一个系统概念，它是将人力资源、资金保障、饲料配合、设备加工、（　　）繁育、（　　）育肥、屠宰分割、（　　）营销、社会服务等环节，以及品牌创建、人才培训、技术服务和市场开发等附属要素，有机地串联起来，形成大规模经营、（　　）推进的一种系统管理模式。

（14）现代养猪是指以应用先进的设施建筑、（　　）、环境控制、（　　）、饲料配合、饲养管理、（　　）、粪污处理和（　　）等新技术、新工艺和新方法为基本要求，改进传统养猪模式，推行以工厂化养猪为主要内容的专业化、高效化生产组织体系。

(15)我国养猪业自1949年以来的发展历程分为：统购统销阶段（　　　　）、市场开放阶段（　　　　）、量质过渡阶段（　　　　）、转型升级阶段（　　　　）四个阶段。

2. 实践观测

以学生平时的实践训练表现和总结报告为观测点，按照90分及以上为优秀，80分及以上为良好，60分及以上为合格，59分及以下为不合格，进行成绩评定。

3. 综合评价

通过“理论测试＋实践观测”的方式进行，考核成绩＝理论考核(50%)＋实践考核(50%)。

项目一考核评价参考答案

项目二

养猪的生产节律和工艺组织

教学目标

知识目标 了解种猪繁殖和肉猪育肥的生产节律，掌握养猪实践中常用的工艺类型，理解依据猪的生产节律设计猪群结构的方法。

技能目标 学会利用猪的生产节律和工艺类型，确定猪场的猪群生产结构，并配置合适猪栏数量，为更好地执行工厂化养猪的流水化生产奠定必要的基础。

思政目标 了解工厂化养猪的先进技术，培养“执着专注、精益求精、一丝不苟、追求卓越”的工匠精神。

学习任务

任务一 养猪的生产节律

养猪的生产节律是指按照工厂化运行模式，依据猪的配种繁殖和生长发育规律，设计猪的生产车间、周期和时限；然后根据年出栏肉猪数的多少，计划在规定的工艺时限内，有多少母猪配种、妊娠、分娩，有多少仔猪哺乳、断奶、保育、生长（或育成）、育肥（或后备）和出栏上市。这种在规定的时限内，安排以“日、周、月”为单位，基于配种、妊娠、分娩、保育、生长（或育成）、育肥（或后备）等生产工艺流程，实行猪群分期分批、全进全出的周转制度，即养猪的生产节律。一般情况下，年出栏 30 000 头及以上商品猪的规模化猪场，实行 1 日制生产节律；年出栏 10 000 头及以上商品猪的规模化猪场，实行 7 日制（周）生产节律，小型猪场也可实行月制生产节律。

我国的规模化猪场多按照 7 日制（周）生产节律，安排万头及以上规模的生产流水线，如年出栏 20 000 头商品猪的规模化猪场，可安排 2 条生产流水线。每条生产线要求以“周”为生产节律，在固定的生产时限内，按照相应的生产指标，形成恒定数量的配种母猪群、妊娠母猪群、分娩母猪群、哺乳仔猪群、保育仔猪群、生长（或育成）猪群、育肥（或后备）猪群，并确保母猪从配种车间开始，依次完成妊娠车间、分娩车间、保育车间、生长（或育成）车间、育肥（或后备）车间的工序任务，形成周转有序、流水化运行的种猪配种繁殖和肉猪生长育肥工艺线。

一、基于猪的繁殖规律确定母猪生产工艺

养猪生产基于母猪的发情、配种、妊娠、分娩和泌乳等繁殖规律，一般将其工艺流程分为配种—妊娠—分娩三个生产环节。其中，母猪在配种车间饲养 35 d(断奶发情 7 d，情期配种 7 d，妊娠鉴定 21 d)转入妊娠车间，妊娠车间饲养 86 d(114 d 减去配种车间妊娠鉴定 21 d 和提前 7 d 进入产房的时间)转入分娩车间，分娩车间饲养 35 d 或 42 d 经断奶再返回到配种车间，开始下一轮的配种产仔。母猪自 1 岁左右开始配种产仔，周而复始，直至 5～6 岁繁殖机能退化时停止。

基于工厂化养猪实施的母猪生产工艺流程见图 2-1。

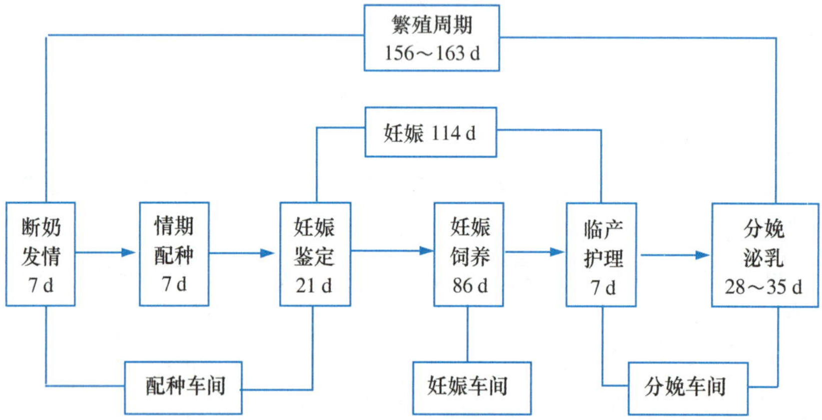

图 2-1　基于工厂化养猪实施的母猪生产工艺流程

在养猪生产实践中，为了提高母猪的年产仔窝数，可根据图中母猪的断奶发情、情期配种和母猪的分娩泌乳时限，采取仔猪早期断奶和母猪断奶前限饲、干奶后优饲等技术，让母猪尽快干奶和恢复因泌乳造成的体况减损，促使断奶母猪转入配种车间后尽早发情和输精；也可通过缩短母猪的泌乳期，让母猪提前发情和配种，以提高母猪的配种妊娠率和增加母猪的年产仔窝数。

二、基于猪的生长规律确定肉猪生产工艺

养猪生产基于从出生到体重达 100～120 kg 时肉猪的生长发育规律，一般将其工艺流程分为保育—生长(或育成)—育肥(或后备)三个生产环节。其中，断奶仔猪在保育车间饲养 35～42 d，经 2 月龄期满时的第一次留种鉴定，将用于肉猪生产的猪苗转入生长车间，将用于种猪培育的猪苗转入育成车间，两个车间均按 35～42 d 的时长饲养，目标体重为 50 kg；之后再分别转入育肥或后备车间，其中育肥车间饲养 56～63 d，体重达 100～120 kg 出栏，后备车间饲养 119～126 d，并经 4 月龄期满时的第二次留种鉴定，确认体重达成年猪体重的 70%及以上时，通过第三次留种鉴定(配种前鉴定)，将合格的后备猪转入种猪群配种繁殖。

基于工厂化养猪实施的肉猪、种猪生产工艺流程见图 2-2。

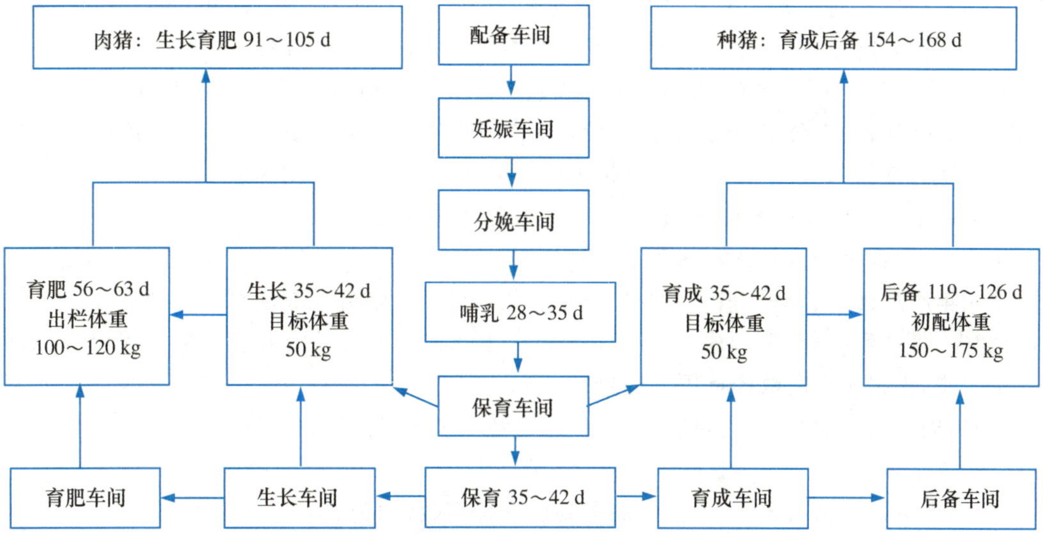

图 2-2　基于工厂化养猪实施的肉猪、种猪生产工艺流程

由图 2-2 中可以看出，肉猪的高效生产应在目标体重不变的情况下，设法通过使用优良品种、改进饲料类型、改善生活环境、加强生物安全等措施，生长期自由采食，育肥期限制饲养或自由采食(直线育肥)，尽可能缩短猪在哺乳期、保育期、生长期和育肥期的饲养时限，为实现肉猪生产的“三、三、三”制经营目标(哺乳仔猪饲养 30 d 左右体重达 8～10 kg、保育仔猪饲养 30 d 左右体重达 20～25 kg、生长育肥猪饲养 3 个月左右体重达 100～120 kg 时出栏销售)奠定良好的基础；而种猪的培育应基于猪的体组织变化规律，育成和后备前期应充分满足骨骼、肌肉快速生长的需要，促使猪的体形向长度、高度和结实的方向增长，到了后备猪发育的末期，应通过限制饲养的方式，在促使肌肉良好发育的基础上，防止脂肪组织的过渡沉积，以免体形发育过肥过胖，不利于配种繁殖。另外，育成猪与生长猪因体组织的变化规律相同，可按相同的饲养方法，让其自由采食，自由饮水，为更好地开展肉猪的育肥和后备猪的培育，创造良好的身体条件。

三、基于猪的生产节律确定猪群结构规模

以“周”为单位的养猪生产节律，是指每个车间在规定的饲养时限内，每周转入一组、转出一组猪群的工序节奏，故每个车间猪群的饲养周数就等于猪群的转群组数。根据这一特点，首先结合猪场出栏商品猪的目标规模、母猪窝均产仔数及仔猪生长(或育成)、后备、育肥各阶段的成活率等指标，计算猪场母猪全年的产仔总窝数；其次结合母猪的配种妊娠率、妊娠分娩率和哺乳期仔猪的成活率，依次推算分娩母猪、哺乳仔猪、妊娠母猪、配种母猪的转群组数和饲养头数，并依据猪在保育期、生长(或育成)期的成活率，得出保育仔猪、生长(或育成)猪群的转群组数和饲养头数；最后再结合种猪的更新率、公母比例和后备、育肥阶段猪的成活率，推算种公猪、后备猪的饲养数量及育肥猪的转群组数、饲养头数，即可得出猪场的猪群生产结构与规模。

现介绍万头猪场确定猪群结构规模的方法，供研讨学习。

例如，某规模化猪场预期的生产目标为年出栏商品猪 10 000 头，生产节律以“周”为单位，生产工艺设定配种、妊娠、分娩哺乳、保育、生长(或育成)、后备和育肥七个环节，生产时段设定

5 周、13 周、5 周、5 周、6 周、18 周、9 周七个期限，生产组织执行以“周”为单位的“分组分期、全进全出”转群制度。如果该猪场母猪的配种妊娠率、妊娠分娩率和窝均产仔数分别为 90%、98%和 10 头；猪在哺乳、保育、生长（或育成）、后备和育肥阶段的成活率分别为 92%、94%、96%、98%、98%；种用公猪、母猪的比例设定为 1∶25，年更新淘汰率为 30%；后备猪以种猪年更新淘汰率为依据，并在生长段结束时确定留种的数量，公母分群饲养。

根据以上资料和提供的信息，确定猪场的猪群结构规模。

第一步，根据生产目标计算猪场年产窝数。

猪场年产窝数＝年出栏商品猪数÷[母猪窝均产仔数×哺乳期成活率×保育期成活率×生长（或育成）期成活率×育肥期成活率]＝10 000÷(10×92%×94%×96%×98%)≈1 230(窝)

第二步，根据年产窝数计算周分娩猪数。

(1)每周母猪分娩窝数＝猪场计划年产总窝数÷全年时限周数

＝1 230÷52≈24(窝/周)

(2)每周分娩母猪头数，即母猪每周分娩的产仔窝数，约为 24 头。

第三步，计算分娩车间进出的周转猪数。

1. 母猪进出周转数

(1)每期转群组数＝每期生产时限周数÷生产节律(1 组/周)

＝5÷1＝5(组)

(2)每组转群猪数＝每周分娩猪数＝每周分娩窝数＝24(头)

(3)每期转群猪数＝每期转群组数×每组转群猪数

＝5×24＝120(头)

(4)全年生产期数＝全年时限周数÷每期生产时限周数

＝52÷5≈11(期)

(5)全年转群猪数＝全年生产期数×每期转群猪数

＝11×120＝1 320(头)

2. 仔猪进出周转数

(1)每期转群组数＝每期生产时限周数÷生产节律(1 组/周)

＝5÷1＝5(组)

(2)每组转群猪数＝周分娩猪数×窝均产仔数×哺乳期成活率

＝24×10×92%≈221(头)

(3)每期转群猪数＝每期转群组数×每组转群猪数

＝5×221＝1 105(头)

(4)全年生产期数＝全年时限周数÷每期生产时限周数

＝52÷5≈11(期)

(5)全年转群猪数＝全年生产期数×每期转群猪数

＝11×1 105＝12 155(头)

第四步，计算妊娠车间进出的周转猪数。

(1)每期转群组数＝每期生产时限周数÷生产节律(1 组/周)

＝13÷1＝13(组)

(2)每组转群猪数＝每周分娩猪数÷妊娠分娩率

＝24÷98%≈25(头)

(3)每期转群猪数＝每期转群组数×每组转群猪数

＝13×25＝325(头)

(4)全年生产期数＝全年时限周数÷每期生产时限周数

＝52÷13＝4(期)

(5)全年转群猪数＝全年生产期数×每期转群猪数

＝4×325＝1 300(头)

第五步,计算配种车间进出的周转猪数。

(1)每期转群组数＝每期生产时限周数÷生产节律(1 组/周)

＝5÷1＝5(组)

(2)每组转群猪数＝每周妊娠猪数÷配种妊娠率

＝25÷90%≈28(头)

(3)每期转群猪数＝每期转群组数×每组转群猪数

＝5×28＝140(头)

(4)全年生产期数＝全年时限周数÷每期生产时限周数

＝52÷5≈11(期)

(5)全年转群猪数＝全年生产期数×每期转群猪数

＝11×140＝1 540(头)

第六步,计算保育车间进出的周转猪数。

(1)每期转群组数＝每期生产时限周数÷生产节律(1 组/周)

＝5÷1＝5(组)

(2)每组转群猪数＝每组转群断奶仔猪数×保育期成活率

＝221×94%≈208(头)

(3)每期转群猪数＝每期转群组数×每组转群猪数

＝5×208＝1 040(头)

(4)全年生产期数＝全年时限周数÷每期生产时限周数

＝52÷5≈11(期)

(5)全年转群猪数＝全年生产期数×每期转群猪数

＝11×1 040＝11 440(头)

第七步,计算生长(或育成)车间进出的周转猪数。

(1)每期转群组数＝每期生产时限周数÷生产节律(1 组/周)

＝6÷1＝6(组)

(2)每组转群猪数＝每组转群育成仔猪数量×生长期成活率

＝208×96%≈200(头)

(3)每期转群猪数＝每期转群组数×每组转群猪数

＝6×200＝1 200(头)

(4)全年生产期数＝全年时限周数÷每期生产时限周数

＝52÷6≈9(期)

(5)全年转群猪数＝全年生产期数×每期转群猪数

＝9×1 200＝10 800(头)

第八步，计算后备车间留种的后备猪数。

(1)全年转群猪数＝(种母猪数×公母比例＋种母猪数)×种猪年更新淘汰率÷后备期成活率

＝[(140＋325＋120)×1/25 ＋(140＋325＋120)]×30%÷98%≈187(头)

(2)全年生产期数＝全年时限周数÷每期生产时限周数

＝52÷18≈3(期)

(3)每期转群组数＝每期生产时限周数÷生产节律(1 组/周)

＝18÷1＝18(组)

(4)全年转群组数＝全年生产期数×每期转群组数

＝3×18＝54(组)

(5)每期转群猪数＝全年转群猪数÷全年生产期数

＝187÷3≈63(头)

(6)每组转群猪数＝每期转群猪数÷每期转群组数

＝63÷18≈4(头)

(7)每组出栏猪数＝每组转群猪数×后备期成活率

＝4×98%≈4(头)

(8)全年出栏猪数＝全年转群组数×每组出栏猪数

＝54×4＝216(头)

(9)全年出栏后备公猪数＝全年出栏猪数×公母比例

＝216×1/25≈9(头)

(10)全年出栏后备母猪数＝全年出栏猪数－全年出栏后备公猪数

＝216－9＝207(头)

第九步，计算育肥车间进出的周转猪数。

(1)全年转群猪数＝全年转群生长猪数－全年出栏后备猪数

＝10 800－216＝10 584(头)

(2)全年生产期数＝全年时限周数÷每期生产时限周数

＝52÷9≈6(期)

(3)每期转群组数＝每期生产时限周数÷生产节律(1 组/周)

＝9÷1＝9(组)

(4)全年转群组数＝全年生产期数×每期转群组数

＝6×9＝54(组)

(5)每期转群猪数＝全年转群猪数÷全年生产期数

＝10 584÷6≈1 764(头)

(6)每组转群猪数＝每期转群猪数÷每期转群组数

＝1 764÷9＝196(头)

(7)每组出栏头数＝每组转群猪数×育肥期成活率

＝196×98%≈193(头)

(8)全年出栏猪数＝全年转群组数×每组出栏头数

＝54×193＝10 422(头)

第十步,列表说明猪场的猪群结构规模。

根据上述结果,基于猪群饲养周数、猪群转群组数、每组转群头数,列表计算猪场在种公猪站、配种车间、妊娠车间、分娩车间、保育车间、生长(或育成)车间、育肥(或后备)车间等生产单元,常年周转循环的存栏猪群规模。

某万头规模化猪场的猪群结构规模见表 2-1。

表 2-1　某万头规模化猪场的猪群结构规模

猪群类别	猪的饲养周数	猪的转群组数	每组转群猪数	每期周转猪数	备注
种公猪群	常年均衡饲养			24(不周转)	种公猪站
配种母猪群	5	5	28	140	配种车间
妊娠母猪群	13	13	25	325	妊娠车间
泌乳母猪群	5	5	24	120	分娩车间
哺乳仔猪群	5	5	221	1 105	分娩车间
保育仔猪群	5	5	208	1 040	保育车间
生长(或育成)猪群	6	6	200	1 200	生长(或育成)车间
后备猪群	18	18	4	72	后备车间
育肥猪群	9	9	193	1 737	育肥车间
猪场常年存栏猪数				5 763	生产周转

四、基于猪群结构规模确定猪栏配置数量

猪舍内配置的猪栏数量,应按照猪的周转管理、饲养密度、猪栏接续和结构规模等相关因素,合理计算和科学配置。

(一)猪群周转的“全进全出”制度

工厂化养猪要求各生产车间以“周”为生产节律,每周安排一组猪群(全进)转进相应的车间开始对应的工序生产,同时转出另一组已完成工序任务的猪群(全出),进入下一个车间,依此类推,按计划完成各车间的工序任务。这种进出有序、流水式推进的生产周转管理,即猪群周转的“全进全出”制度。

(二)猪栏配置与猪的舍内饲养密度

工厂化养猪要求配置的猪栏数量应符合基于生产节律的饲养工艺。一般情况下,应依据猪场各车间的饲养密度、存栏规模、猪群周转和生产节律等因素确定。如果猪栏配置数量准确,则猪群的周转运行顺畅,猪舍和猪栏利用效率提高;反之,猪群的周转运行则出现混乱,猪舍和猪栏的利用效率降低。

各类猪群适宜的饲养密度见表 2-2。

表 2-2 各类猪群适宜的饲养密度

猪群类别	每栏饲养猪头数	每头猪占地面积/m
种公猪	1	9.0～12.0
后备母猪	5～6	1.0～1.5
后备公猪	1～2	4.0～4.5
空怀妊娠母猪	4～5	2.5～3.0
泌乳带仔母猪	1(母仔同栏)	4.2～5.0
保育仔猪	9～11	0.3～0.5
生长(或育成)育肥猪	9～10	0.8～1.2

(三)猪栏接续的"交替利用"制度

工厂化养猪要求每个车间按照"猪群组数＋1"的标准，配置能够满足猪群进出有序和"流水式"运行的猪栏数量。即每个车间每周始终有一组备用猪栏，用于接受转进一组猪群的饲养，而同步情况下另一组猪群转出留下的空闲猪栏，经彻底的卫生消毒，接受下一组猪群转进的需要。这种依托备用猪栏满足猪群接续"交替利用"的管理模式，即猪栏接续的"交替利用"制度。

(四)猪栏配置数量与猪群结构规模

规模化猪场各类猪舍栏位数的配置，与种公猪、配种母猪、妊娠母猪、分娩母猪、哺乳仔猪、保育猪、生长猪(或育成猪)、育肥猪、后备公猪、后备母猪等类群结构与数量，有着密切的关系。栏位数配置合理，不仅能保证各类猪群的合理周转，而且能极大地提高猪舍的利用效率。

现以某万头规模化猪场的猪群结构规模(表 2-1)为例，确定各类猪舍配置的栏位数。

第一步，计算每个车间内每组猪群周转配置猪栏数。

计算公式为：每个车间内每组猪群周转配置猪栏数＝[每组转群猪数÷每栏饲养猪数(饲养密度)]＋1(多一个栏用于隔离病猪所用)。

第二步，计算每个车间内每期猪群周转配置猪栏数。

计算公式为：每个车间内每期猪群周转配置猪栏数＝(每期饲养组数＋1)×每组所需栏位数(多一组栏用于猪群进、出的交替接续)。

第三步，计算种公猪和后备猪不转群配置的猪栏数。

计算公式为：种公猪、后备猪不转群配置猪栏数＝[常年存栏猪数÷每栏饲养猪数(饲养密度)]＋1(多一个栏用于隔离病猪所用)。

第四步，计算猪场各车间猪群周转配置的猪栏总数。

计算公式为：猪场各车间猪群周转配置的猪栏总数＝种公猪群栏位数＋配种车间栏位数＋妊娠车间栏位数＋分娩车间栏位数(哺乳仔猪与分娩母猪同栏，不再另行计算)＋保育车间栏位数＋生长(或育成)车间栏位数＋后备母猪栏位数＋后备公猪栏位数＋育肥车间栏位数。

第五步，列表说明猪场各类猪群周转配置的猪栏数。

依据上述公式，按照猪场猪群"全进全出"和猪栏接续 "交替利用"的管理制度要求，参考表 2-1、表 2-2 中的相关数据条件，确定某万头规模化猪场的猪栏配置数量。

某万头规模化猪场所需的猪栏配置数量见表 2-3。

表 2-3　某万头规模化猪场所需的猪栏配置数量

猪群类别	每期周转猪数	每组转群猪数	每栏饲养猪数	每组所需猪栏	每期饲养组数	每期猪栏组数	每期周转栏数	备注
种公猪群	24	单栏饲养，常年定舍不转群					24	种公猪站
配种母猪群	140	28	5	7	5	6	42	配种车间
妊娠母猪群	325	25	4	8	13	14	112	妊娠车间
泌乳母猪群	120	24	1	25	5	6	150	分娩车间
哺乳仔猪群	1 105	221	10					
保育猪群	1 040	208	11	20	5	6	120	保育车间
生长(或育成)猪群	1 200	200	10	21	6	7	147	生长(或育成)车间
后备猪群	72	4	3	3	18	19	57	后备车间
育肥猪群	1 737	193	9	23	9	10	230	育肥车间
备　注	5 763(猪场常年存栏猪数)						882(猪场配置猪栏总数)	

基于猪的生产节律安排猪的配种、妊娠、分娩、哺乳、保育、生长(或育成)、育肥(或后备)等周转环节，既是确定养猪工艺流程、设计猪群饲养规模的前提，又是工厂化养猪进行流水式生产的基础。在工厂化猪场的每一个车间，猪只都是按一定的时限进行生长和生产的。其中，母猪按一定的繁殖规律进行配种、妊娠、分娩和哺乳，仔猪按一定的增重规律进行生长(或育成)、育肥(或后备)直至出栏上市。在生产实践中，应根据猪场的生产目标、生产节律和饲养管理等因素，合理确定猪群的生产工艺流程、理想群体结构、猪栏配置数量和猪舍修建栋数，以保证在猪场的建设和生产运行过程中，做到人力、资金、土地、设施、设备、饲料、技术、产品、市场等资源的有效配置和科学管理。

任务二　养猪的工艺组织

养猪到底采用什么样的工艺，一定要在猪场建设之前，充分考虑地形、地势、人力、物力、财力、设施、设备、技术及生产规模等众多因素和精细化管理的具体要求，并按照工厂化养猪的生产节律，规划好各时段猪群之间的功能和联系，选用合理的流水式生产工艺，保证生产周转的连续性、均衡性和循环性，切实提高生产效率。

由于养猪生产在不同条件下的饲养规模、技术水平、人力物力、经营管理和产业化程度等实际需求不一，生产工艺的表现形式也有所差异。

工厂化养猪流水式生产工艺见图 2-3。

一、三段生产工艺流程

猪的三段生产工艺流程是指将母猪的繁殖周期分为配种妊娠、分娩泌乳二个时段，肉猪(或留种猪)的生产周期分为生长育肥(或育成后备)一个时段安排，并基于配种妊娠→分娩泌乳→生长育肥(或育成后备)等流程，安排猪群的合理周转(图 2-4)。这是传统农户和专业户常采用的养猪生产工艺流程。

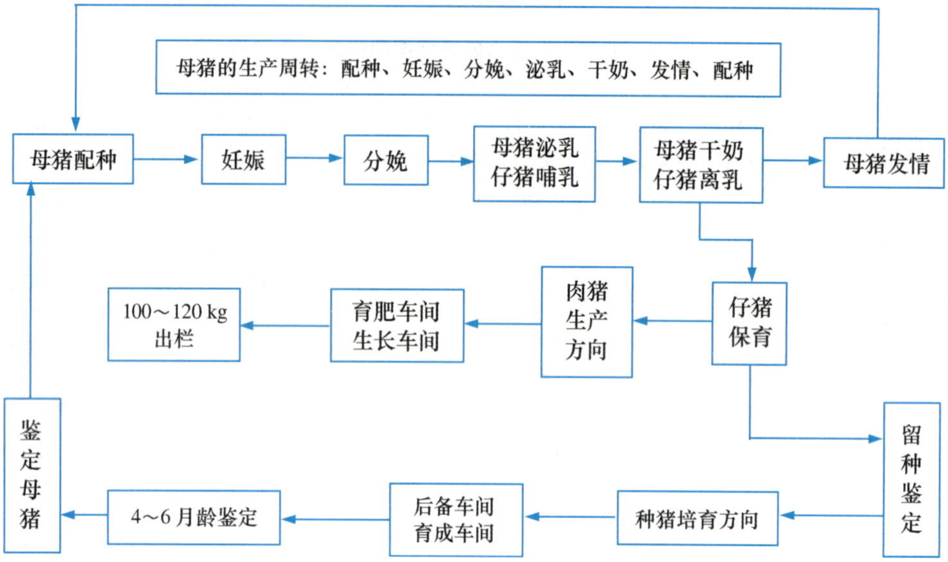

图 2-3　工厂化养猪流水式生产工艺

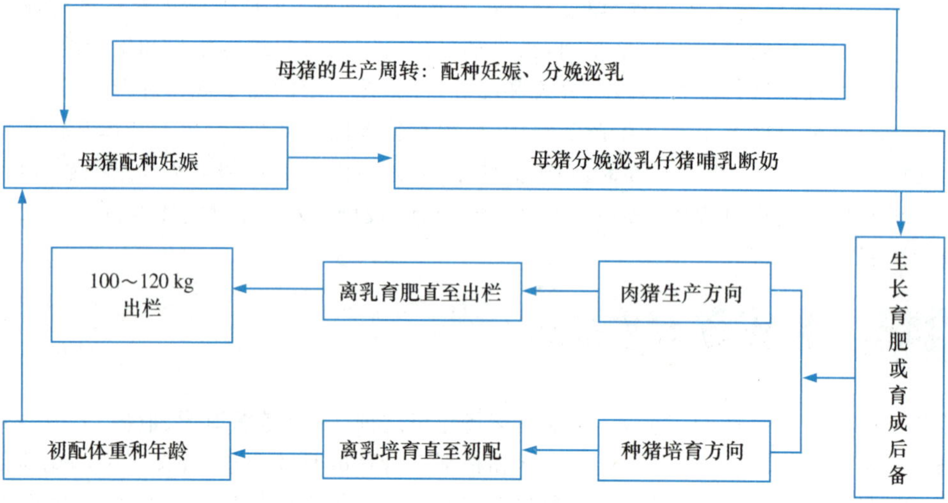

图 2-4　猪的三段生产工艺流程

三段生产工艺流程的特点是工艺简单易行，猪群周转次数少(母猪 2 次，仔猪 1 次)，猪舍类型单一，维修费用少，管理方便。可在分娩泌乳期创造相对独立且适宜的饲养和环境条件，满足泌乳母猪和哺乳仔猪的生产需求。但将母猪的配种和妊娠时段合二为一，使其不能按照各自时段的生理特点，给予合适的饲养管理，影响了空怀和妊娠母猪的精细化管理；肉猪(或留种猪)从断奶到出栏，划分为生长育肥(或育成后备)一个时段，其营养控制、环境控制等显得较为粗放，不利于肉猪(或留种猪)生长潜力的充分发挥。

二、四段生产工艺流程

猪的四段生产工艺流程是指将母猪的生产周期分为配种妊娠、分娩泌乳两个时段，肉猪

（或留种猪）的生产周期分为断奶保育、生长育肥（或育成后备）两个时段安排，并基于配种妊娠→分娩泌乳→断奶保育→生长育肥（或育成后备）等流程，安排猪群的合理周转（图 2-5），这是中、小型规模养猪场常采用的生产工艺流程。

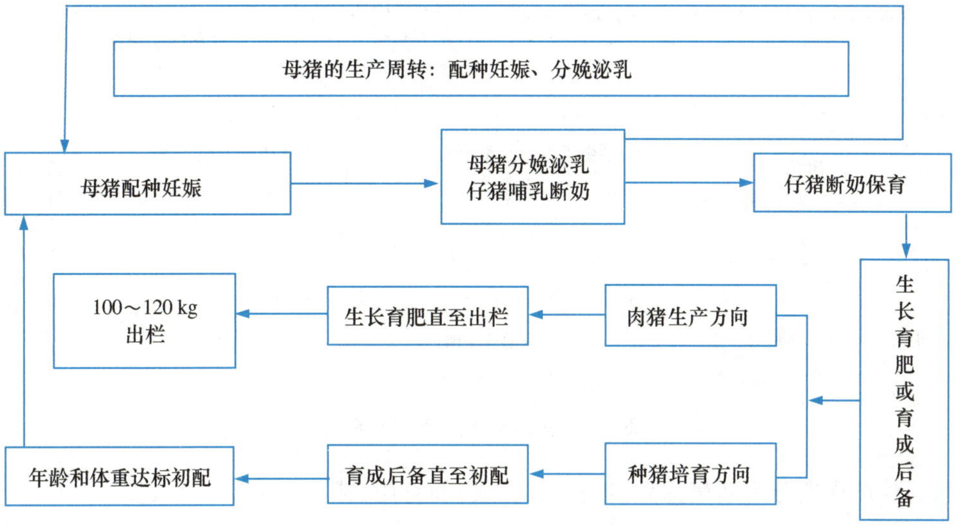

图 2-5　猪的四段生产工艺流程

四段生产工艺流程较三段生产工艺流程的区别是将哺乳仔猪断奶后转入保育舍培育 35～42 d，而后再转入生长育肥（或育成后备）舍按照肉猪或留种方向精准饲养。母猪转群次数不变，仔猪转群次数增加 1 次，保育猪舍需增建，可充分满足仔猪的生长需要和减轻应激反应综合征的发生，仔猪成活率和增重效果显著提升。但母猪的配种和妊娠、肉猪（或留种猪）的生长（或育成）和育肥（或后备）仍与三段生产工艺流程一致，不利于母猪生产和肉猪（或留种猪）生长潜力的发挥。

三、五段生产工艺流程

猪的五段生产工艺流程是指将母猪的生产周期分为空怀配种、妊娠护理、分娩泌乳三个时段，肉猪的生产周期分为断奶保育、生长育肥（或育成后备）二个时段安排，并基于空怀配种→妊娠护理→分娩泌乳→断奶保育→生长育肥（或育成后备）等流程，安排猪群的合理周转（图 2-6）。这是中、大型规模养猪场常采用的生产工艺流程。

五段生产工艺流程较四段生产工艺流程的区别是将母猪的空怀期和妊娠期分段饲养，母猪转群增加 1 次，仔猪转群不变，母猪舍需分建空怀舍和妊娠舍，特别是对空怀母猪和妊娠母猪实施分段精细化饲养，可以合理控制母猪适宜的膘情进行配种和根据母猪的妊娠生理特点进行个性化饲养，进而有效促进母猪的发情配种和提高母猪的受胎率。但肉猪（或留种猪）的生长（或育成）和育肥（或后备）仍与四段生产工艺流程一致，其饲养供应、环境控制、饲喂饮水、日常管理等显得较为粗放，不利于其生长发育（或育成后备）潜力的发挥。

四、六段生产工艺流程

猪的六段生产工艺流程是指将母猪的生产周期分为空怀配种、妊娠护理、分娩泌乳三个时

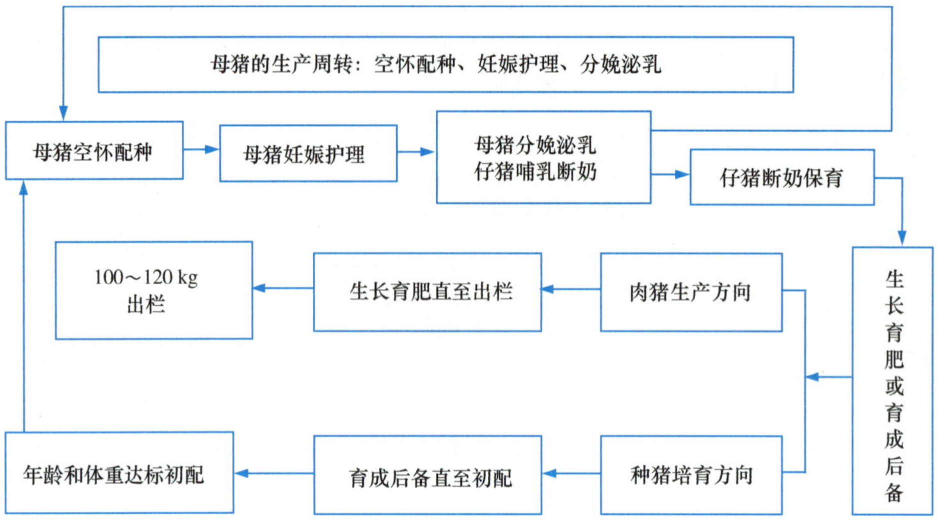

图 2-6　猪的五段生产工艺流程

段，肉猪的生产周期分为断奶保育、生长（或育成）和育肥（或后备）三个时段安排，并基于空怀配种→妊娠护理→分娩泌乳→断奶保育→生长（或育成）→育肥（或后备）等流程，安排猪群的合理周转（图 2-7）。这是大规模、产业化养猪场常采用的生产工艺流程。

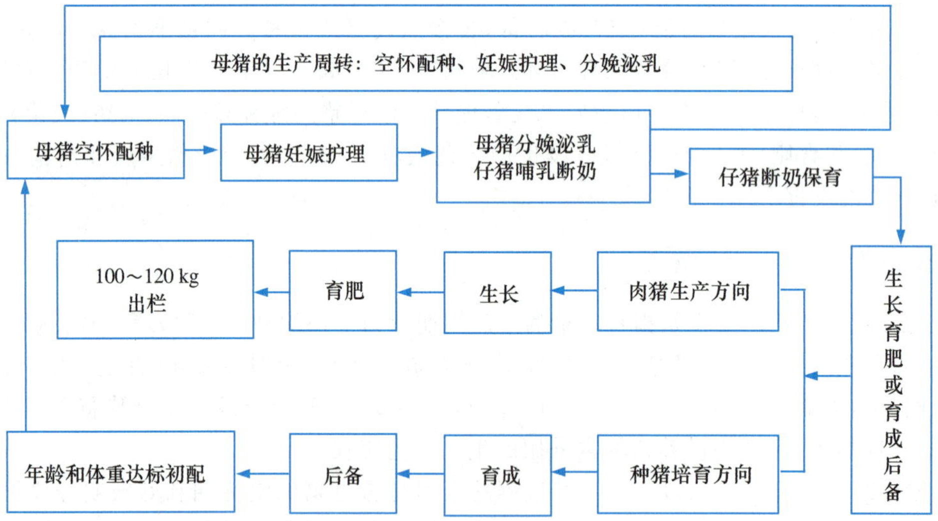

图 2-7　猪的六段生产工艺流程

六段生产工艺流程较五段生产工艺流程的区别是将肉猪（或留种猪）的生长（或育成）期和育肥（或后备）期分段饲养，需分建专门的生长（或育成）舍和育肥（或后备）舍，母猪转群不变，生长育肥（或育成后备）猪转群增加 1 次，特别是对生长（或育成）猪和育肥（或后备）猪实施分段精细化饲养，可以快速促进肉猪（或留种猪）的生长发育（或育成后备），进而有效提高生长育肥（或育成后备）猪的经济效益。这种工艺虽然使得猪群的生产能力和经济效益得到最大限度的发挥，但猪只转群多，应激增加，还需要修建更多的专业化猪舍、配备更多的专业化人才、提供更好的专业化技术、采用更精细的管理性措施，并消耗更多的人力、物力和财力，特别是猪的生物安全、疫病防治和粪污处理体系，需要引起高度的重视。

以上几种工艺流程往往是将猪场建设在同一块区域，需求面积按照规模大小确定。如果猪场规模在 1 万～3 万头，可以按每个生产节律的猪群数量设计舍内的生产单元，并配套相应的栏位数，全场则以猪舍内的生产单元为主，实行全进全出的周转制度；如果猪场规模在 3 万～5 万头，可以按每个生产节律的猪群数量，以猪舍为生产单元，并配套相应的栏位数，实行全进全出，或者以部分猪舍为单位实行全进全出是比较理想的；如果猪场规模在 5 万～10 万头及以上，可以设计以“站”或“场”为相对独立生产单元，实行“站”或“场”之间周转的“多点生产工艺流程”。

五、多点生产工艺流程

猪的多点生产工艺流程是指养猪企业将种公猪、繁殖母猪、保育仔猪、生长猪、育肥猪、育成猪和后备猪等猪群，分别集中在防疫间距达标的不同地点，以“站”或“场”为生产单元，基于“种公猪站→繁殖母猪场→保育猪场→生长猪场→育肥猪场”，或“种公猪站→繁殖母猪场→保育猪场→育成猪场→后备猪场”等流程，安排猪群的合理周转（图 2-8）。这种工艺要求保证将种公猪的“饲养管理、采精检查、冷冻保存、供精输精”，繁殖母猪的“空怀配种、妊娠护理、分娩泌乳”，保育仔猪的“断奶过渡、应激预防、培育管理”，育成后备猪的留种培育，生长育肥猪的高效饲养等生产环节，有效组合在一起，并形成既相互独立，又相互配合的以“场”为单位，实行全进全出的周转组织体系。这是目前集约化养猪广泛采用的生产工艺流程，一般适用于年出栏商品猪在 5 万～10 万头及以上的大规模养猪企业。

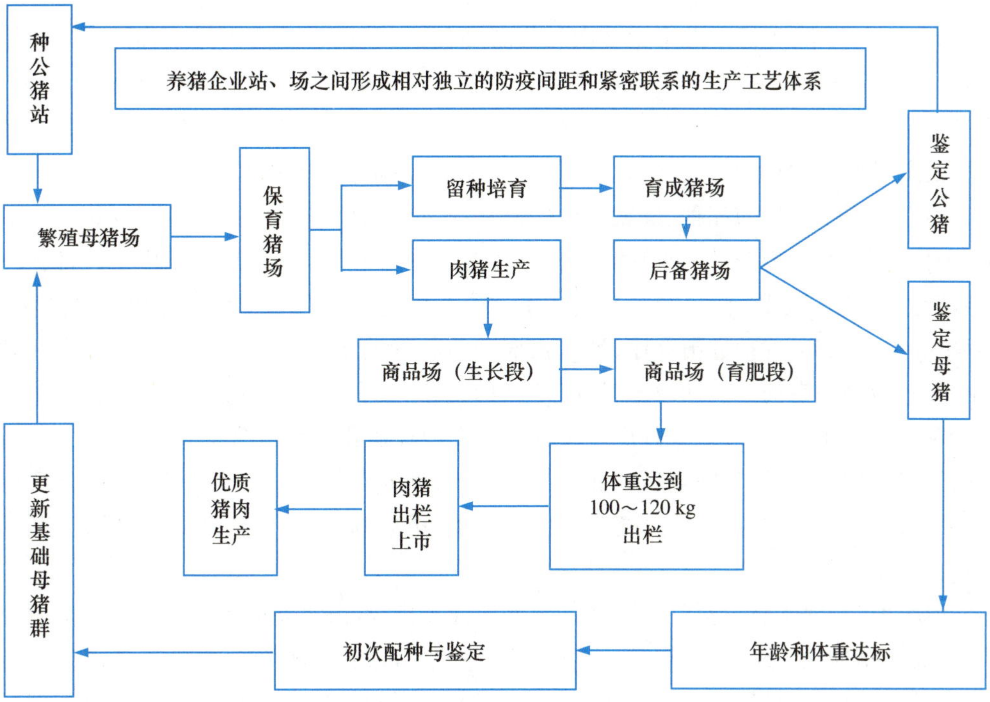

图 2-8 猪的多点生产工艺流程

多点生产工艺流程较六段生产工艺流程的区别是将种公猪的“饲养管理、采精检查、冷冻保存、供精与输精”等生产环节集中在一起，并以“种公猪站”的形式，独立建站和组织管理；繁殖母猪的“空怀配种、妊娠护理、分娩泌乳”等生产环节集中在一起，并以“繁殖母猪场”的形式，独立建站和组织管理；保育仔猪的“断奶过渡、应激预防、重点培育”等生产环节集中在一起，并以“保育猪场”的形式，独立建场和组织管理；商品猪的“快速生长、高效育肥”和育成后备猪的“种质培育、科学选留”等生产环节集中在一起，并以“生长育肥(或育成后备)猪场”的形式，独立建场和组织管理。其中“种公猪站、繁殖母猪场、保育猪场、生长育肥(或育成后备)猪场”等站、场之间，既要保持 1～2 km 及以上的安全防疫距离，还要在站、场之间基于供精配种、妊娠分娩、断奶保育、生长育肥(或育成后备)等流程，安排猪群的合理周转，即以“站、场”为单位，实行猪群生产的全进全出制度。这种工艺有利于养猪生产的规模化和集约化组织，有利于解决各类猪群的个性化饲养和精细化管理，有利于解决猪场新技术、新设备和新工艺的应用，有利于解决高密度饲养带来的疫病威胁，以及环境污染和废弃物产生的危害。但需要投入更多的人力、物力和财力，特别是设施设备的配置、配合饲料的生产、优良猪种的使用、生产技术的创新、现代企业的管理和粪污资源的处理等，如何保持到位，并确保养猪企业的高质量运行和高效益回报，需要引起高度的重视。

思政关联

工厂化养猪——呼唤工匠精神

党的十八大以来，习近平总书记多次礼赞劳动创造，讴歌劳模精神、劳动精神、工匠精神。2020 年 11 月 24 日，习近平在全国劳动模范和先进工作者表彰大会上讲到“爱岗敬业、争创一流，艰苦奋斗、勇于创新，淡泊名利、甘于奉献”的劳模精神，“崇尚劳动、热爱劳动、辛勤劳动、诚实劳动”的劳动精神，“执着专注、精益求精、一丝不苟、追求卓越”的工匠精神。工厂化养猪是指像工业生产一样，将猪的配种、妊娠、分娩、保育、生长(或育成)、育肥(或后备)等工艺车间，以“周”为生产节律，每周安排一组猪群(全进)转进相应的车间开始对应的工序生产，同时转出另一组已完成工序任务的猪群(全出)，进入下一个车间，依此类推，按计划完成各生产车间的周转组织和工序任务，这种进出有序、流水式推进的养猪生产模式，即为工厂化养猪。在生产实践中，要求应用精湛的工艺和技术，组织好猪的良建、良舍、良料、良繁、良育、良饲、良防、良管、良治和良营等生产环节，最大限度地发挥猪的生产性能和提高猪的经济效益。在当今养猪产业转型升级和技术工艺不断创新的征程上，需要从事养猪战线的仁人志士，发扬工匠精神，把当前养猪的先进工艺与服务体系落实到生产一线，勇立潮头、砥砺奋进，为我国养猪业的发展奉献力量。

俗话说：“三百六十行，行行出状元”。发展现代养猪业，需要创业者能够静下心来，钻研技术，研究工艺，精准精细组织生产。因为养猪业是一个有着自身独特规律的产业，它既需要人们付出劳动，也需要遵循猪的生长生产规律，更需要认识到养猪业本身是关系国计民生、具有公共属性的国家战略产业。当前，随着经济社会和生产力的不断发展，养猪业已逐渐成为科技元素密集的工业化产业，其发展必然要依靠技艺精湛的工匠型人才，这就需要养猪工作者不断丰富自身的专业科技知识，对每一栋猪舍、每一个猪种、每一类饲料、每一个环节，直至出栏上市的每一个肉猪产品，不断“打磨”，让技术和产品精益求精、至臻完善，这才是推进我国养猪业高质量发展的前行的力量。让我们把工匠精神注入现代养猪业发展的创新实践中，用工匠精神“为国铸犁”，创造我国现代畜牧业的美好未来和前景。

实践训练

规模化养猪场猪群结构规模和猪栏配置数量的确定

一、实习目的

通过某猪场的调研、统计和资料分析，学会规模化猪场猪群结构规模和猪栏配置数量的确定方法。

二、实习地点

校内外规模化养猪场和畜禽生产实训室。

三、实习内容

(1)通过调研分析，推算某规模化猪场的猪群结构规模。

(2)根据猪群结构，推算某规模化猪场的猪栏配置数量。

四、实习组织

1. 资料准备

教师带领学生赴某猪场调研问询，获取相关资料。

(1)预期年出栏商品猪数和生产工艺执行的节律。

(2)主要的生产工艺环节和生产时段的设定期限。

(3)母猪配种妊娠率、妊娠分娩率和窝均产仔数。

(4)哺乳、保育、生长(或育成)、育肥(或后备)猪成活率。

(5)种公、母猪的适配比例和年更新淘汰的比率。

(6)后备猪的合理留种数和圈舍饲养方式。

2. 推算分析

教师指导学生结合课程项目二任务一的理论和知识基础，确定养猪场的猪群结构规模和猪栏配置数量。

(1)基于猪的生产节律确定猪群结构规模。

第一步，根据生产目标计算猪场年产窝数。

第二步，根据年产窝数计算周分娩猪数。

第三步，计算分娩车间进出的周转猪数。

第四步，计算妊娠车间进出的周转猪数。

第五步，计算配种车间进出的周转猪数。

第六步，计算保育车间进出的周转猪数。

第七步，计算生长（或育成）车间进出的周转猪数。

第八步，计算后备车间留种的后备猪数。

第九步，计算育肥车间进出的周转猪数。

第十步，列表说明猪场的猪群结构规模。

（2）基于猪群结构规模计算猪栏配置数量。

第一步，计算每个车间内每组猪群周转配置猪栏数。

第二步，计算每个车间内每期猪群周转配置猪栏数。

第三步，计算种公猪和后备猪不转群配置的猪栏数。

第四步，计算猪场各车间猪群周转配置的猪栏总数。

第五步，列表说明猪场各类猪群周转配置的猪栏数。

3. 师生互动讨论交流

教师结合学生对猪群结构规模和猪栏配置数量的分析确定，以学生交流发言和教师点评的方式，进行专项讨论和交流。

五、实习总结

（1）学生提交猪场的猪群结构规模和猪栏配置数量报告。

（2）教师进行批阅修改，并及时反馈学生报告评价意见。

线上学习

（1）课件学习　养猪的生产节律与工艺组织。

（2）企业感知　温氏、牧原等食品公司官网。

（3）相关链接　中国畜牧网、中国养猪网等官网。

（4）技术视频　现代养猪技术。

项目二养猪的生产节律与工艺组织 PPT

猪的体重估测

猪的体尺测量

猪的活体测膘

考核评价

1.理论测试

以养猪的生产节律和工艺组织为主要内容，以校园网为共享平台，连接学生手机和智慧黑板，并要求其在规定时间(30 min)内完成答题内容，并适时提交。教师通过智慧黑板考核窗口，适时发布学生的答题结果，并进行适当点评(15 min)。成绩评定按照每空格2分，共计50×2=100分，其中90分及以上为优秀，80分及以上为良好，60分及以上为合格，59分及以下为不合格。

(1)2020年11月24日，在全国劳动模范和先进工作者表彰大会上，习近平总书记精辟阐释了“工匠精神”的科学内涵，主要是指“(　　　)、(　　　)、(　　　)、(　　　)”的工匠精神，强调“劳模精神、劳动精神、工匠精神”是以(　　　)为核心的民族精神和以(　　　)为核心的时代精神的生动体现”。

(2)依据母猪的生产工艺流程填写图2-9中括号内的工艺参数。

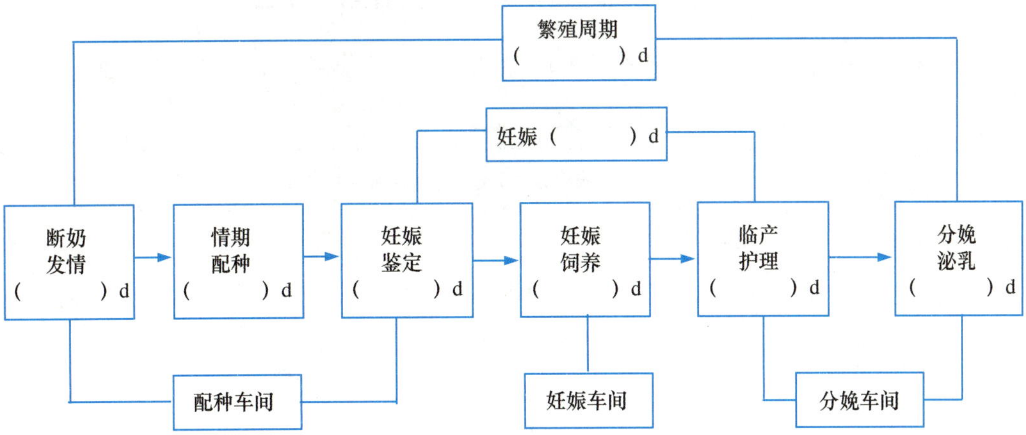

图2-9 基于工厂化养猪的母猪生产工艺流程

(3)依据肉猪、种猪生产工艺流程填写图2-10括号内的工艺参数。

(4)猪的六段生产工艺流程是指将母猪的生产周期分为(　　　)、(　　　)、(　　　)三个时段，肉猪的生产周期分(　　　)、(　　　)和(　　　)三个时段安排，突出了母猪和肉猪育肥的精准化饲养。

(5)工厂化养猪就像工业生产一样，将猪的(　　　)、(　　　)、(　　　)、(　　　)、(　　　)、(　　　)等工艺车间，以“周”为生产节律，每周安排一组猪群(　　　)相应的车间开始对应的工序生产，同时(　　　)另一组已完成工序任务的猪群，进入下一个(　　　)，依此类推，按计划完成各生产车间的周转组织和工序任务。

(6)工厂化养猪各车间的猪栏数量配置应按照猪的(　　　)、(　　　)、(　　　)和(　　　)等因素确定。如果猪栏配置数量准确，猪舍利用效率(　　)；反之，则猪舍利用效率(　　)。

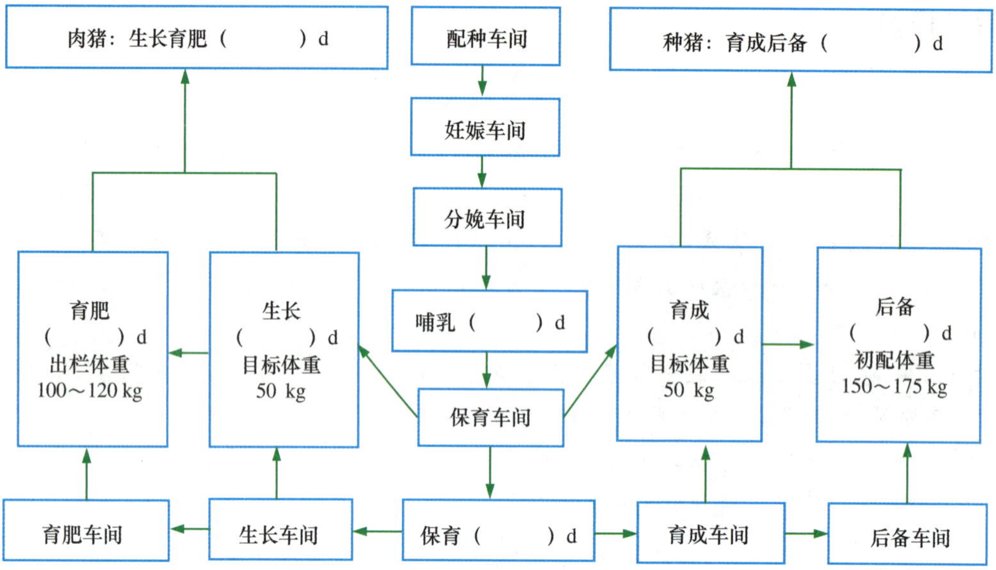

图 2-10 基于工厂化养猪实施的肉猪、种猪生产工艺流程

(7)依据猪多点生产工艺流程填写图 2-11 括号内的正确描述。

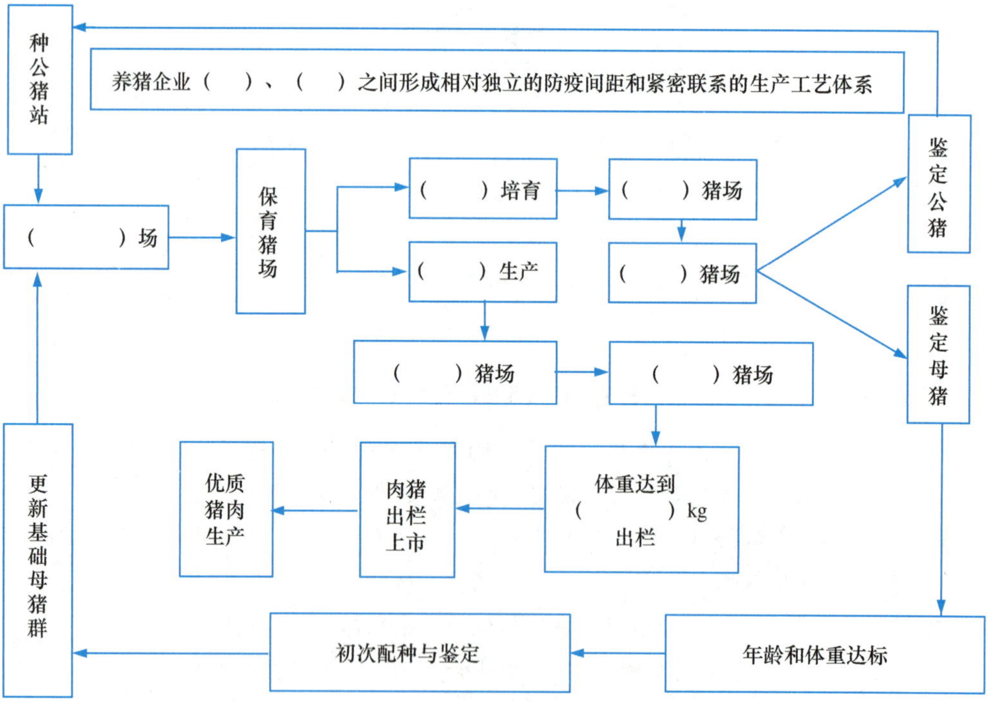

图 2-11 猪的多点生产工艺流程

2. 实践观测

以学生平时的实践训练表现和总结报告为观测点，按照 90 分及以上为优秀，80 分及以上为良好，60 分及以上为合格，59 分及以下为不合格，进行成绩评定。

3. 综合评价

通过“理论测试＋实践观测”的方式进行，考核成绩＝理论考核（50％）＋实践考核（50％）。

项目二考核评价参考答案

项目三

养猪的设施规划和圈舍建筑

教学目标

知识目标 理解养猪的设施规划特点和圈舍建筑要点，了解现代养猪的主要建筑设施和圈舍基本结构。

技能目标 学会规模化猪场的设施规划和圈舍设计方法，为更好地组织规模化、产业化养猪奠定必要的基础。

思政目标 探索生态化养猪的新模式，让学生牢固树立“绿水青山就是金山银山”的理念，为经济社会的高质量发展贡献力量。

学习任务

任务一 养猪的设施规划

养猪设施主要是指各种类型的猪舍及饲料加工、人工授精、兽医防治、粪污处理等方面的配套建筑，也包括企业办公、后勤服务、生活住宅等方面的保障用房。这些建筑设施的规划是否科学，安排是否合理，与其工艺组织和生产管理有着密切的关系。在生产实践中，养猪的设施规划，应充分考虑猪场建设位置的确定、各功能区的划分和区内建筑设施的配套等因素，进而做出统一的布局和安排，做到选址符合生产要求，设施利于生产组织，规划符合生产管理，进而提高企业的劳动生产率。

一、场址选择

养猪场往往具有饲养规模大，生产工艺先进，产业化程度高和可持续发展能力强等特点。因此，选址应充分考虑事业发展的长远性和科学性。一般情况下，要选择符合当地土地利用规划，自然环境良好，地势高燥向阳，土质坚实、水质良好、水量充足的地块建设，并办理合法用地手续，要求交通便利，有硬化路面直通到场，周边环境符合防疫和环保要求。同时应结合当地政府的畜禽养殖区划，依据猪场性质、生产特点、生产规模、饲养方式及生产集约化程度等因素，对其地理、气候、水源、土质、交通、电力、防疫等条件进行全面考察。

通常情况下，确定猪场建设位置应考察以下条件。

(一)地理条件

猪场选址的地理条件主要包括地势和地形等因素。其中,地势条件主要涉及位置的高低、走势等问题,要求位置干燥,较四周略高或有缓坡,如有缓坡,坡度不得大于 25°,以减少基建投入;地形条件主要涉及位置的开阔、面积大小等问题,要求平坦整齐,面积充足,便于充分利用场地和合理布置建筑物。猪场建设占地面积应依据猪场的饲养规模、生产任务和场地总体规划而定,一般情况下,可按每头繁殖母猪 40～50 m^2 或每头出栏商品猪 3～4 m^2 计算。

规模化猪场建设占地面积见表 3-1。

表 3-1　规模化猪场建设占地面积　　m^2

项目	100 头基础母猪规模	300 头基础母猪规模	600 头基础母猪规模
建设用地面积	5 333	13 333	26 667

(二)水土条件

猪场选址的水土条件主要包括水源、水质和土壤的特性、结构等因素。其中水源条件主要考察猪场所处位置的水源、水量和水质,应符合无公害水质的要求,水量充足,便于取用和卫生防护,并易于净化和消毒;土壤条件主要考察猪场所处位置的土壤特性和土质结构,应选择土质坚实,透气性好,自净能力强,地表易保持干燥的地方建场。

各类猪群的日需水量和规模猪场的日供水量见表 3-2 和表 3-3。

表 3-2　各类猪群日需水量与饮用量　　L/(d·头)

项目	种公猪	空怀及妊娠母猪	泌乳母猪	断奶仔猪	生长猪	育肥猪
总需水量	40	40	75	5	15	25
饮用量	10	20	20	2	6	6

表 3-3　各类猪场日供水量与猪群饮用量　　t/d

项目	100 头基础母猪规模	300 头基础母猪规模	600 头基础母猪规模
猪场供水总量	20	60	120
猪群饮水总量	5	15	30

注:炎热和干燥地区的供水量可增加 25%。

(三)路电条件

猪场选址的路电条件主要包括所处位置距离交通干道、供电线路的远近和场区内的道路建设、用电负荷等因素。其中,交通条件主要考虑场区内外道路建设是否满足其生产要求。规模化养猪场往往因饲料、产品、废弃物和其他物料的运输量很大,交通不便会给生产带来巨大困难,同时也影响职工的生活和工作。例如,一个万头猪场每周运出的商品猪约 200 头,每天平均进出的饲料约 20 t,并处理大量的粪便污水。因此,在防疫条件许可的情况下,建设位置应选择在交通便利的地方,并高度重视场区内外的道路配套建设。一般要求猪场位置应距离交通主干道 1 km 以上，乡村公路 0.5 km 以上，居民点 1 km 以上，屠宰场、牲畜交易市场、畜产品加工厂或工矿企业 2 km 以上；电力条件主要考察建场位置的供电线路及用电负荷是否满足其生产要求。规模化养猪场往往采用成套的机电设备来进行饲料加工、供水供料、照明保温、通风换气、消毒冲洗等环节的机械化操作，再加上职工生活用电。因此，猪场要求具有方便充足的电源条件。如一个万头猪场装机容量可达 70～100 kW，为应对临时停电，猪场应准备备用发电机组。

（四）防疫条件

猪场选址的防疫条件主要包括四周的开阔程度、消毒卫生、物流隔离和植被绿化等是否达标和内部区域的物流转运、消毒卫生、病猪处理、防疫隔离、粪污净化和环境管理等是否可行。一是从生物安全的角度出发，猪场四周须有一定的空间防疫隔离带，所以，应远离市区、工矿企业和村镇生活密集区，以便搞好消毒卫生和保持安静环境，并做好绿化排污工作。二是猪场内部区域内的生物安全应执行严密的卫生、消毒、防疫、隔离等措施，定期对空气、土壤、水体、饲料、猪体、人体和粪污等进行生物安全检测并落实到位。其中，生活区、办公区、隔离区、生产区及附属区相对独立，人行道、饲料道和赶猪道界线分明，猪群周转流动单向不可逆，并设专门的兽医处理区隔离治疗患病猪群，病死猪应深埋或焚尸处理。三是粪污的容纳净化要做到农牧结合、生态环保。例如，一个万头猪场猪群每天排出的粪尿、污水总量近 50 t，如果周围有足够的农田、果园、鱼塘、蔬菜大棚等消纳粪污，不但提高了养猪综合效益，而且保护了周围环境。

二、设施布局

养猪场的设施规划与布局主要是指生活区、办公区、生产区和隔离区等建设位置的确定和场内生活、办公和生产附属设施的合理安排。一般要求各功能区之间隔离有序，界线分明、区内配套设施齐全、运行相互协调，以方便企业的生产组织与管理。

养猪场的设施规划与布局见图 3-1。

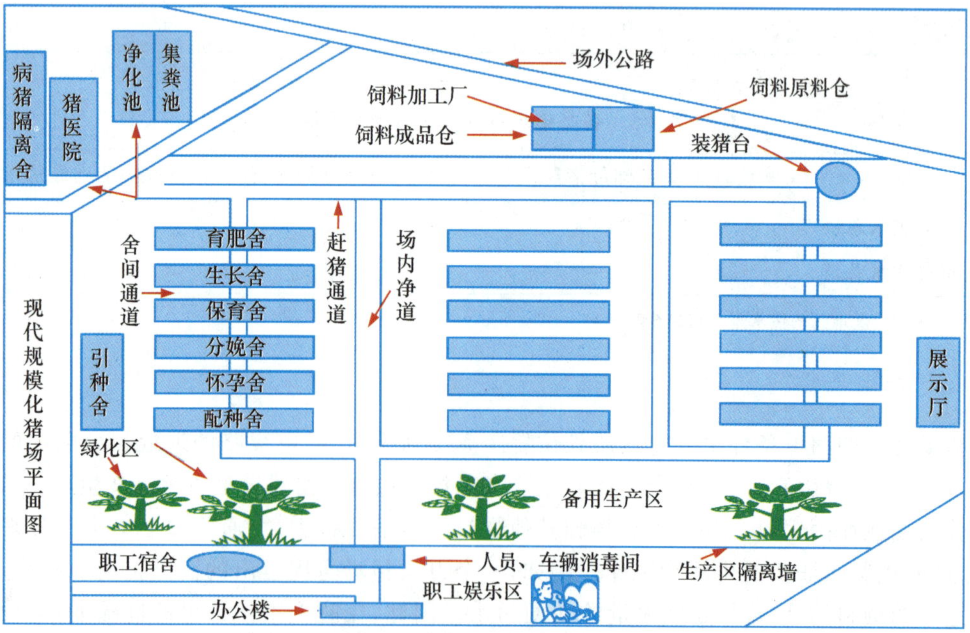

图 3-1 养猪场的设施规划与布局

(一)生活区

生活区主要包括与职工生活有关的宿舍及附属设施等建筑物，应布局在场区上风处和地势较高的地段建设，要求与办公区、生产区、隔离区严格分开，并设绿化隔离带和专用道路等设施。

(二)办公区

办公区主要包括各个职能部门，如行政、人事、财务、销售、后勤等办公用房，另外还需根据实际情况设置会议室、招待室、图书室、培训室、健身运动场等专用设施，用于职工技能培训、企业生产例会和文化资源建设等，应布局在场区上风处和地势较高的地段建设，要求与生活区、生产区、隔离区分开，并设绿化隔离带和专用道路等设施。

(三)生产区

生产区主要包括各种类型的标准化猪舍、人工授精站、肉猪销售台及附属设施等生产性建筑，应布局在场区下风位置和地势略带微坡的地段建设。要求入口处设人员消毒室、更衣室、浴室和车辆消毒池等设施，区内科学布局各类型的猪舍、工作道、饲料道、赶猪道及粪污清理、收集和输送等设施，净道、污道分开，不得交叉或回流使用。其中，配种舍、妊娠舍、分娩舍、保育舍、生长舍、育肥舍、育成舍、后备舍等猪舍，应按照生产工艺流水线从上到下依次排列，并配套相应的自动喂料和饮水设施，靠近育肥舍有专用通道对接隔离区的装猪台；每栋猪舍出入口设置消毒池，配套消毒垫，舍内附设供料、供水、供电、供热、清粪、排污等设施，各猪舍之间的区域进行一定的绿化；邻近隔离区设专用通道对接饲料加工、贮藏、运送及病猪隔离、治疗等设施，方便生产管理。

(四)隔离区

隔离区主要包括饲料小区（原料仓、加工厂、成品仓等）、兽医小区（病猪舍、诊疗舍、病尸处理区）和粪污小区（集粪池、净化池、肥料加工区）等，其中饲料小区布局在靠近生产区平行的地段建设，兽医小区和粪污小区布局在生产区的下风处及地势较低的地段建设，并与生产区保持一定的间距。要求饲料小区、兽医小区和粪污小区分开建设，单设通道对接生产区，方便饲料供给、病猪诊疗和粪污处理，各小区应配套建设完整的附属设施，定期开展消毒灭菌工作。

任务二　养猪的圈舍建筑

猪的圈舍建筑直接关系到养猪的工艺组织和生产管理，应根据各地的气候条件、饲养规模、生产模式和实际需要而合理修建。尤其是规模化、集约化养猪因生产工序的流水化和运行过程的节律化，更是对圈舍的结构与类型提出了明确的要求，在生产实践中应高度重视。

一、猪的圈舍建筑类型

猪的圈舍建筑类型按外围结构分为开放式、半开放式和封闭式等；按屋顶结构分为平顶式、单坡式、双坡式等，常见的为单坡式和双坡式；按舍内猪栏排列分为单列式、双列式和多列式（生产常用分类）。

猪的圈舍建筑类型见图 3-2。

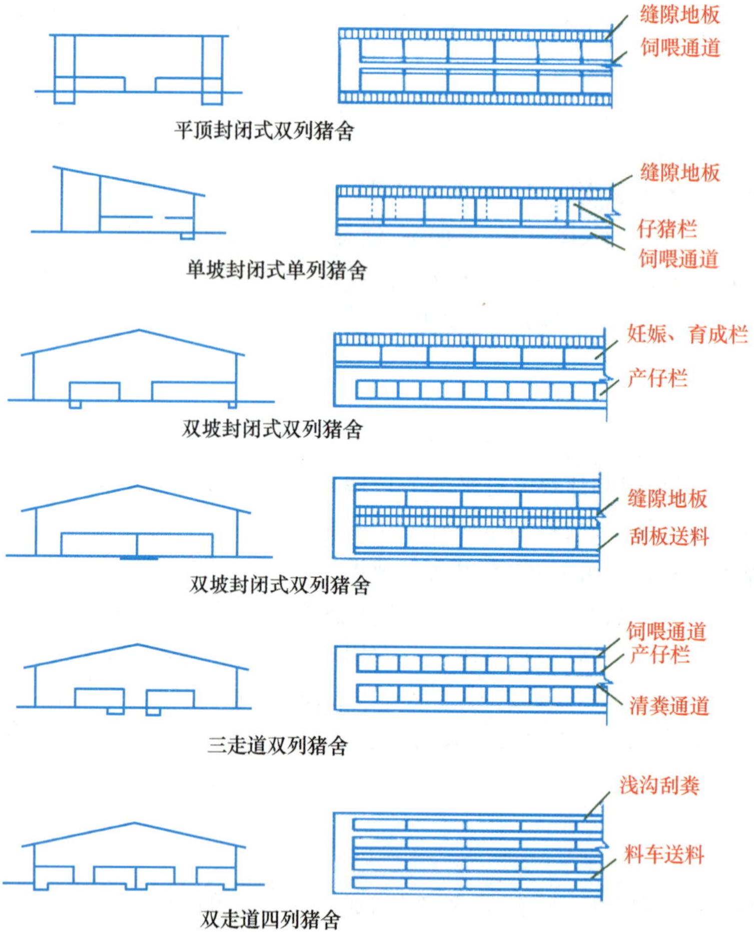

图 3-2　猪的圈舍建筑类型

（一）单列式

舍内猪栏排成一列，靠墙设立通道，两侧山墙设立大门（猪舍长度过大时也可在南北纵墙上设立大门），猪舍的长度、宽度和高度依据舍内猪栏的结构类型和通道大小而定。单列式猪舍结构简单、便于维修，利用率较低。

单列式育肥猪舍（发酵床养猪）和单列式分娩猪舍见图 3-3、图 3-4。

（二）双列式

舍内猪栏排成两列，靠墙或中间设立通道，两侧山墙设立大门（猪舍长度过大时也可在南北纵墙上设立大门），猪舍的长度、宽度和高度依据舍内猪栏的结构类型和通道大小而定。双列式猪舍保温良好，饲养管理方便，能有效控制环境条件和提高劳动效率，猪舍利用率高。双列式配种猪舍、双列式保育猪舍可以按照图 3-5、图 3-6 设计。

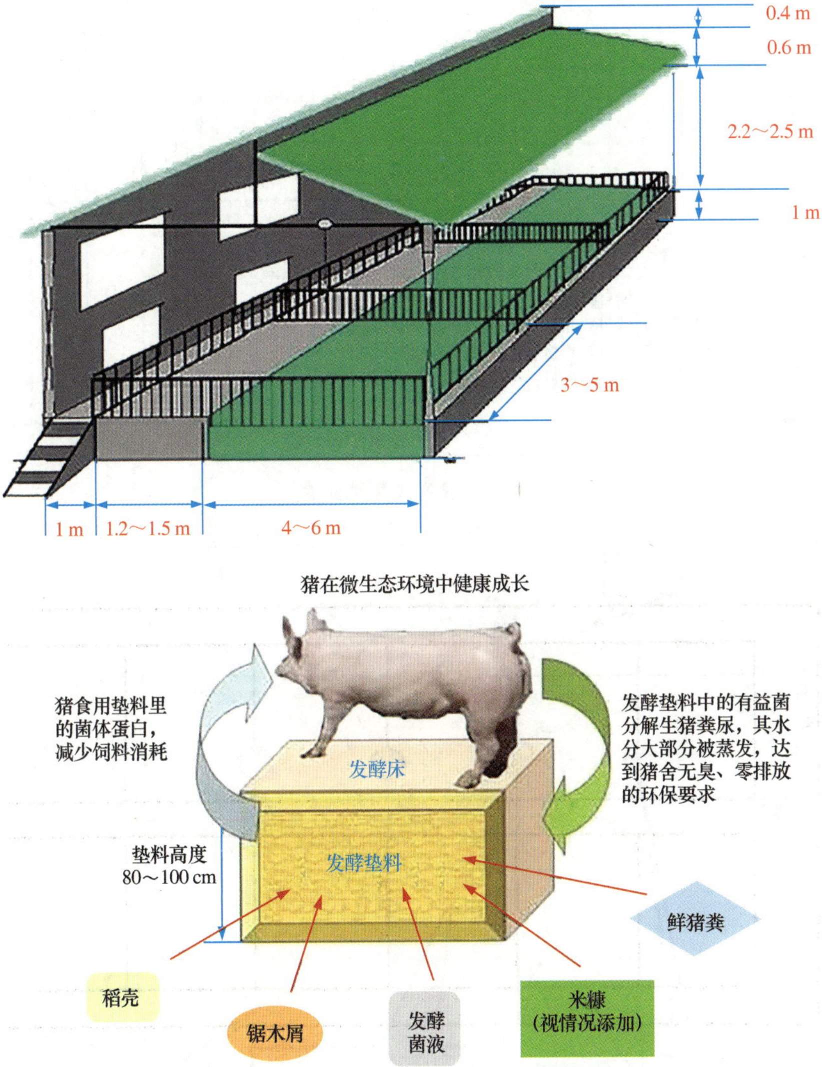

图 3-3　单列式育肥猪舍(发酵床养猪)

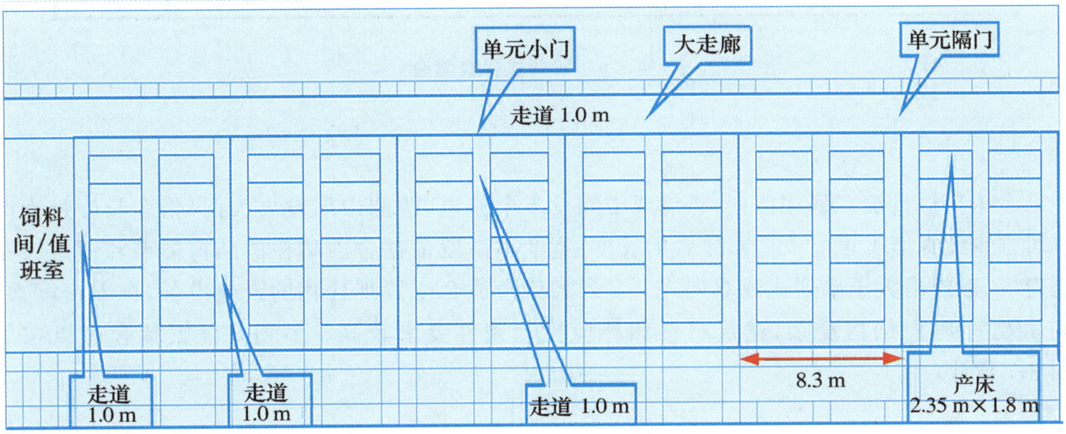

图 3-4　单列式分娩猪舍

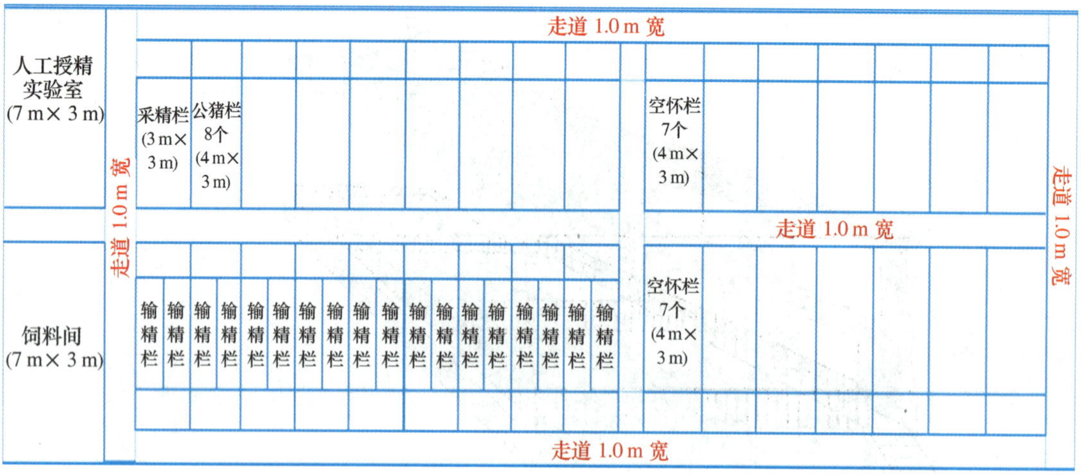

图 3-5　双列式配种猪舍

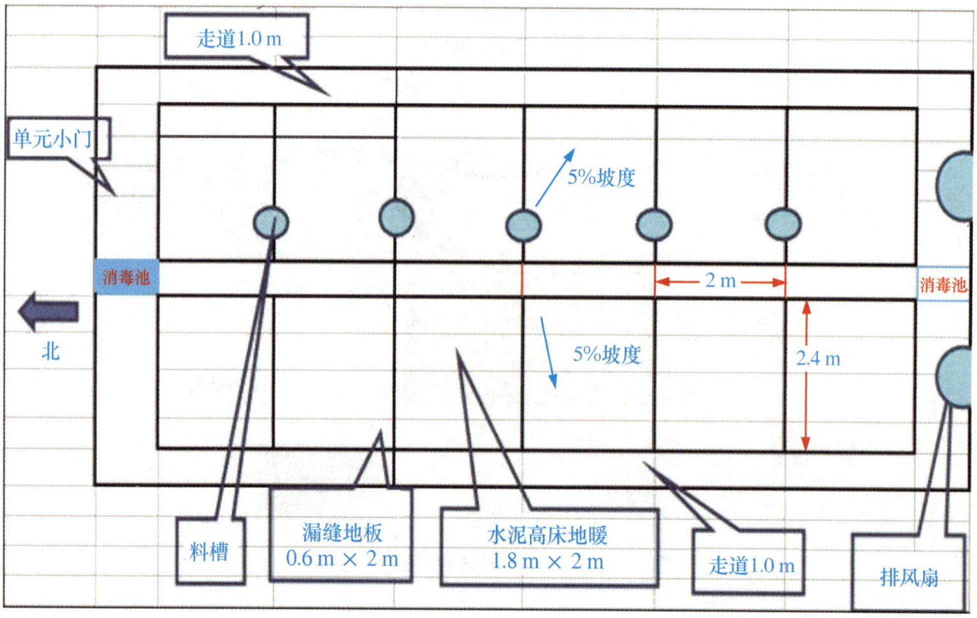

图 3-6　双列式保育猪舍

(三)多列式

舍内猪栏排成三列或四列，靠墙或中间设多个通道，两侧山墙设立大门(猪舍长度过大时也可在南北纵墙上设立大门)，猪舍的长度、宽度和高度依据舍内猪栏的结构类型和通道大小而定，一般规格大于单列式或双列式。多列式猪舍适合配置现代化的设施设备，饲养密度大，利用效率高，但结构复杂，建筑材料和环境控制条件要求较高。多列式妊娠猪舍可以按照图 3-7 设计。

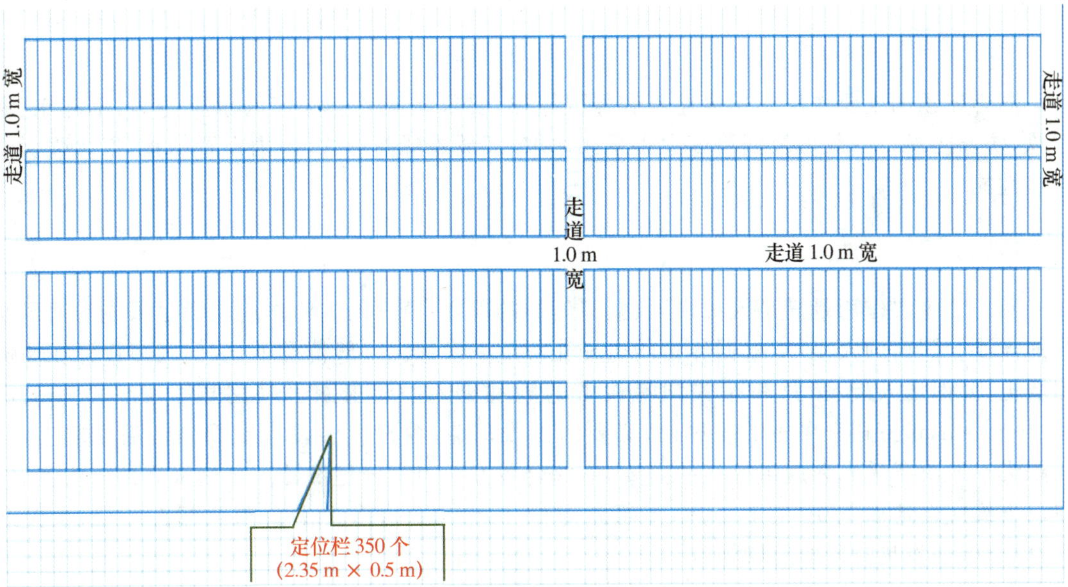

图 3-7 多列式妊娠猪舍

二、猪的圈舍结构设计

养猪生产按照工序的流水化和运行过程的节律化，将配种公猪舍、配种母猪舍、妊娠母猪舍、分娩母猪舍、仔猪保育舍、生长育肥舍(靠近装猪台)从上至下依次排列。不管何种类型的猪舍，其基本结构主要包括地基、墙体、屋顶、门窗、猪栏、排污沟及附属设施等基础。这些基础一定要科学合理地设计，方便清洗、消毒、卫生和饲养管理，并为不同生理阶段的猪群提供适宜的生活、生长和生产的优良环境。特别是圈舍的内部结构要充分满足防暑降温、防潮隔热、通风换气、供热供暖、供料供水、供电排污等方面的具体要求，并力求实现机械化、自动化和智能化管理。此外，全进全出的养猪生产工艺，要求圈舍内按照猪群周转分单元设计，每个单元既相互联系又相互分开，以方便猪群的周转组织和运行。

(一)地基

圈舍地基的主要作用是承载自身的重量，其埋置的深度应根据圈舍的总载荷、地基承载力、地下水位及气候条件等确定。一般来讲，可采用条形钢筋混凝土基础或桩基础。为提高圈舍的保温性能，防止地下水通过毛细管向上渗透，地基顶部及周围、地面猪床应加设防潮层，猪床表面设计水泥实体地面或漏缝地板，要求保温、坚实、不透水、平整、防滑、便于清扫和清洗消毒，并保持 1%～3%的坡度，以利排污和保持地面干燥。

(二)墙体

圈舍墙体的主要作用是承重受力和保温隔热，一般要求坚固、承重、保温和耐用。根据不同地区的地理环境要求，可选用土木、砖混、彩钢等建筑材料砌设，要求表面光滑平整，便于清洗和消毒。一般采用砖混或彩钢结构及内夹保温板的复合墙体，内墙面要平整光滑，距地面 1 m 左右的高度要做水泥砂浆墙裙，以便消毒和卫生。

(三)屋顶

圈舍屋顶的主要作用是挡风遮雨和保温隔热,要求坚固并有一定的承重能力,不漏水、不透风,防寒防暑。一般可根据跨度大小采用单坡、双坡等屋面形式,屋内设置吊顶,以增强保温隔热性能。

(四)门窗

圈门的主要作用是满足人员出入、猪只转群的需要;窗户的主要作用是满足采光与通风换气的需要。门窗的大小,应根据养猪的机械化程度来设计。一般情况下,舍门大多设计在两侧山墙上,要保证人员、猪只和相关饲喂设备的顺利出入。要求圈舍外门宽 1.2～1.5 m、高 1.8～2.2 m,最好避开冬季的主风向,必要时加设门斗;窗户大多设计在圈舍前后纵墙上,其面积大小取决于采光和通风换气的需要,应综合各方面因素合理设计。自然采光的有窗圈舍,窗口下缘应自地面 1.0～1.1 m 起,上缘距屋檐 40～50 cm,多设南窗和顶部百叶窗,少设北窗,以能保证炎热时段的通风为宜。

(五)猪栏

圈舍内的猪栏面积大小,依照表 3-4 要求设计。除限位饲养的种公猪、妊娠母猪、产仔母猪外,任何情况下所有的猪只都要求自由转身且能躺卧活动。

表 3-4 猪栏规格与面积大小

m^2/头

猪群类别	实体地面猪栏	漏缝地板猪栏
种公猪(单栏饲养)	7.0～9.0	7.0～9.0
种公猪(限位栏饲养)	—	1.7～1.8
群养母猪	2.0～2.5	2.0～2.5
限位母猪	1.4～1.7	1.4～1.7
哺乳母猪(限位栏饲养)		3.3～4.3
保育仔猪	0.3～0.5	0.2～0.3
生长(或育成)猪	0.6～0.9	0.4～0.6
育肥猪	0.9～1.2	0.7～0.8
后备母猪	1.0～1.5	0.9～1.2

1. 配种公猪栏

一般采用单栏饲养,要求栏长 2.5～3.0 m、宽 2.4～2.6 m、高 1.2 m。

2. 空怀妊娠栏

空怀待配母猪和妊娠母猪,若采用群养,栏高一般为 1.0 m,长度和宽度依据每栏饲养头数、每头占栏面积确定。若采用母猪单体限位栏饲养,栏长一般为 2.0～2.3 m,宽 0.6～0.7 m,高 1.0 m。

3. 分娩哺乳栏

一般采用网床限位饲养,栏长 2.0～2.3 m,宽 1.5～1.8 m,内设宽 0.6～0.7 m、高 1.0 m

的限位架，四周设高 50 cm 的仔猪实体围栏或栅栏围栏，如为栅栏围栏，隔条间距为 5 cm。

4. 仔猪保育栏

一般采用网床全漏缝地板围栏饲养，栏的长度、宽度依据每头占栏面积和每栏饲养头数（10～12 头/栏为宜）而定，栏高 0.6 m，栅栏间隙 6 cm，内设食槽（相邻两栏可共用双面食槽）和饮水器。

5. 生长肥育栏（或育成后备栏）

一般采用大、小栏群养模式，栏的长度、宽度因群体大小（通常为大群 20～30 头/栏、小群 10～20 头/栏）、地板类型及圈舍的长度、跨度而异。圈栏高 0.8～1.0 m，栅栏间隙宽约 8 cm。也可用实体围栏，床面采用实体地面、全漏缝地板或部分漏缝地板，相邻两栏之间可共用双面食槽，内设饮水器。

（六）排污沟

排污沟是圈舍重要的卫生管理设施，主要基于干清粪、水冲粪、水泡粪三种工艺进行设计。为了保证圈舍排污彻底且通畅，设计的排污沟应保证足够的宽度、坡度、表面光滑度并加盖漏粪板。常见的加盖漏粪板由钢筋混凝土、铸铁、工程塑料、复合材料等加工而成。其中干清粪工艺设计的排污沟尺寸为：宽度 25～30 cm、始深 5 cm、坡度 0.2%～0.3%。粪便由人工拣起运走，尿液用水冲走即可；水冲粪工艺设计的排污沟尺寸为：宽度 60～80 cm、始深 30 cm、坡度 1.0%～1.5%。将粪尿收集在排污沟内，经始端的自动冲水设备，定时放水将粪尿冲入埋设在底下的排污管，运送至粪污区进行处理；水泡粪工艺设计的排污沟尺寸为：宽度 100～200 cm、坡度 0.1%～0.3%。将粪尿经水泡粪工艺处理，辅以沟内通风和除臭，并利用牵引刮板机清走即可。一般情况下，猪舍的粪尿都是经排污沟输送至地下的排污管道，然后汇集到粪污处理区，实施粪尿固液分离，生态循环利用。

（七）附属设施

圈舍结构设计除上述部分外，还要及时配套消毒卫生、供料饲喂、供水饮水、供热供湿、供电照明、通风降温、清粪排污、绿植栽培等附属设施建筑，并力求实现机械化、自动化和智能化管理。

思政关联

生态化养猪——守护青山绿水

习近平总书记强调："绿水青山既是自然财富、生态财富，又是社会财富、经济财富。"生态环境保护和经济发展不是矛盾对立的关系，而是辩证统一的关系。只有把绿色发展的底色铺好，才会有今后发展的高歌猛进。党的十八大以来，绿水青山就是金山银山的理念已成为全党全社会的共识和行动，我国各行各业绿色发展按下快进键，生态文明建设驶入快车道。

现代养猪生产积极探索"种养结合、生态循环"的绿色养殖模式，将猪产生的粪便作为农、林、蔬、果、花等产业的有机肥料，使其物质和能量在动植物之间进行转换，促进农牧业经济循环发展，进而实现养猪粪便的肥料化、能源化利用。生态化养猪是指在这种物质能量循环转换的理论基础上，将养猪产业与作物种植、能源开发、林果蔬菜花卉生产、水产养殖等有机结合起来，做到资源循环利用的一种新型生态养殖模式。例如，以生态养猪为中心的种植业—养殖业—沼气工程物质循环利用系统、猪粪污加工有机肥综合利用型生态工程等。其中，粪便处理后可直接用作有机肥，用于农作物、蔬菜、林果树木的肥料，必要时还可用来养鱼；沼气可以用于发电和燃烧，沼渣、沼液还能在菜园、果园等当作肥料使用。同时，污水处理后还可用于灌溉农田和清洗猪舍。这样不但实现了养猪粪污变废为宝的资源化利用，而且极大地减少了对大气环境和土壤水体的污染。实践证明，养猪污染与青山绿水绝不是对立的，解决问题的关键在人，关键在思路。

多地的实践探索证明，科学规划和建立生态环保的绿色养猪场，构建以产业生态化和生态产业化为主体的农牧循环经济体系，可以做到养猪业的守绿换金、添绿增金、点绿成金、借绿生金。当前，我国养猪生产已逐渐转向高质量发展的新阶段，生态环境的支撑作用越来越明显。我们要坚定不移地将猪、沼、肥、农、林、果、蔬、花、鱼等产业有机地结合起来，既要大力发展关乎国泰民安的养猪产业，又要保护绿水青山这个"金饭碗"，因地制宜壮大乡村振兴产业，让绿色猪肉走进千家万户，让青山绿水环绕美丽家园。

"人不负青山，青山定不负人"，良好生态本身蕴含着无穷的经济价值，能够源源不断创造综合效益，实现社会的可持续发展。现代养猪生产也不例外，只有我们坚持以习近平生态文明思想为根本遵循和行动指南，牢固树立绿水青山就是金山银山的理念，把绿水青山建得更美，把金山银山做得更大，我们就一定能走出一条生产发展、生活富裕、生态良好的文明发展道路，让人民群众在绿水青山中共享自然之美、生命之美、生活之美。

实践训练

猪的生产设施观测与圈舍结构测绘

一、实习目的

通过猪的生产设施观测和圈舍结构测绘，掌握养猪的设施规划特点和圈舍结构设计要素。

二、实习地点

校内外规模化养猪场和畜禽生产实训室。

三、实习内容

(1)规模化猪场的设施规划。
(2)标准化圈舍的结构设计。

四、实习组织

1. 养猪设施规划观测

教师带领学生参观调研某规模化猪场的主要生产设施，并分析该猪场的设施规划与布局特点。

2. 养猪圈舍结构测绘

教师组织学生观测猪场的配种、妊娠、分娩、保育、生长(或育成)、育肥(或后备)等圈舍结构,并根据测绘结果任选一种类型,按照修建标准化圈舍的参数作剖面图的绘制。

3. 师生互动讨论交流

教师根据学生的观测问询和圈舍绘图体验,进行集中点评,并及时回答学生提出的疑难问题。

五、实习总结

(1)学生撰写并提交设施观测报告和绘制的圈舍剖面图。

(2)教师及时批阅修改,并反馈对报告和图纸的评价意见。

线上学习

(1)课件学习　养猪的设施规划与圈舍修建。

(2)标准学习　《规模猪场建设》(GB/T 17824.1—2022)。

(3)相关链接　中国畜牧网、中国养猪网等官网。

(4)技术视频　养猪生产技术。

项目三养猪的设施规划与圈舍修建 PPT

《规模猪场建设》(GB/T 17824.1—2022)

猪场布局

考核评价

1. 理论测试

以养猪的设施规划和圈舍修建为主要内容,以校园网为共享平台,连接学生手机和智慧黑板,要求在规定时间内(30 min)完成填空答题内容,并适时提交。教师通过智慧黑板考核窗口,适时发布学生的答题结果,并进行适当的点评(15 min)。成绩评定按照每空格 2 分,共计 50×2=100 分,其中 90 分及以上为优秀,80 分及以上为良好,60 分及以上为合格,59 分及以下为不合格。

(1)习近平总书记强调:“绿水青山既是自然财富、(　　)财富,又是社会财富、(　　)财富。”

(2)猪场建设占地面积可按每头繁殖母猪(　　　)m^2 或每头出栏商品猪(　　　)m^2 计算。

(3)养猪场的设施的规划与布局主要是指生活区、(　　　)、(　　　)和(　　　)等建设位置及附属设施的合理安排。

(4)养猪生产区的(　　　)、(　　　)、(　　　)、(　　　)、(　　　)、(　　　)等猪舍，应按照生产工艺流水线从上到下依次排列，并配套相应的自动喂料和饮水设施。

(5)养猪场隔离区包括(　　　)小区(原料仓、加工厂、成品仓等)、(　　　)小区(病猪舍、诊疗舍、病尸处理区)和(　　　)小区(集粪池、净化池、肥料加工区)等。布局时应将其中(　　　)小区布局在靠近生产区平行的地段建设，(　　　)小区和(　　　)小区布局在生产区的下风处及地势较低的地段建设。

(6)猪的圈舍建筑类型按外围结构分为(　　　)、(　　　)和(　　　)等；按屋顶结构分为(　　　)、(　　　)、(　　　)等；按舍内猪栏排列分为(　　　)、(　　　)和(　　　)。

(7)圈舍的结构主要有(　　　)、(　　　)、(　　　)、(　　　)、(　　　)、(　　　)等基础。为提高圈舍的保温性能，防止地下水通过毛细管向上渗透，基础结构应加(　　　)层，顶部加防潮层，猪床表面设计水泥实体地面或漏缝地板，并保持(　　　)的坡度，以利于排污和保持地面干燥。

(8)猪只采用全漏粪地板饲养，其标准占栏面积(m^2)应是：单栏饲养的种公猪(　　　)、限位栏饲养的种公猪(　　　)、限位饲养的配种妊娠母猪(　　　)、限位饲养的哺乳母猪(　　　)、保育仔猪(　　　)、生长(或育成)猪(　　　)、育肥(或后备)猪(　　　)。

(9)现代养猪积极探索“(　　　)、(　　　)”的绿色养殖模式，将猪产生的粪便作为(　　　)、(　　　)、(　　　)、(　　　)、(　　　)等产业的有机肥料，使其物质和能量在动植物之间有效转换。

2. 实践观测

以学生平时的实践训练表现和总结报告为观测点，按照90分及以上为优秀，80分及以上为良好，60分及以上为合格，59分及以下为不合格，进行成绩评定。

3. 综合评价

通过“理论测试＋实践观测”的方式进行，考核成绩＝理论考核(50%)＋实践考核(50%)。

项目三考核评价参考答案

项目四

养猪的设备配置和饲料筹划

教学目标

知识目标 了解养猪生产中常用的饲料检测、配料加工、环境控制、饲养管理、育种繁殖与兽医保健等设备，知道养猪常用的饲料原料、饲养标准和商品配合料。

技能目标 学会养猪生产中的设备配置采购、饲料加工配合和饲料筹划供应，为推进机械化、自动化和精准化的高效养猪业奠定必要的基础。

思政目标 了解猪肉从饲料到餐桌的全过程，充分认识食品安全对人体健康的重要性，培养为国家和人民服务的高尚情操。

学习任务

任务一 养猪的设备配置

随着工厂化养猪技术的不断进步，生产设备的成套化、自动化和智能化已成为现代养猪的必备条件。实践中应遵循客观所需、技术必求、高效方便和符合现代化饲养等原则，合理选用猪的饲料检测与配料加工、育种繁殖与环境控制、生物安全与饲养管理等设备。它不仅有利于改进生产条件、提高劳动效率，而且能有效保障猪群生产潜力的发挥，这是养猪业走向规模化和高效化的重要保障。例如，现代饲料工业通过计算机控制的中控配料系统，不但能实现规模化养猪场饲料供给的自动化、智能化管理，而且使生产组织的劳动效率大大提高。

一、饲料检测与配料加工设备

（一）饲料检测设备

猪的饲料类型按照加工配合程度分为全价料、浓缩料和预混料，按照营养物质含量分为能量饲料、蛋白质饲料、矿物质饲料和维生素饲料。规模化猪场一般都建有专门的饲料检测实验室，对收购原料、自配饲料和外购饲料等，进行感官指标、理化指标和安全性指标的检测。这些指标的检测，是配合饲料高品质生产的必备环节，需要在实验室配置良好的仪器设备和应用先进技术才能得以实现。因此，建设高水平的饲料检测实验室和配置相应的仪器设备，是现代养猪生产做好饲料筹划的重要内容。

猪饲料理化指标测定的部分仪器设备见图 4-1。

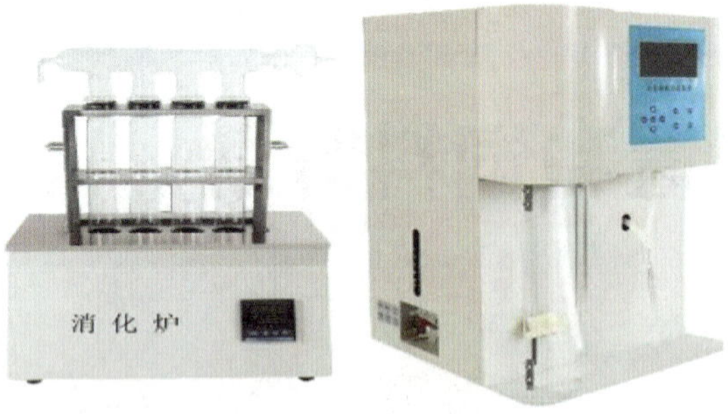

1. 全自动定氮仪

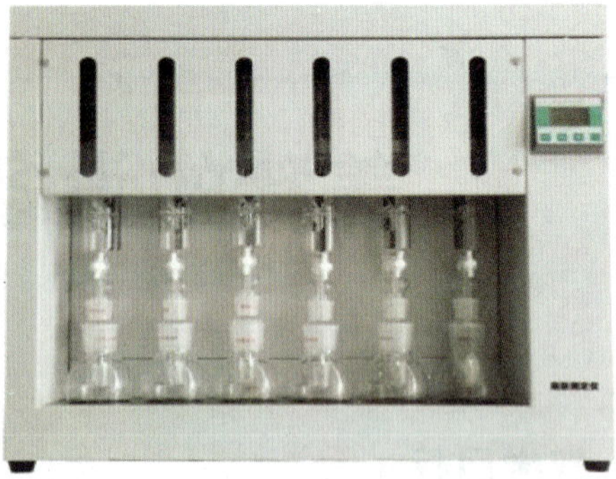

2. 全自动脂肪测定仪

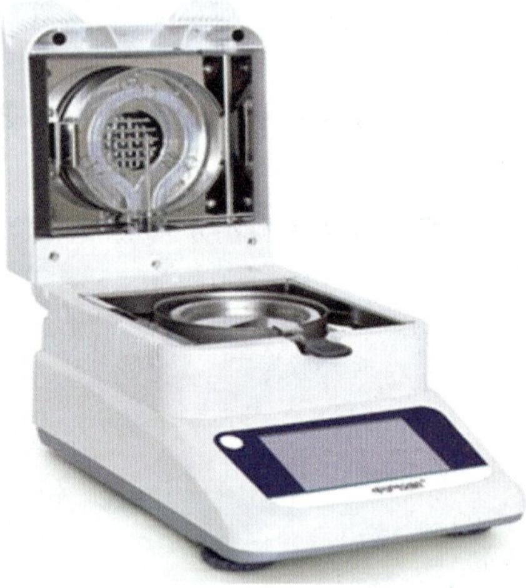

3. 谷物饲料水分测定仪

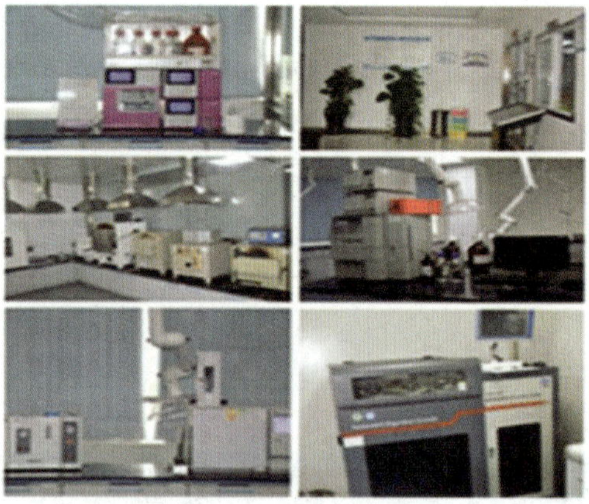

4. 饲料检测实验室一角

图 4-1　猪饲料理化指标测定的部分仪器设备

1. 猪饲料的理化指标检测

要求以饲料感官指标和常规营养指标检测为主，配置相应的仪器设备，建设高标准、高水平的实验室。猪饲料检测的主要项目有感官（外观及气味）、粒度、水分、灰分、pH、混合均匀度、粗脂肪、粗纤维、能量、粗蛋白、矿物质、维生素和微量元素等。配置的主要检测设备包括谷物水分快速测定仪、全自动凯氏定氮仪、纤维测定仪、脂肪测定仪、氨基酸测定仪、矿物质测定仪、维生素检测仪、微量元素检测仪及电子天平、高温电炉、电热鼓风干燥箱、分光光度计、锤式旋风磨、电动验粉筛、恒温培养箱等。

2. 猪饲料的安全性检测

要求以饲料中的农药残留、霉菌毒素、氰化物和重金属污染检测为重点，配置相应的仪器设备，建设高标准、高水平的实验室。检测的主要指标有水溶性氯化物、挥发性盐基氮、氰化物、亚硝酸盐、三聚氰胺、重金属残留、农药残留、菌落总数、大肠杆菌数、霉菌数、芽孢杆菌数等。配置的主要设备包括全自动电位滴定仪、原子荧光光谱仪、荧光定量 PCR 仪、全自动菌落计数仪、农药残留检测仪、真菌毒素分析仪、氰化物测定仪、重金属检测仪及超净工作台、超纯水装置、生物显微镜、冷冻干燥机、微生物均质器、培养箱等。

猪饲料安全性指标检测的部分仪器设备见图 4-2。

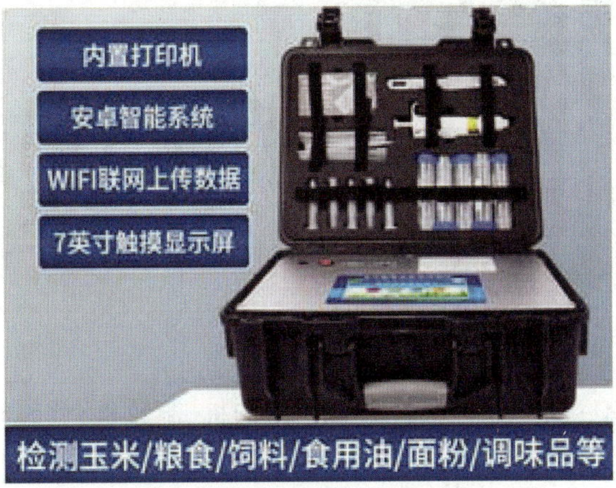

1. 猪饲料黄曲霉素检测仪

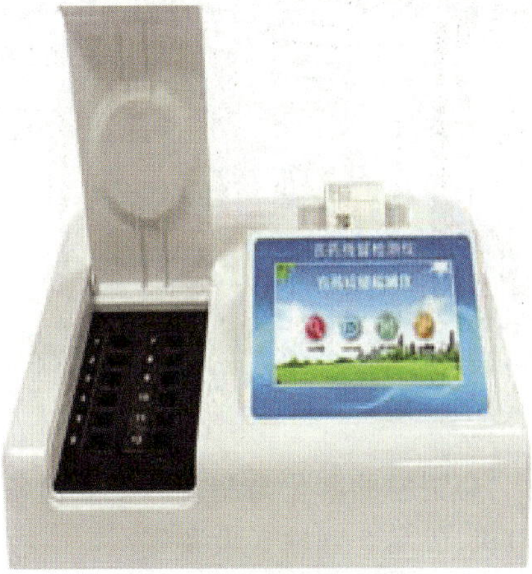

2. 猪饲料农药残留检测仪

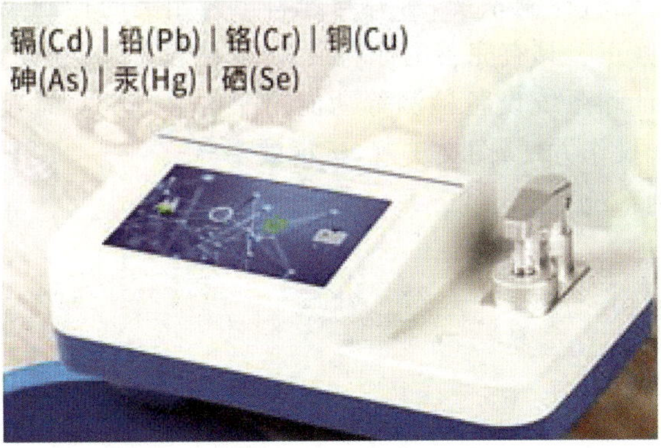

3. 猪饲料重金属检测仪

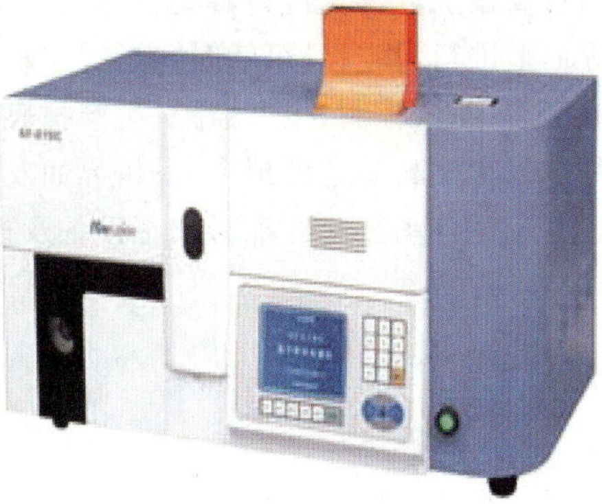

4. 原子荧光光谱仪

图 4-2 猪饲料安全性指标检测的部分仪器设备

(二)配料加工设备

养猪企业因规模化、集约化生产的需要，往往建有自己的饲料加工厂，并按照不同类别的猪群，配置系列化日粮进行饲料的供给。程序为饲料厂收购的玉米、豆粕等主料和油脂、蛋氨酸等副料，经原料检验员检验合格，按照各类猪群的配方比例，通过成套机组设备进行配合加工。主要工艺包括了原料的接收、入库、清理、粉碎、配合、混合、膨化、制粒和成品的包装及贮藏等多个环节。因此，按照各自适宜的饲养规模，选用符合工艺标准的配料加工设备，进行饲料的加工与配合，是猪场实现饲料自给和提高效益的重要条件。

养猪常用的配料加工机组生产一角见图 4-3。

(1)原料的接收与入库　主要设备包括运料车、卸料台、称料秤、清杂筛、贮料仓和输送带等。

(2)原料的清理与粉碎　主要设备包括初清筛、磁选器、待粉仓、粉碎机、原料仓和输送带等。

(3)饲料的配合与混合　主要设备包括配料秤、混合机、打包机、成品仓和输送设备等。

图 4-3　养猪常用的配料加工机组生产一角

(4)饲料的膨化与制粒　主要设备包括配料秤、混合机、膨化机、冷却机、制粒机、分级筛、打包机、成品仓和输送设备等。

(5)全自动中控配料系统　主要设备包括配料主机、操作台、模拟屏、称料秤等设备,是一种通过高档工业计算机将其集合而成的全套配料控制系统,所有与配料工艺相关的控制点均在界面上进行设定,且可随时在运行中自动修正。具有完善的原料设置、精度设置、转仓设置、配方管理、参数控制、生产监控、生产报表统计和系统设备检测等功能。配料生产中实时显示各种数据和配料工艺模拟图,人机界面友好,操作方便,图文美观,运行效率高。

基于全自动控制的配料加工设备及控制系统见图 4-4。

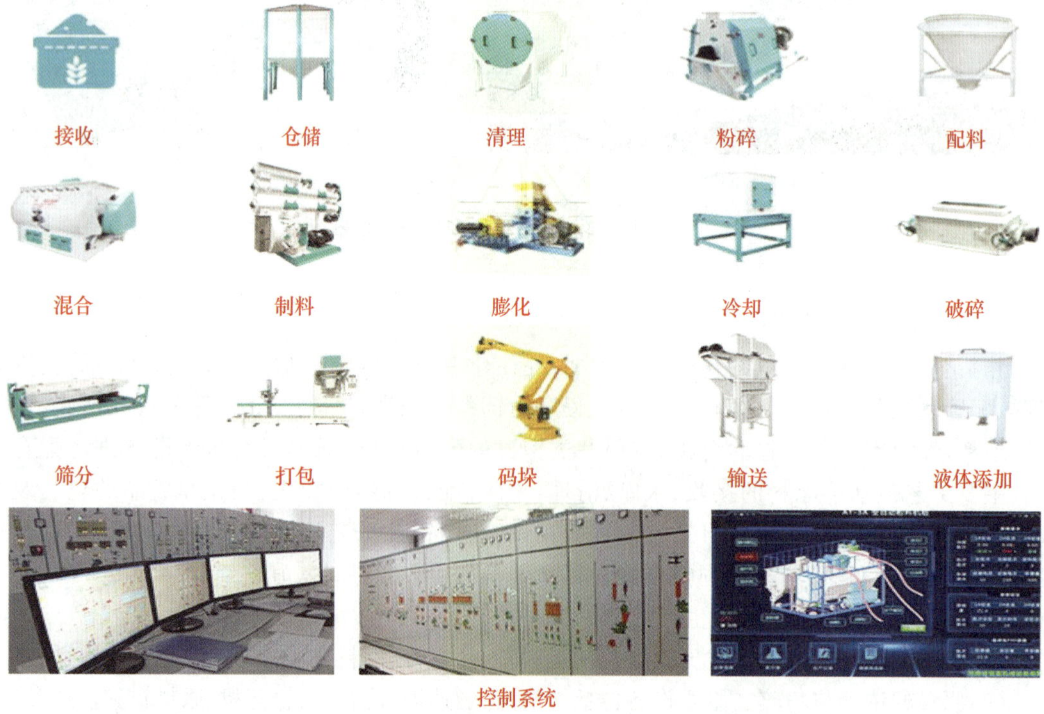

图 4-4　基于全自动控制的配料加工设备及控制系统

二、饲养管理和环境控制设备

(一)饲养管理设备

主要包括各类猪栏、供料系统、喂料器、供水系统、饮水器、抓猪器、运猪车、称重栏、猪舍冲洗机及必要的卫生工具、屠宰器械和设备维修工具等,是饲养管理猪群的基本保障条件。

1. 圈栏饲养设备

圈栏饲养设备主要包括公猪栏、母猪栏、分娩栏、保育栏、生长栏和育肥栏等。由于猪的群养、单饲、限位、高床培育和漏粪排污等技术要求,猪栏的形式、结构、规格和大小,也因猪的生产类别不同而不同。

(1)种公猪栏　种公猪一般采用单栏圈养,即每栏饲养1头,栏高1.2 m左右,占地面积7～9 m^2,与公猪栏对应的舍外向阳一侧设运动场。规模化程度高和采用人工授精技术的猪场,可单独设立种公猪站,将种公猪和繁殖母猪分点饲养。规模化程度低、采用本交或人工授精的小规模猪场,也可公母猪同舍饲养,并采用以下方式配置:第一种是待配母猪栏与公猪栏紧密配置,3～4个母猪栏对应一个公猪栏,公猪栏同时也是配种栏;第二种是待配母猪栏与公猪栏隔通道相结合配置,公猪栏同时也是配种栏。配种时把母猪赶至公猪栏内配种,公猪虽不能直接接触母猪,但间隔通道相互观望,利于母猪发情。

公猪栏和母猪栏的配置方式见图4-5。

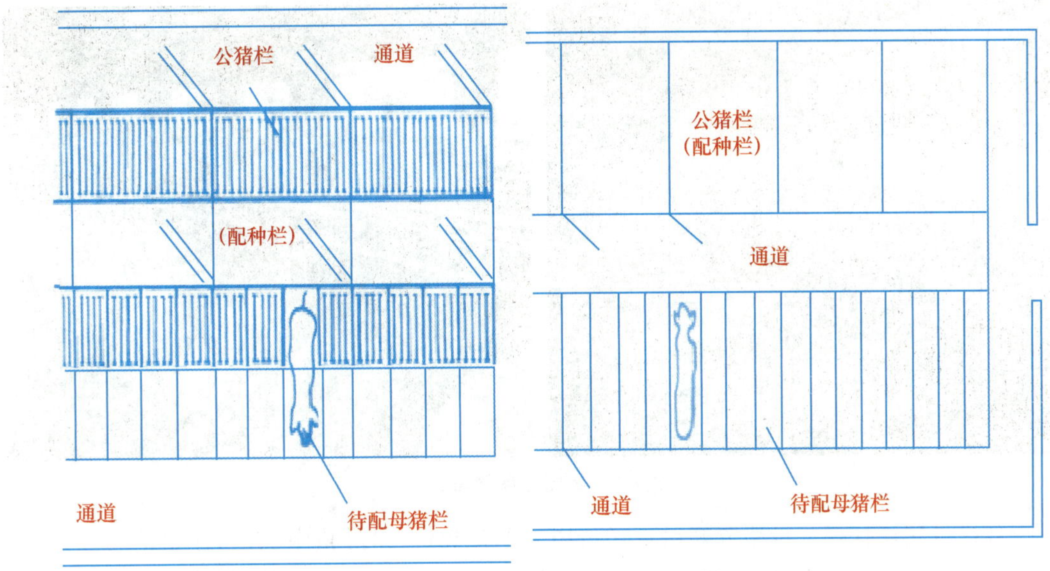

图4-5　公猪栏和母猪栏的配置方式

(2)种母猪栏　根据母猪空怀、妊娠和分娩等生理和生产特点,种母猪栏可分为空怀群养栏、妊娠限位栏和分娩产仔栏三种。一般情况下,空怀母猪实行小群饲养,妊娠母猪实行限位饲养或小群饲养,分娩母猪实行产床限位饲养,具体要求如下。

①空怀母猪群养栏。通常3～5头母猪占用一个猪栏,栏长2.0～2.3 m,栏宽栏高1.0 m,每头母猪所需面积2.0～2.5 m^2。主要用于饲养空怀母猪,但要防止抢食而引发流产,也可用

于饲养妊娠母猪。

空怀母猪群养栏的规格和结构见图 4-6。

图 4-6 空怀母猪群养栏

②妊娠母猪限位栏。每栏饲养 1 头母猪，栏长 2.0～2.3 m，栏宽 0.7～0.8 m，猪栏前高后低，前高 1.2 m，后高 1.0 m，每头母猪占地面积 1.4～1.7 m^2。主要用于饲养妊娠母猪，也可用于饲养空怀母猪。

妊娠母猪限位栏的规格和结构见图 4-7。

图 4-7 妊娠母猪限位栏

③分娩母猪产仔栏。母猪分娩后带仔占用一个分娩栏，由母猪限位区、仔猪活动区、仔猪保温区三部分组成。通常可将两个分娩栏配套组成一组分娩栏，分隔共用仔猪保温箱。母猪分娩栏的一般规格为限位架长 2.0～2.3 m，宽 0.6～0.7 m，高 1.0 m；仔猪活动区的围栏长度与母猪限位架相同，宽 0.4～0.5 m，高 0.5～0.6 m；两组分娩栏的中间配置保温箱，两窝仔猪分隔共用。也可配置两个保温箱独立使用。

分娩母猪产仔栏的规格和结构见图 4-8。

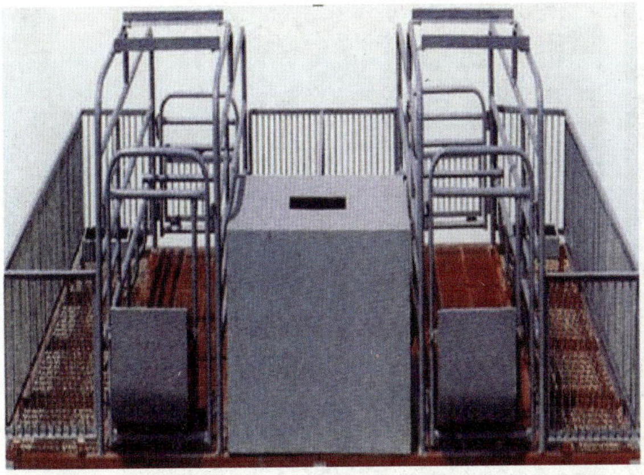

图 4-8　分娩母猪产仔栏

现代养猪采用全进全出的工艺流程，母猪分娩舍被分割成若干个单元，每个单元饲养 6～24 头分娩母猪。猪舍内单元（组）产仔栏采用单列式、双列式或多列式排列，单元内每组产仔栏双列式排列。每组母猪按照生产节律（周）同时进入，另一组母猪断奶同时转出，并对空置单元进行彻底消毒后，再转入下一批待产母猪。

采用全进全出工艺流程的分娩舍内部单元布局见图 4-9。

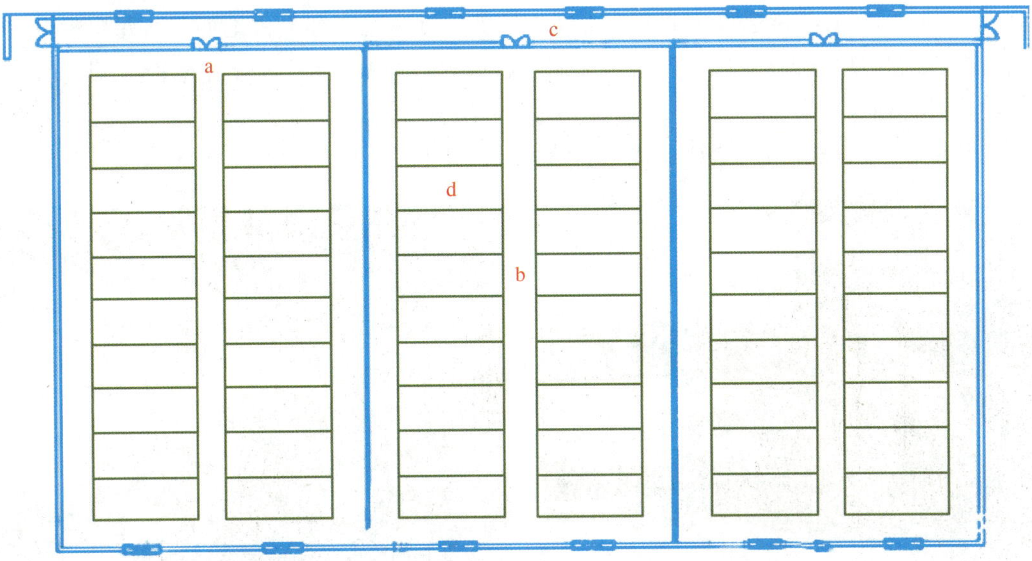

图 4-9　采用全进全出工艺流程的分娩舍内部单元布局

（3）仔猪保育栏　仔猪保育栏主要用于饲养断奶后的仔猪，要求离地高床培育，以每窝仔猪占用一个栏为好。每个保育栏均由围栏、自动食槽和网床三部分组成，规格大小按每头保育仔猪所需网床面积 0.2～0.3 m^2 设计，栏高 0.6 m。

仔猪保育栏的规格和结构见图 4-10。

图 4-10　仔猪保育栏

(4)生长育肥(或育成后备)猪栏　生长育肥猪栏主要用于饲养生长阶段的小猪和育肥阶段的中、大猪,也可饲养育成猪和后备猪。一般情况下,可将生长(或育成)和育肥(或后备)集中为一个阶段饲养,每个猪栏按照每头猪占地面积 0.6～0.7 m^2 设计,栏高 0.8～1.0 m。也可分生长(或育成)和育肥(或后备)两个阶段饲养,其中,生长(或育成)猪栏按每头猪占地面积 0.4～0.6 m^2 设计,栏高 0.7～0.8 m;育肥(或后备)栏按每头猪占地面积 0.7～0.8 m^2 设计,栏高 0.9～1.0 m,后备栏也可在此基础上减少饲养密度或适当加大占地面积。每个栏分实体活动区(采食、卧息)和漏粪排泄区,也可采用全漏缝地板饲养,但要做好猪的采食、卧息和排泄行为的调教管理。

生长育肥(或育成后备)猪栏的规格和结构见图 4-11。

图 4-11　生长育肥(或育成后备)猪栏

2. 喂料饮水设备

喂料饮水设备主要包括供料系统、饲喂槽、饲喂站、供水系统和饮水器等,是各类猪群最基本的饲养管理设备。

(1)供料系统　养猪的自动供料设备主要包括料塔、料靴、料线管、转角、塞盘主机/绞龙主机、塞盘链条、电控箱、传感器、定量桶等。供料程序是饲料厂将加工好的库存配合饲料,由专用车运输到位，然后通过自动化上料系统送入料塔内，经自动运料管线将饲料送至猪舍内的落料斗，然后按饲喂时间和喂量标准（计料器自动控制），再垂落到猪的饲喂槽内即可。

猪场的自动化供料系统见图 4-12。

图 4-12　猪场的自动化供料系统

①料塔。主要用来贮藏饲料，可以根据猪舍大小、猪群数量来定制猪场所需的料塔吨位，以供猪舍使用。

②料靴。饲料从料塔主料出料口，通过料靴开始进入料线管。

③料线管。输送饲料的管道，内壁光滑，镀锌后的料线管不易被腐蚀，还能防锈。

④转角。料线管转弯通道，让饲料传输更加便捷高效。

⑤塞盘主机/绞龙主机。供给饲料的动力组，由电机转动带动塞盘链条将饲料输送到猪舍。

⑥塞盘链条。饲料传送主要部件，将饲料在料线管内不断带动到每个猪舍，并由计料器控制进入料槽内。

⑦电控箱。整个料线的总开关，控制全盘，一键启动/一键停止，操作非常简单。

⑧传感器。传感器安装在整条料线的起始端。启动端在主机内，末端放在最后一个下料口处，实现自动见料启停。

⑨定量桶。定量桶一般用于母猪，给母猪实现定时定量饲喂，起到分流饲料的作用。

（2）饲喂槽　饲喂槽主要用于盛放饲料和供猪采食，根据喂饲方式的不同，可分为自动食槽和限量食槽两种形式。食槽的形状有长方形和圆形等，要求坚固耐用，减少饲料浪费，保证饲料清洁，不被污染，便于猪只采食、加料和清洗。

各类别猪群的食槽结构见图 4-13。各类别猪群的食槽规格见表 4-1。

图 4-13 各类别猪群的食槽结构

表 4-1 各类别猪群的食槽规格基本参数 mm

食槽规格	适用猪群	高度	采食间隙	前缘高度
水泥定量饲喂食槽	种公猪、妊娠母猪	350	300	250
铸铁半圆弧食槽	分娩母猪	500	310	250
长方体金属食槽	哺乳仔猪	100	100	70
长方形金属自动落料食槽	保育猪	700	140～150	100～120
长方形金属自动落料食槽	生长育肥(或育成后备)猪	900	220～250	160～190

(3)自动饲喂站　随着科学技术的进一步发展，现代化猪场各类猪群的饲喂管理，已逐渐走向由计算机软件控制的自动化饲喂。例如计算机软件系统通过母猪佩戴的电子耳标读取设备，判断猪只的身份信息并传输给计算机，同时有称重传感器传输给计算机该猪的体重；管理者可设定该猪的生产状态及其他的基本信息，系统根据终端获取的数据(耳标号、体重)和计算机管理者设定的生产状态数据，计算出该猪当天需要的进食量，然后把这个进食量分次分时间传输给饲喂设备，并为该猪下料，即可实现母猪的自动化饲喂。

猪场的自动化饲喂站见图 4-14。

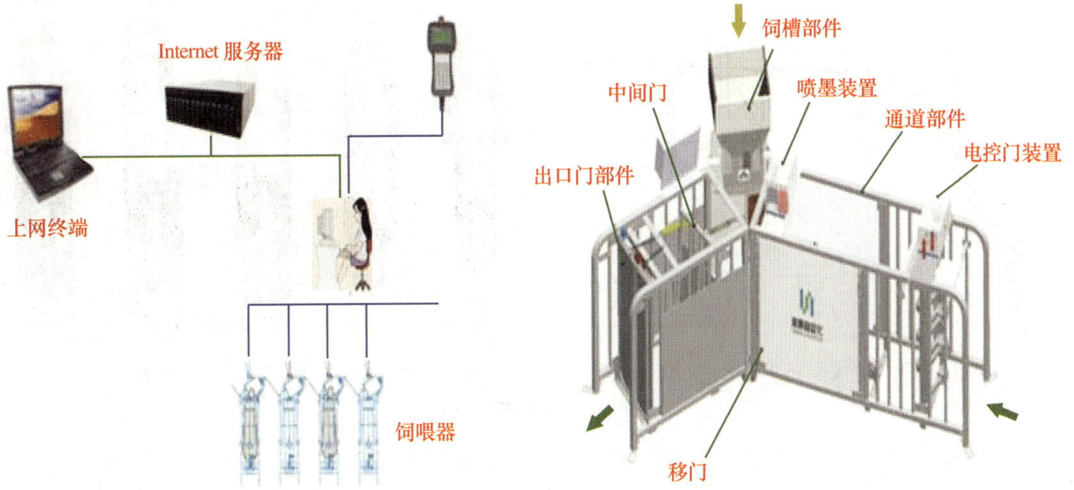

图 4-14　猪场的自动化饲喂站

(4)供水系统　猪场的供水系统主要有自流供水和压力供水两种方式。目前多采用压力供水,主要设备包括基于水源的储水站、水泵、过滤器、减压阀、供水管路等。

猪场的供水系统见图 4-15。

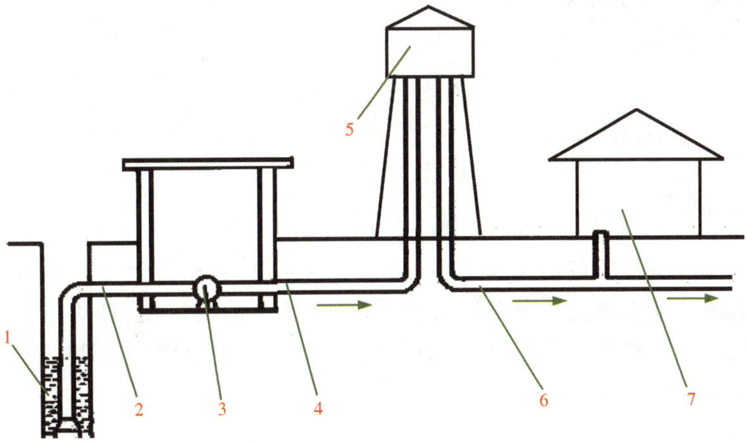

1. 水源　2. 吸水管　3. 抽水站　4. 扬水管　5. 水塔　6. 配水管　7. 猪舍

图 4-15　猪场的供水系统

(5)饮水器　猪的饮水器种类很多,主要有鸭嘴式、乳头式和杯式等自动饮水器,现在应用较为普遍的是鸭嘴式自动饮水器。

猪舍的自动饮水器见图 4-16。

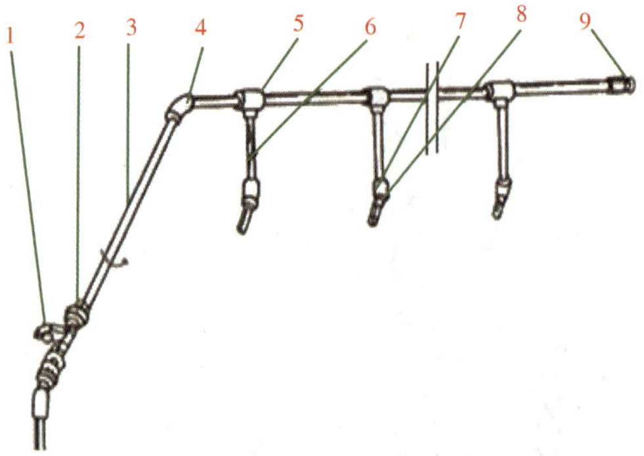

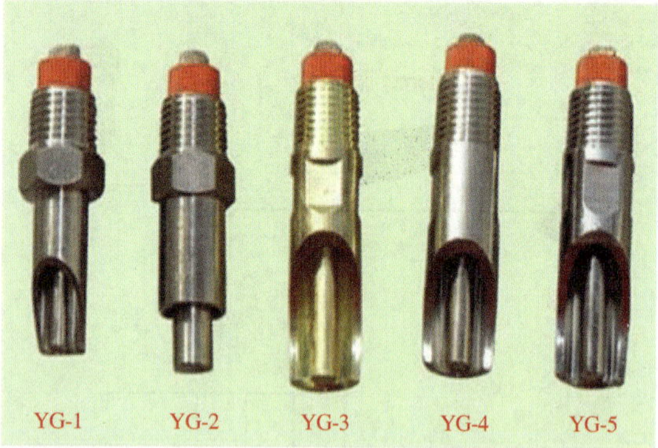

1. 阀门　2. 接头　3. 水管　4. 弯头　5. 三通　6. 支水管　7. 弯头　8. 饮水器　9. 外方堵头

图 4-16　猪舍的饮水系统

猪栏内安装自动饮水器应充分考虑饲养猪只的数量和安装高度，确保每头猪饮水充足且饮用方便。安装太高或太低都会造成猪只饮水不便，损坏饮水器。

自动饮水器的水流速度和安装高度见表 4-2。

表 4-2　自动饮水器的水流速度和安装高度

适用猪群	水流速度/(mL/min)	安装高度/mm
成年公猪 空怀、妊娠、哺乳母猪	2 000～2 500	600
哺乳仔猪	300～800	120
保育猪	800～1 300	280
生长育肥(或育成后备)猪	1 300～2 000	380

(二)环境控制设备

猪的环境控制设备主要包括通风降温设备、采暖加热设备、粪污处理设备、智能环控设备及指标监测设备等。随着现代化养猪业的发展，越来越多的机械化、自动化和智能化等设备，已广泛的投入到生产实践当中，它不但为猪群提供了适宜的生活生产环境，而且显著提高了猪的生产水平和员工的劳动效率。

1. 通风降温设备

目前，应用较广泛的通风降温方式有湿帘风机降温、喷雾蒸发降温、喷淋滴水降温和冷风机降温等系统，主要设备包括风机、湿帘或湿垫、循环水路及控制装置等。

(1)湿帘风机降温系统　是指利用水蒸发降温原理为猪舍进行降温的系统，主要设备由湿帘、风机、循环水路和控制装置等组成。湿帘是用白杨木刨花、棕丝布或波纹状的纤维制成的能使空气通过的蜂窝状板，使用时将湿帘与进风机一同安装在猪舍的一侧山墙，另一侧山墙安装排风机，形成负压机械通风方式，促使外界空气经湿帘循环水路进入舍内，达到为猪舍加湿降温的目的。湿帘与进、排风机的具体安装位置，可依据猪舍的结构和空间大小灵活确定。一般情况下多在猪舍两侧的山墙配套安装。当猪舍长度过大时，也可在前后墙体合适的位置安装。

猪舍湿帘风机降温系统见图 4-17。

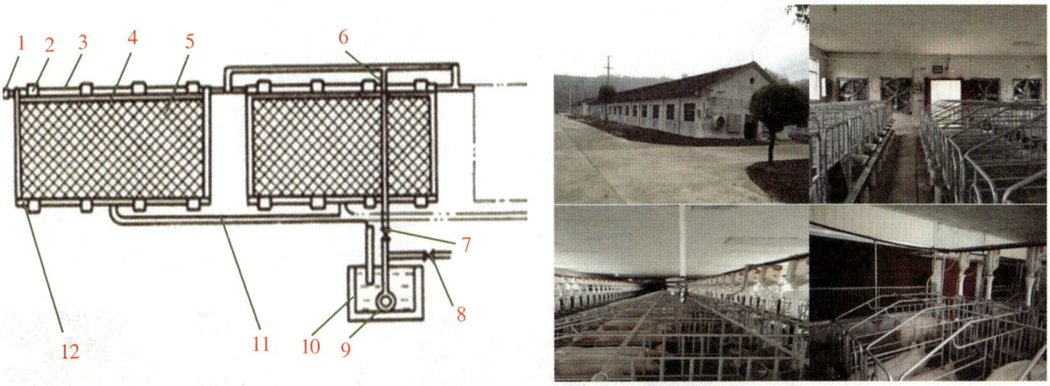

1. 管堵　2. 框架固定板　3. 框架　4. 夹板　5. 湿帘　6. 上水管　7. 上水阀门
8. 排放阀门　9. 潜水泵　10. 水箱　11. 回水管　12. 隔板

图 4-17　猪舍湿帘风机降温系统示意图

(2)喷雾蒸发降温系统　是指利用水雾吸收空气热量从而降低舍温的系统，主要设备由水箱、压力泵、过滤器、喷头、管路及控制装置等组成。喷雾蒸发降温喷头是一种将压力水变成水雾的装置。

猪舍喷雾蒸发降温系统见图 4-18。

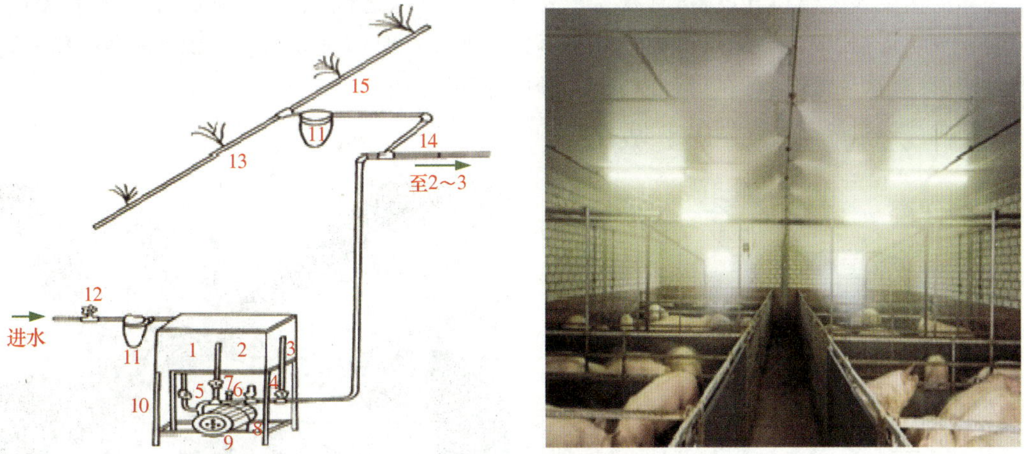

1. 水箱　2. 回水管　3. 溢水管　4. 出水阀　5. 阀门　6. 压力表　7. 压力阀　8. 电动机
9. 水泵　10. 水箱架　11. 过滤器　12. 进水阀　13. 喷头　14. 水管　15. 喷管

图 4-18　猪舍喷雾蒸发降温系统示意图

(3)喷淋滴水降温系统　是指将压力水滴在猪身上为其降温的系统，主要设备由时间继电器、恒温器、电磁水阀、降温喷头和水管等组成。喷淋滴水降温喷头是一种将压力水雾化成小水滴的装置。

猪舍喷淋滴水降温系统，见图 4-19。

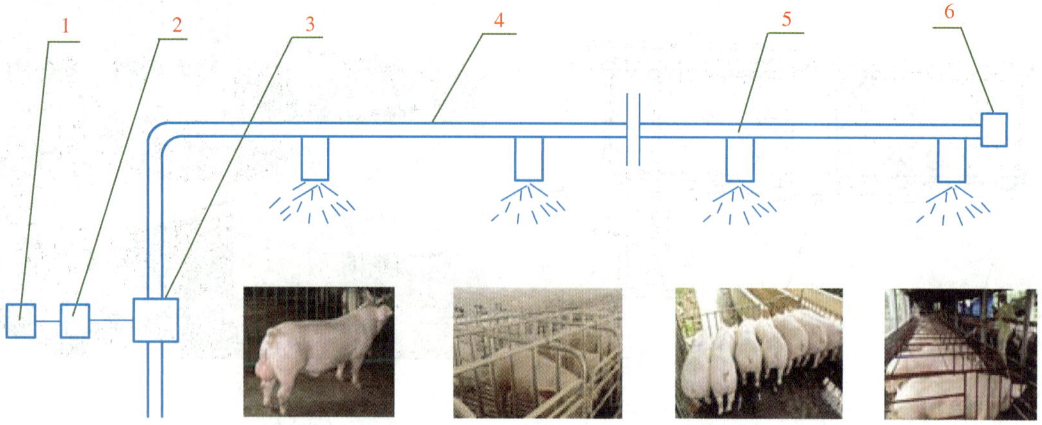

1.时间继电器 2.恒温器 3.电磁水阀 4.水管 5.降温喷头 6.管堵

图 4-19 电磁水阀控制的喷淋滴水降温系统示意图

(4)冷风机降温系统 冷风机又称环保空调或蒸发式冷气机，是一种利用室外新鲜空气蒸发冷却原理，并与室内进行对流换气的降温系统。主要设备由多层波纹纤维叠合物——湿帘、风机、水循环系统、浮球阀补水装置、机壳及电器元件等组成，是一种集降温、换气、除尘、除味于一体的蒸发式降温换气设备，具有易于安装维护、环保运行、不占用建筑面积、保持室内空气湿润、干净、清洁、卫生等优点。一些大型养猪企业往往具有面积较大、数量较多的猪舍，猪群数量多，针对这种情况，可在猪舍内安装冷风机降温系统。

猪舍冷风机降温系统见图 4-20。

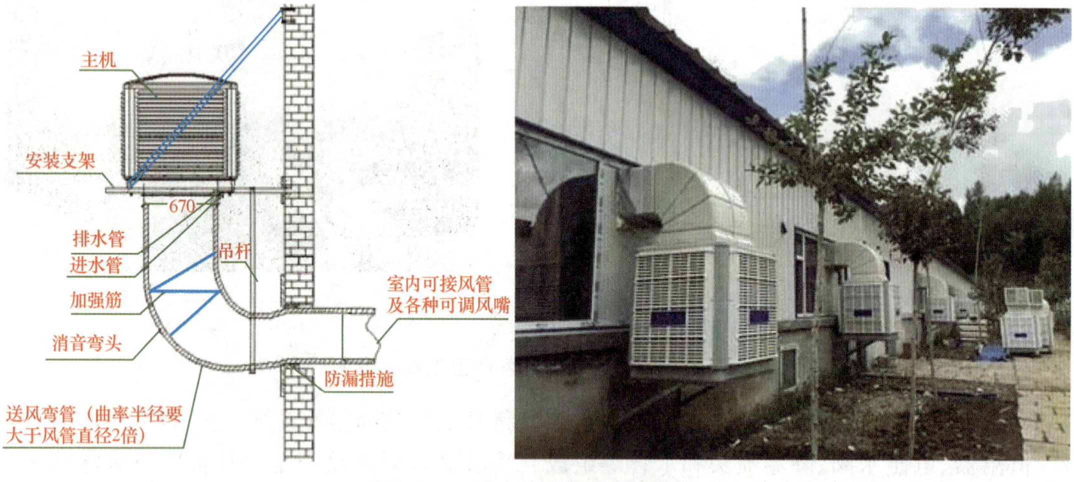

图 4-20 猪舍冷风机降温系统

2. 采暖加热设备

目前，猪场或猪舍应用较广泛的供热方式有全域供热系统和局部供热系统两种。主要设备包括热源、燃烧器、输热管道和散热器等，是解决猪群防寒越冬的基本支撑条件。

(1)猪舍全域供热系统 是一种利用煤、电和气等热源，为猪场或猪舍集中供热的一种系统，主要由燃烧器、热媒输送管、散热器三部分构成，其中燃烧器分煤燃器、电热器和气燃器三类，热媒分热水、蒸汽和热风三类，散热器分水暖、电暖和气暖三类。安装时采用明暖、地暖两种装配形式，这是现代养猪企业常用的采暖加热方法。

猪舍全域供热系统见图 4-21。

1. 猪舍水地暖管道铺设

2. 猪舍电地暖管道铺设

图 4-21　猪舍全域供热系统

(2)猪舍局部供热系统　是一种根据不同类别猪群的特殊要求而采取的局部小范围供热的系统。主要设备有保温箱、电热板、电热灯、热风炉、电暖风机、燃油暖风机、挂壁取暖灯及控制装置等。如分娩床哺乳仔猪保温箱的局部供热、特殊情况下的猪舍局部供热等。

猪舍局部供热的部分设备见图 4-22。

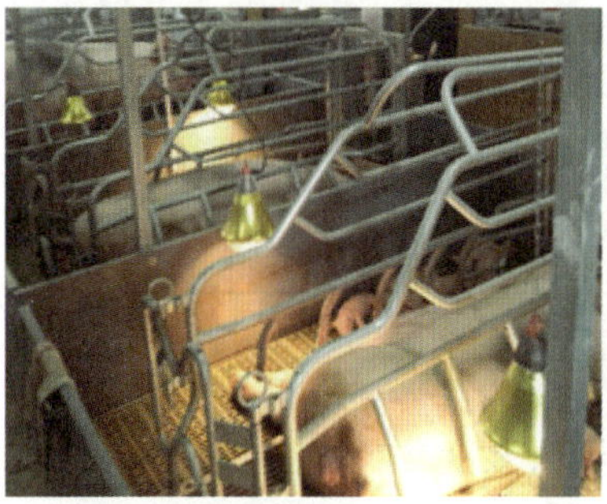

1. 分娩床保温区

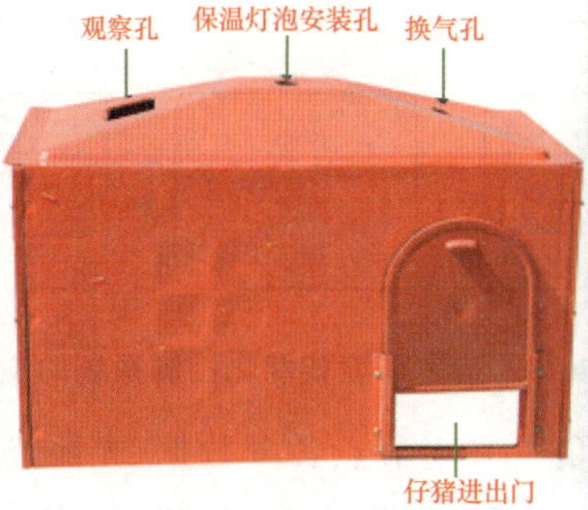

2. 仔猪保温箱

3. 猪舍暖风机

图 4-22　猪舍局部供热的部分设备

3. 智能环控系统

目前，部分现代化猪场的猪舍，开始采用基于智能化管理的全自动环境(温度、湿度、通风、光照、粉尘、有害气体和微生物等)控制系统，为推进猪的舒适化、健康化和现代化养殖步伐，提供了良好的示范作用。据调查，目前猪舍的智能环控设备主要由管理层、通信层和数据采集层三个层次组成，其中第一层次主要由管理中心、远程中心和计算机控制等方面的设备组成；第二层次主要由 3G、4G、5G 等无线信号传输设备组成；第三层次主要由温度、湿度、有害气体、噪声、光照、粉尘、微生物计数及喂料、饮水、清粪等指标的传感器和风机、湿帘、空调、天窗、料线、水线、刮粪机等方面的自动化控制设备组成。

猪舍环境智能化控制系统的主要设备见图 4-23。

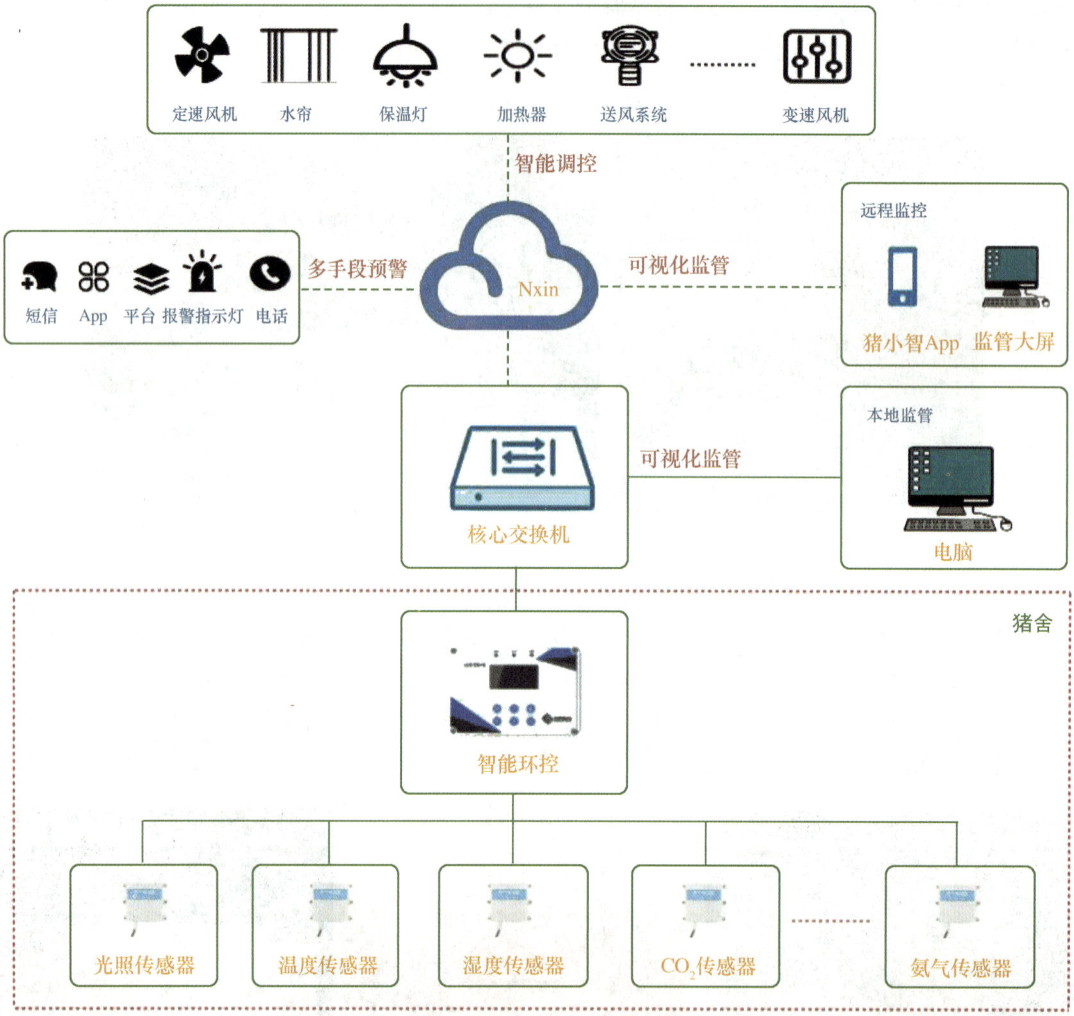

图 4-23 **猪舍环境智能化控制系统的主要设备**

系统运行时，无线传感器负责采集节点各项数据（光照、温度、湿度、二氧化碳、氨气等），无线测控装置负责控制环控设备（定速风机、水帘、加热器、送风系统、变速风机等）；智能环控系统通过对各类数据的分析、整理和处理，并利用交换机、电脑、监管大屏等平台和电话、短信、App、平台、报警指示灯等设备，按照数据结果对其相关指标的控制器及时发出指令，促使其运行或者停止，进而维持适宜的猪舍环境条件。

4. 粪污处理设备

养猪生产基于干清粪、水冲粪、水泡粪等工艺和粪污的资源化利用，需配置漏粪地板装置、粪污清理系统、固液分离系统、肥料生产系统、污水净化系统及控制装置和辅助设施等，这是养猪生产减少粪污危害和变废为宝的必备硬件。

（1）漏粪地板装置　现代养猪生产中，常采用实体地面（采食休息区）+漏粪地板（粪尿排泄区）混合式养猪或者全漏粪地板养猪等方式，要求使用的漏粪地板耐腐蚀、不变形、表面平整不滑、导热性小、坚固耐用、漏粪效果好、易冲洗消毒，适合不同日龄猪的站立行走，不卡猪蹄。常用的漏粪地板有水泥钢筋预制地板、铸铁金属加工地板、工程塑料加工地板、陶瓷材料加工地板及 BMC(不饱和树脂)复合材料地板等。

各类猪栏适宜的漏粪地板间隙宽度见表 4-3。

表 4-3　不同猪栏漏粪地板间隙宽度　mm

成年种猪栏	分娩猪栏	保育猪栏	生长育肥猪栏
20～25	10	15	20～25

①水泥漏粪地板。一般是用水泥钢筋浇筑而成,可做成板状或条状,在种公猪舍、配种妊娠舍和生长肥育舍普遍应用。这种地板结实耐用、防腐性好、成本较低,但保暖性差,容易黏粪,制造工艺要求严格,水泥标号必须符合设计图纸要求。

猪舍内水泥漏粪地板的应用见图 4-24。

图 4-24　猪舍内水泥漏粪地板的应用

②塑料漏粪地板。主要采用工程塑料模压而成,可做成条状或网状,在猪场分娩栏仔猪活动区、保育栏高床底网中应用较多。这种地板重量轻、成本低、保暖性好,运输方便、耐腐蚀,但结实性差、容易黏粪打滑,体重大的猪行动不稳,易造成损伤。

猪舍内塑料漏粪地板的应用见图 4-25。

图 4-25　猪舍内塑料漏粪地板的应用

③复合漏粪地板。主要采用不饱和树脂、低收缩剂等各种纤维材料配合螺纹钢筋骨架压制而成，在分娩床、保育床底网中广泛应用。这种地板不易黏粪、容易清洗，保暖性好，强度高、抗腐蚀，不伤猪的乳头和肢蹄。

猪舍内复合漏粪地板的应用见图 4-26。

图 4-26　猪舍内复合漏粪地板的应用

④金属漏粪地板。一般是用金属条排列焊接或网织而成，在现代化、规模化程度较高的猪场普遍采用。这种地板结实性好，缝隙占比大，粪尿下落顺畅，不易堵塞，便于冲洗和保持舍内卫生，但材料成本高、保暖性较差。

猪舍内金属漏粪地板的应用见图 4-27。

图 4-27　猪舍内金属漏粪地板的应用

(2)粪污清理系统　养猪粪污清理系统的主要设备是全自动刮粪机，一般由主机、滑动支架、粪便刮板及控制装置等部件构成。它是一种基于猪舍基础土建中设置的粪尿沟，与全自动刮粪机相配合，将污道内的粪便刮入舍外贮粪池，然后进行粪便和污水处理的一项系统工程，全自动控制，操作简单，省时省力，可达到猪舍内粪尿直接分离和有效清理粪污的目的，现代化猪场广泛采用。

猪舍的自动刮板式清粪机见图 4-28。

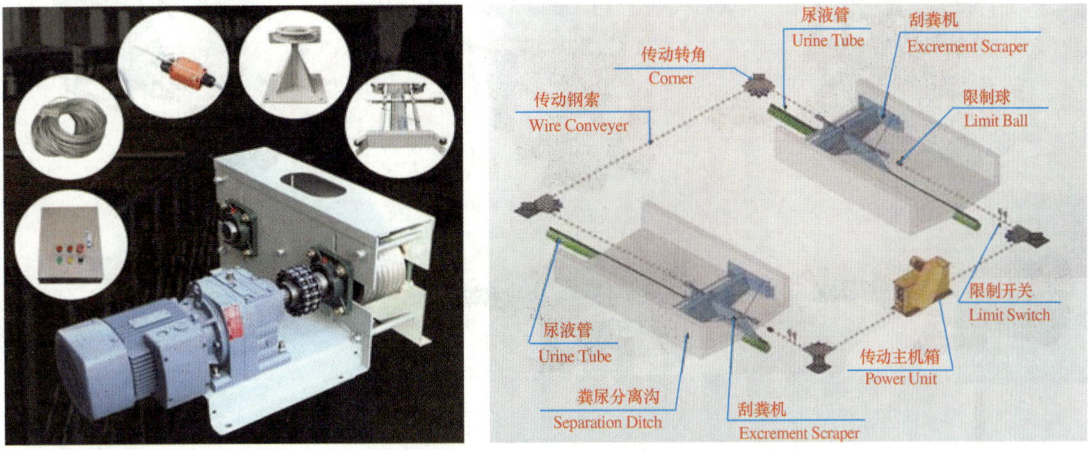

图 4-28　猪舍的自动刮板式清粪机

(3)固液分离系统　猪舍粪污固液分离系统的主要设备是干湿分离机,一般由进料口、溢流口、螺旋绞龙、圆筒筛网、挤出口弹簧、顶板、水箱、支座、电机减速机、配电箱等部件构成。猪粪污通过抽粪泵经进料口进入机器螺旋绞龙里面,经螺旋绞龙往前推送至圆筒筛网内,水分透过筛网流入水箱经底部排水口排出,固体粪便残留在筛网内不断的相互挤压,在挤压的过程中进一步脱水榨干,当达到一定的压力后,把弹簧顶板顶开,干粪被挤出来,在旋转挤出的过程中又自动被打成散状。由于内部空间有限,不能及时处理的粪水经溢流口回到原粪池。

猪场粪污固液分离机见图 4-29。

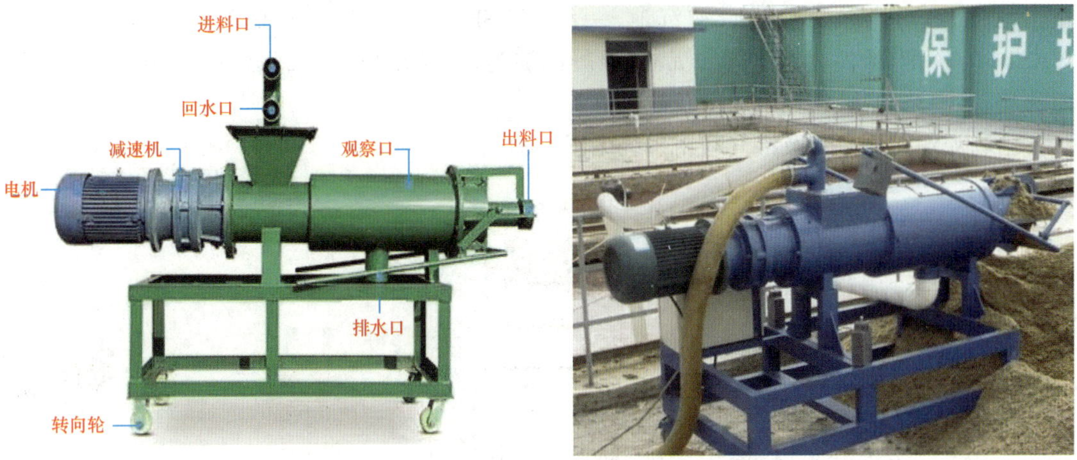

图 4-29　猪场粪污固液分离机

(4)肥料生产系统　猪粪加工成有机肥一般要经过固液分离、发酵翻堆、粉碎混合、加工制粒、烘干冷却、分筛包膜、称重包装等工艺。需要的设备主要包括:固液分离机、槽式翻推机、双轴高效粉碎机、螺旋输送机、斗式提升机、双轴双桨叶高效混合机、圆盘造粒机、滚筒烘干机、冷却机、分级筛、包膜机、称重包装机及控制装置等,是现代养猪粪污资源化利用的重要支撑。

猪粪加工有机肥的主要设备见图 4-30。

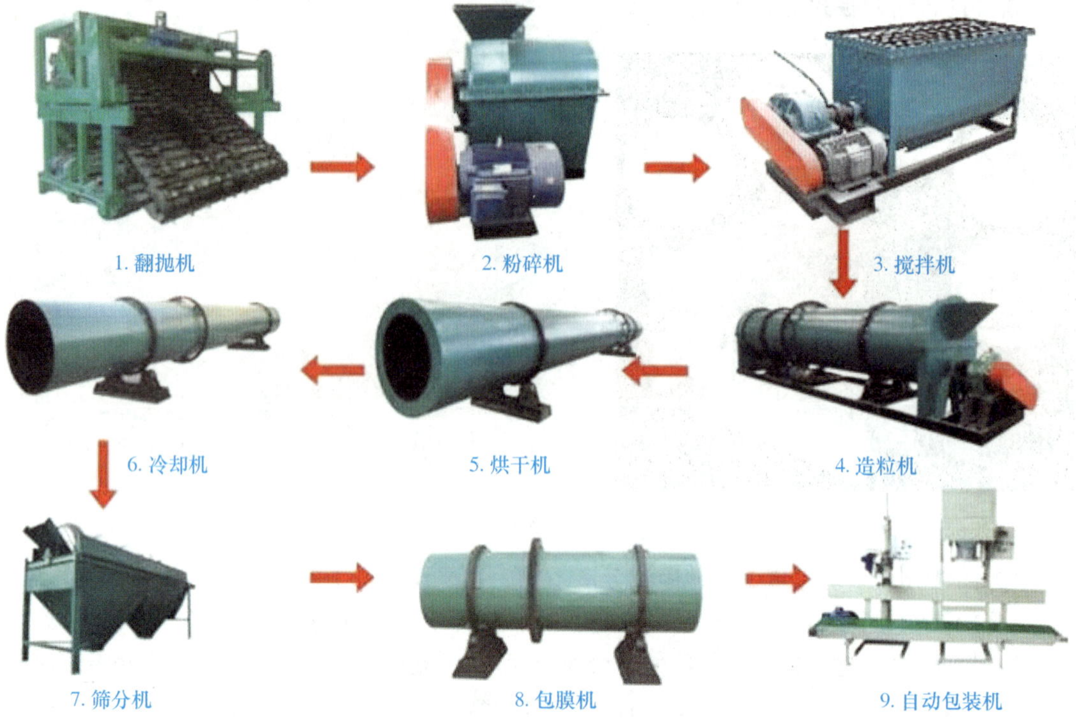

图 4-30　猪粪加工有机肥的主要设备

(5)污水净化系统　规模化猪场的污水处理工艺,一般分为前处理、厌氧工艺、生化处理、深度处理四个部分。根据目前国内外成功的养猪污水处理经验,主要的工艺设备包括格栅渠、集污池、固液分离机、调节池、初沉池、一级 UASB(沼气发生器)、低氧曝气调节池、二级 UASB、A/O 池(活性污泥池)、二沉池、混凝沉淀池、人工湿地、汽水分离器、脱硫罐、储气柜、阻火器、污泥浓缩池、污泥脱水机及鼓风机等。

猪场粪污水的净化及沼气利用系统见图 4-31。

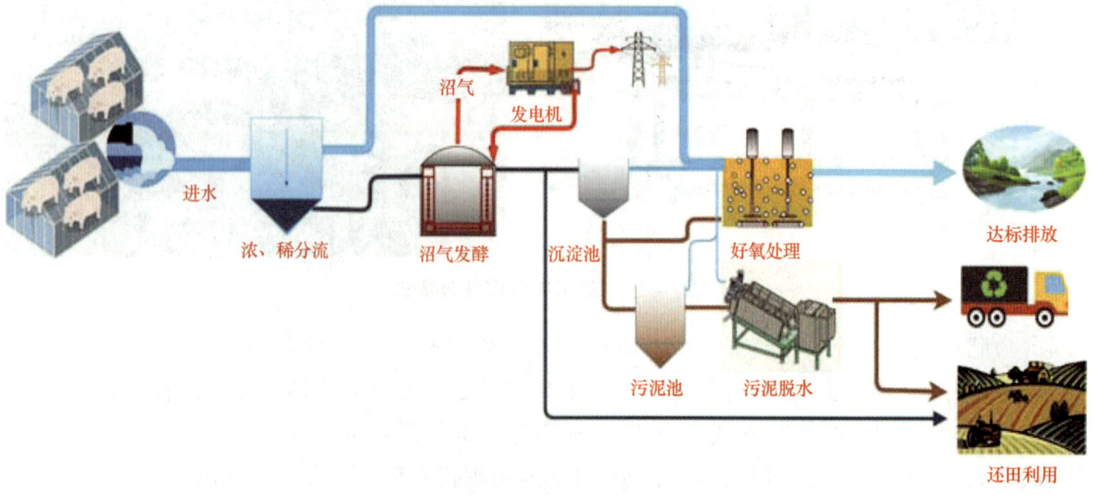

图 4-31　猪场粪污水的净化及沼气利用系统

三、育种繁殖和兽医保健设备

(一)育种繁殖设备

养猪的育种繁殖基于种公猪站和繁殖母猪场的种猪鉴定、精液生产、配送输精、发情配种和妊娠接产等任务,需要在种猪性能测定、更新选留、精液生产和配种接产等方面,配套较为完善的系列设备,以确保先进繁育技术在生产当中的推广应用。

1. 种猪的性能测定设备

种猪性能测定系统主要包括猪只称重可调节通道、猪只称重连杆、猪只称重衡器、料仓、食槽称重衡器、下料机构、控制盒及食槽等设备。利用这些设备可以在猪只自由采食的同时,实现对猪的动态精准称重和采食量、料肉比等参数的统计,为筛选、繁育、保护优良种猪资源,提供可靠的选种数据。

种猪性能测定系统见图 4-32。

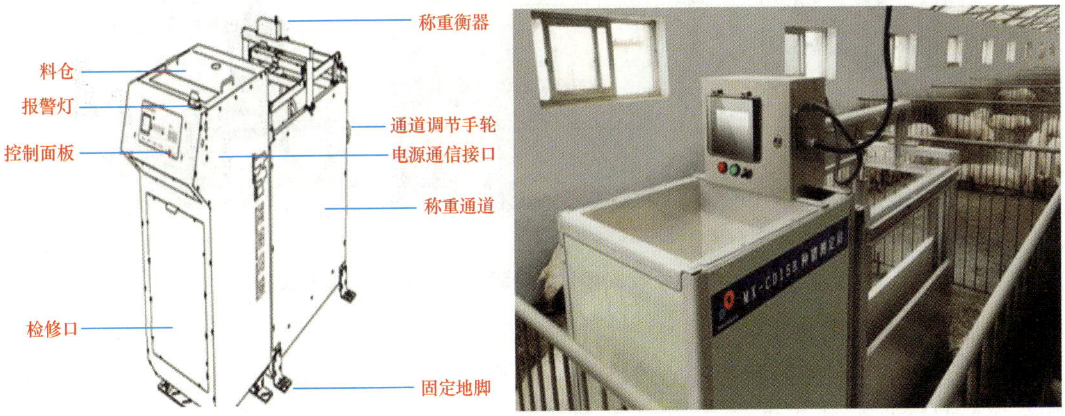

图 4-32　种猪性能测定系统

测定系统利用无线射频识别(RFID)技术,根据猪的电子耳牌识别每个进站猪的个体身份,并对每个个体的采食过程,进行动态不间断的测定和记录。系统中每个测定栏安装一台测定站,每个测定站最多饲养 12～15 头测定种猪。当带有电子耳牌的测定种猪进入测定站采食时,测定站立即识别出被测种猪的电子耳牌号码,并对每个测定个体建立测定记录。一般情况下,被测种猪进站采食时,往往站立于个体称重秤上,个体称重秤将记录本次采食时猪的体重值。当被测种猪采食结束后,系统又会自动计算、自动记录此次进入和退出测定站的时间及采食量。根据猪的习性,每头被测种猪每天按等级排序进入测定站,系统会对每头种猪每次进站的采食量自动进行累加,即可得出被测种猪每天的采食量;同时系统也会对每头种猪每次进站的体重进行监测,并经计算机汇总分析,即可得出被测种猪每天的体重值。这些数据可作为计算被测种猪日增重和饲料报酬率的依据。另外,在生产实践中,还要根据猪的体形外貌、生长发育和屠宰测定等项目的开展情况,合理配置称重测量、体尺测量和屠宰测定、肌肉品质测定等用具设备,为正确选留种猪提供科学依据。

猪生长发育和屠宰测定常用的部分仪器设备见图 4-33。

图 4-33　猪生长发育和屠宰测定常用的部分仪器设备

2. 种猪的人工采精设备

猪的人工采精和精液的检查处理，是目前规模化猪场普遍采用的繁殖新技术，主要步骤包括公猪的调教训练、人工采精、精液品质（精液量、颜色、气味、云雾状、密度、活率等）检查、精液的稀释与保存、精液的配送与输精等。所用设备及用品主要包括假台猪、防滑垫、采精手套、采精袋、采精保温杯、猪精恒温保存箱等。生产中应注意设备的选型、材质和使用方法，以保证采集到高质量的精液，充分满足母猪的输精需要，提高母猪的配种受胎率。

种公猪采精常用的部分仪器设备见图 4-34。

3. 种猪的精液检查设备

猪的精液采集后，需要迅速而规范地进行感官指标、精液量、密度、活率等指标的检测，并依据检测结果确定其稀释浓度，然后进行稀释和灌装加工处理。所用的主要设备包括猪精显微带屏检查仪、猪精数显恒温保存箱、猪精自动质量分析仪、猪精稀释磁力搅拌器、猪精数显恒温载物台、猪精自动连续灌装机等，同时要备好猪精取样制片、投样检查、稀释罐装和保存运输等方面的辅助用品。生产中应严格按照设备的使用说明书和精液品质检查、稀释液配制、精液灌装、低温或常温保存等技术操作规范，科学而合理地开展精液的检查、稀释、贮藏和灌装加工等，确保种公猪站向繁殖母猪场提供优质可靠的精液，最大限度地提高精液的利用效率和繁殖母猪的受胎率。

猪精检查、灌装和保存需配备的部分仪器设备见图 4-35。

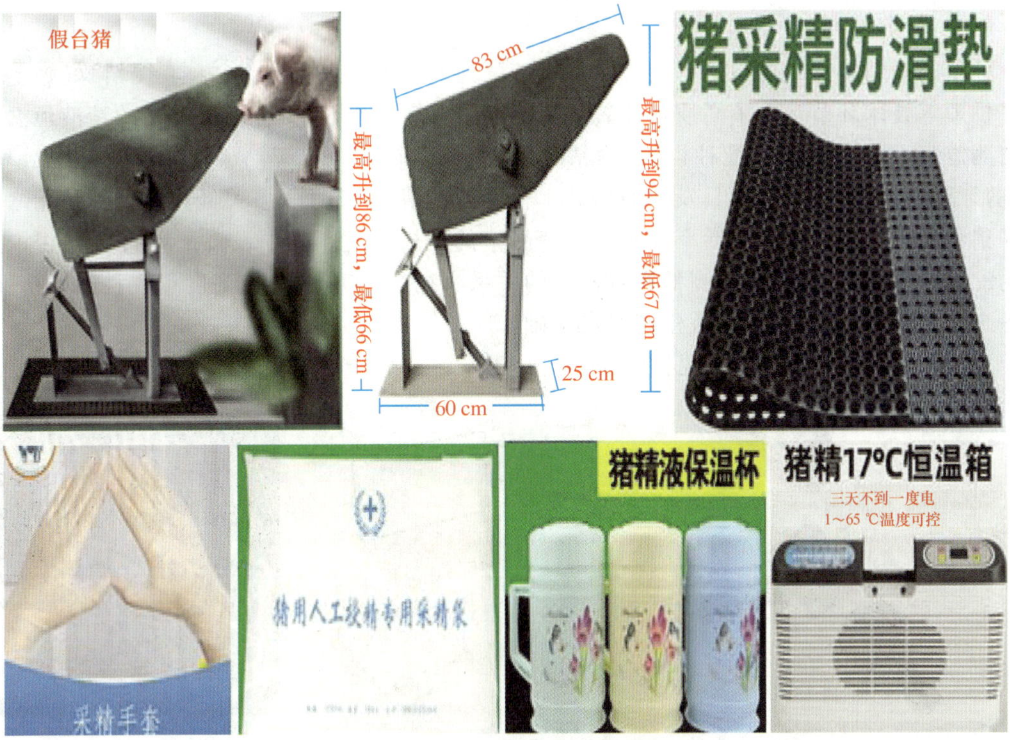

图 4-34　种公猪采精常用的部分仪器设备

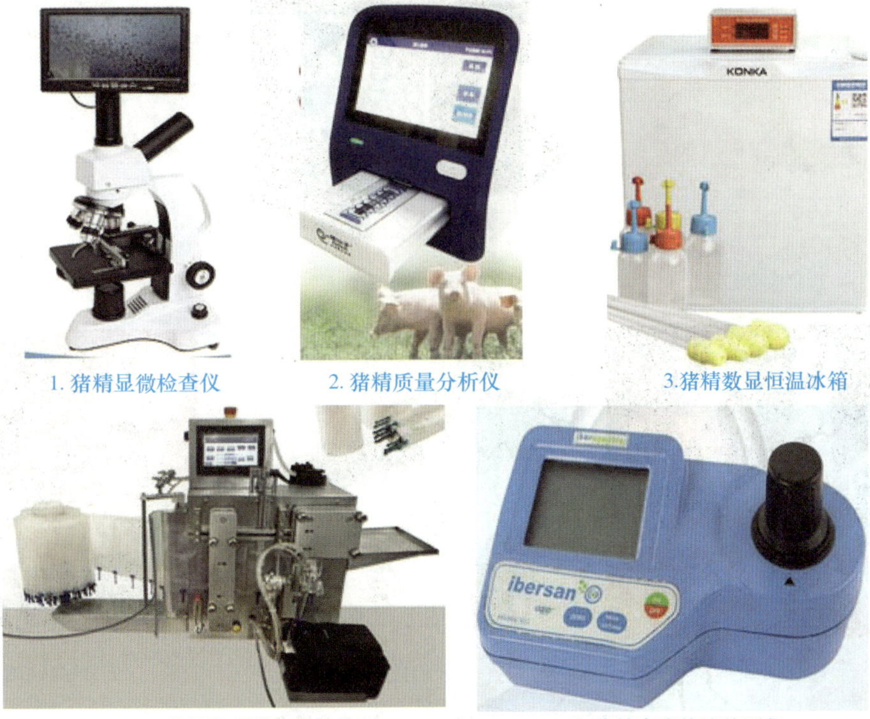

图 4-35　猪精检查、灌装和保存需配备的部分仪器设备

4. 种猪的输精接产设备

种猪的输精接产主要包括采购公猪的精液配送与母猪的发情鉴定、人工授精、妊娠鉴别、产仔护理等技术环节。为了高质量开展母猪的输精接产工作,需要合理配套猪的精液恒温箱、发情测定仪、排卵测定仪、配种栏架、输精管瓶、妊娠诊断仪、接产器械及仔猪的称重栏、耳号钳、剪牙钳、断尾器等设备用具及辅助用品。种猪的输精接产工作,事关母猪的配种受胎率、窝产仔猪数和仔猪出生后的成活率及年出栏商品猪的规模效益。其中设备配置合理与否,与母猪的配种、妊娠和产仔效率的高低有着密切的关系。在生产实践中,应高度重视种猪输精接产的各个技术环节,为猪场高效益生产奠定基础。

种猪常用的输精接产设备见图 4-36。

1. 猪排卵测定仪

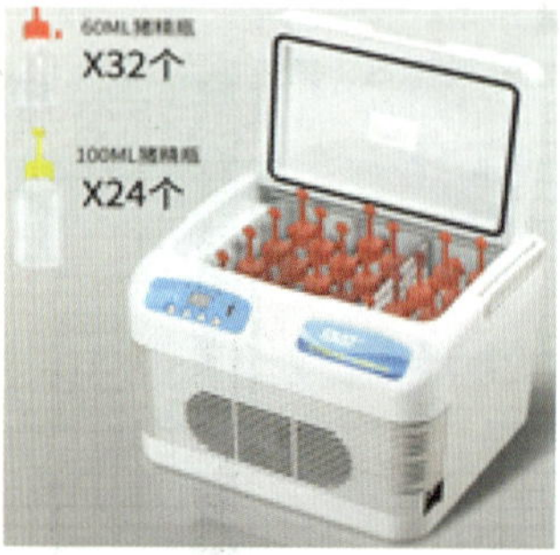

2. 猪精液恒温箱

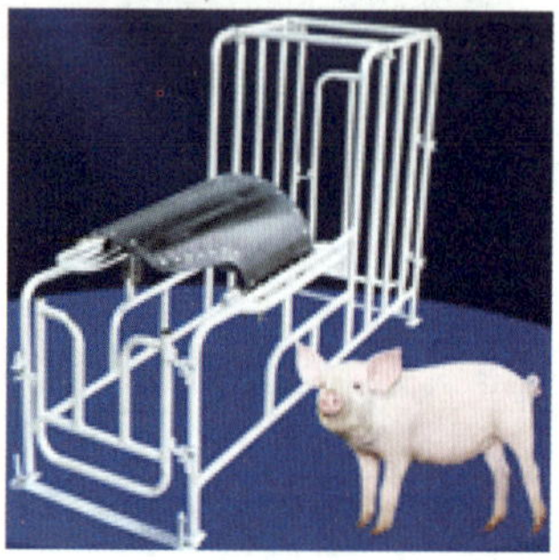

3. 母猪配种架

4. 母猪输精支架

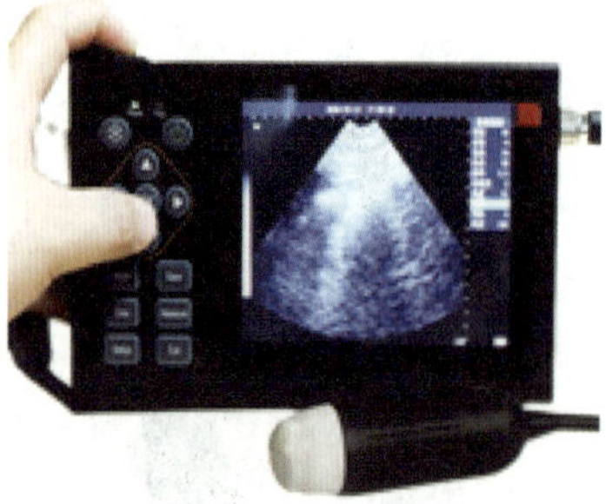

5. 母猪妊娠诊断仪

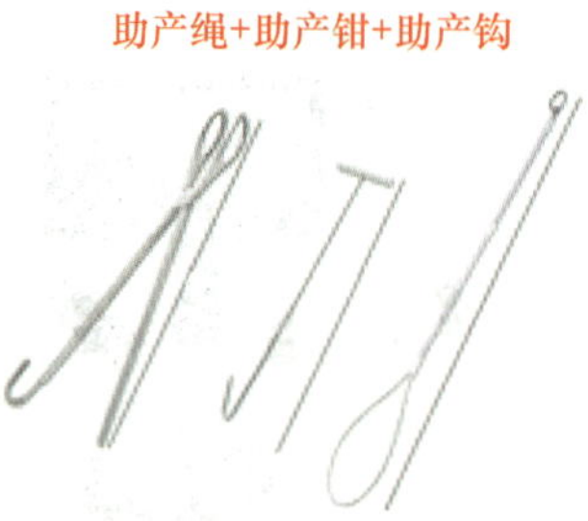

6. 母猪助产三件套

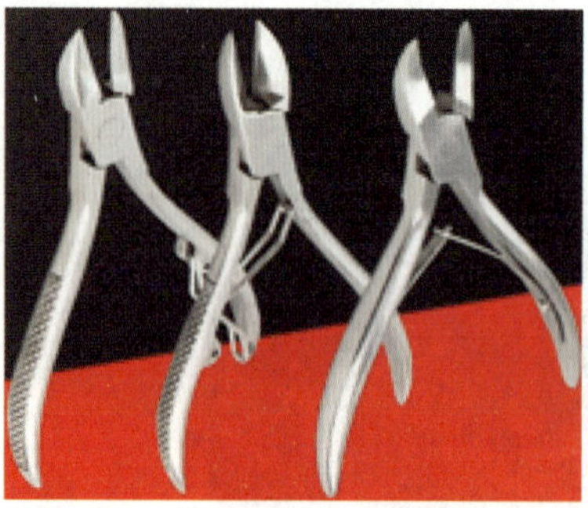

7. 仔猪剪牙钳

8. 仔猪耳号钳

9. 仔猪断尾钳

图 4-36 种猪常用的输精接产设备

（二）兽医保健设备

猪病的种类繁多，包括传染病、寄生虫病、内科病、外科病及产科病等，特别是传染病、寄生虫病对猪的危害尤其严重。因此，养猪生产者必须以“防重于治”为原则，在做好猪的自繁自养、饲养管理、环境卫生、杀虫灭鼠等工作的基础上，高度重视猪的消毒防疫、疫病检测、疾病诊疗等技术环节。实践中应根据条件设立专门的动物医院（猪医院），配置专门的兽医人员和先进的兽医保健设备，并制订严格的兽医管理制度和健全的生物安全体系，这是规模化、集约化养猪健康生产的关键性措施。

1. 猪的消毒防疫设备

为了保证猪的健康，养猪场要切实做好环境的清洁卫生和消毒杀菌工作，合理设置隔离设施和配备完善的消毒防疫设备。一般情况下，养猪场的消毒防疫主要是基于人员物流的隔离、内外环境区域的消毒和各类猪群的防疫卫生等配置相应的设备，主要包括人员消毒设备、车辆消毒设备、环境消毒设备和免疫保健设备等。如疫苗贮藏冰箱、便携式疫苗冷藏箱、疫苗稀释器材、连续注射器、病猪尸体焚烧炉等，这是健康养猪防病的重要支撑。

（1）人员消毒设备　对进入养猪场的本地和外来人员，可采用喷雾、喷淋、负离子臭氧消毒或其他更有效的方法进行消毒。主要设备包括储药箱（消毒水）、供水泵、雾化机、喷雾头、控制主机、电子门锁、智能感应器等。目前，在一些现代化程度较高的大型养猪场广泛使用。

猪场人员通道消毒系统见图 4-37。

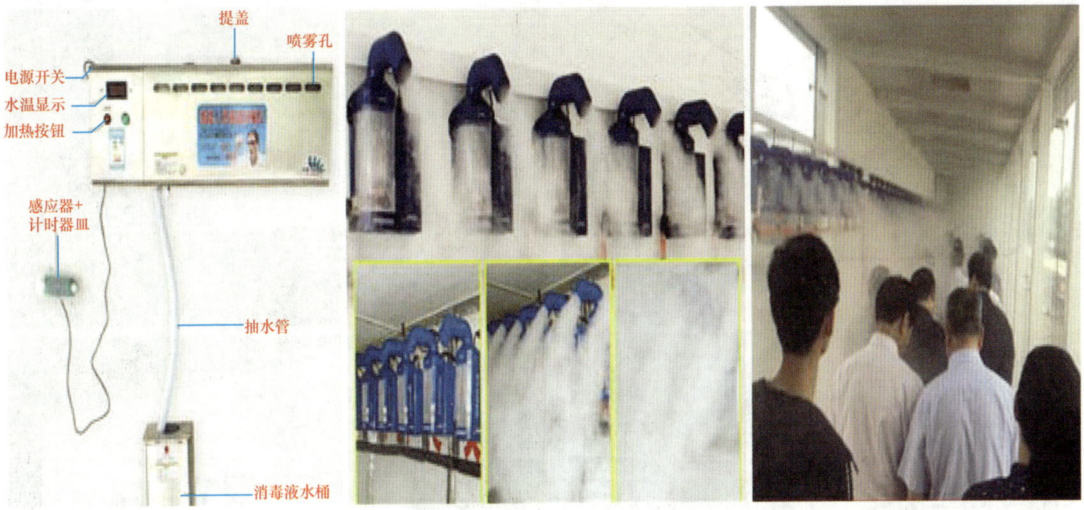

图 4-37　猪场人员通道消毒系统

（2）车辆消毒设备　养猪场入口处应设车辆消毒设施，通过喷雾、喷淋或轮胎浸润等消毒方法，保证车顶和车体彻底消毒。主要设备包括不锈钢立柱、不锈钢主机、自动加药泵、水质滤清器、高压防爆管、不锈钢喷嘴、地喷减速带、地磁感应器和不锈钢药箱等。目前，在一些现代化程度较高的大型养猪场中广泛使用。

猪场车辆通道消毒系统见图 4-38。

图 4-38　猪场车辆通道消毒系统

(3)环境消毒设备　对猪场周围、场内区域和猪舍环境等地方的消毒,可根据实际情况配备消毒机、机动喷雾器、空气消毒喷雾器、高压冲洗机、专用小型冲洗消毒车、移动式清洗消毒一体机等设备,其中移动式清洗消毒一体机使用最广泛。

猪场环境消毒常用设备见图 4-39。

图 4-39　猪场环境消毒常用设备

(4)免疫保健设备　猪病的免疫保健是保证猪群健康养殖的重要环节。养猪生产必须根据其疫病流行特征，按照不同地域、季节和不同猪群的防疫程序，认真做好疫病的免疫注射和病死猪的处理工作。生产中应在加强消毒卫生的基础上，完整配备猪的疫苗冷藏专用柜、便携式疫苗冷藏箱、疫苗稀释器材、连续注射器、病猪尸体焚烧炉等防疫设备，以便更好地开展猪的免疫保健工作。

猪的免疫保健常用设备见图 4-40。

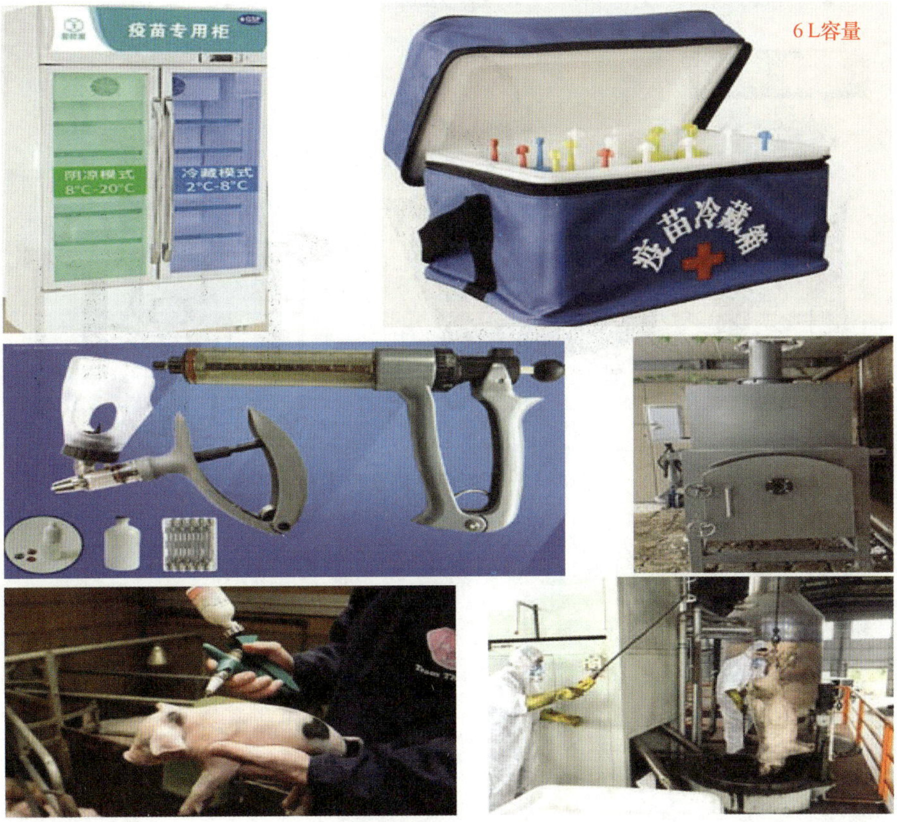

图 4-40　猪的免疫保健常用设备

2. 猪的疫病检测设备

为了提升猪的疫病鉴别和诊断能力，养猪生产应在做好消毒防疫的基础上，完整配备猪的病料采样器、取样器、细胞分析仪、尿沉渣分析仪、尿干化学分析仪、空气微生物采样仪、菌落计数仪、高压灭菌器、显微镜、电泳仪、离心机、液氮罐、冰箱及解剖器械、消毒器具等设备，以便更好地开展猪的疫病检测工作。

猪的疫病检测常用设备见图 4-41。

3. 猪的疾病诊疗设备

猪的常见疾病以传染病、寄生虫病、产科病、肢蹄病、中毒病、风湿病和应激综合征等居多。为完善猪病的诊疗体系建设，猪场应在加强兽医人员培养的基础上，配备完整齐全的猪病诊疗设备和辅助器材，主要包括猪的保定器、开口器、测温计、听诊器、注射器、输液器、喂药器、B 超诊断仪、高压灭菌器、产科器械、消毒器具和操作柜台等，以确保猪病诊疗工作的有效开展。

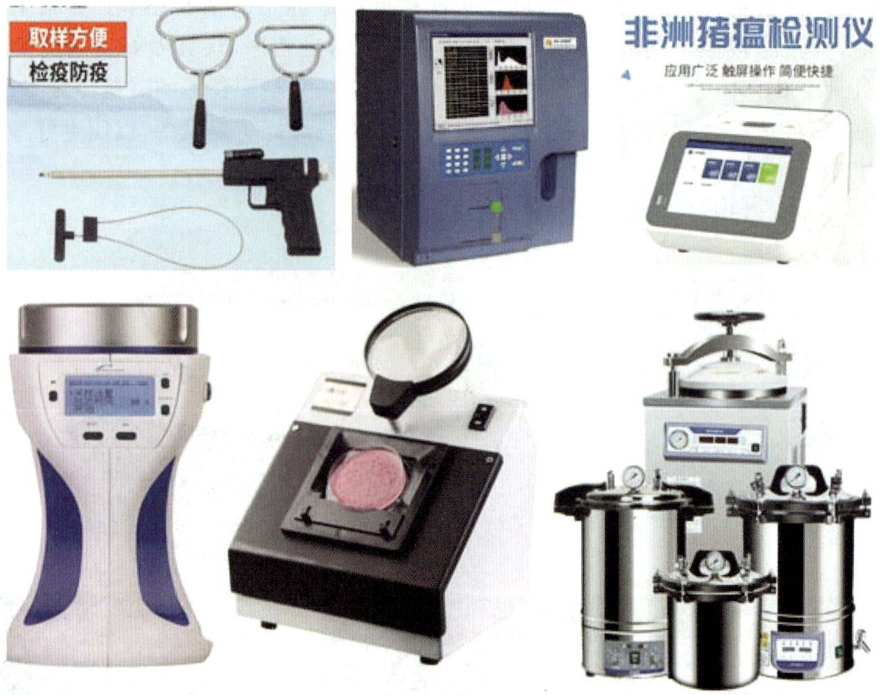

图 4-41　猪疫病检测常用设备

猪的疾病诊疗常用设备见图 4-42。

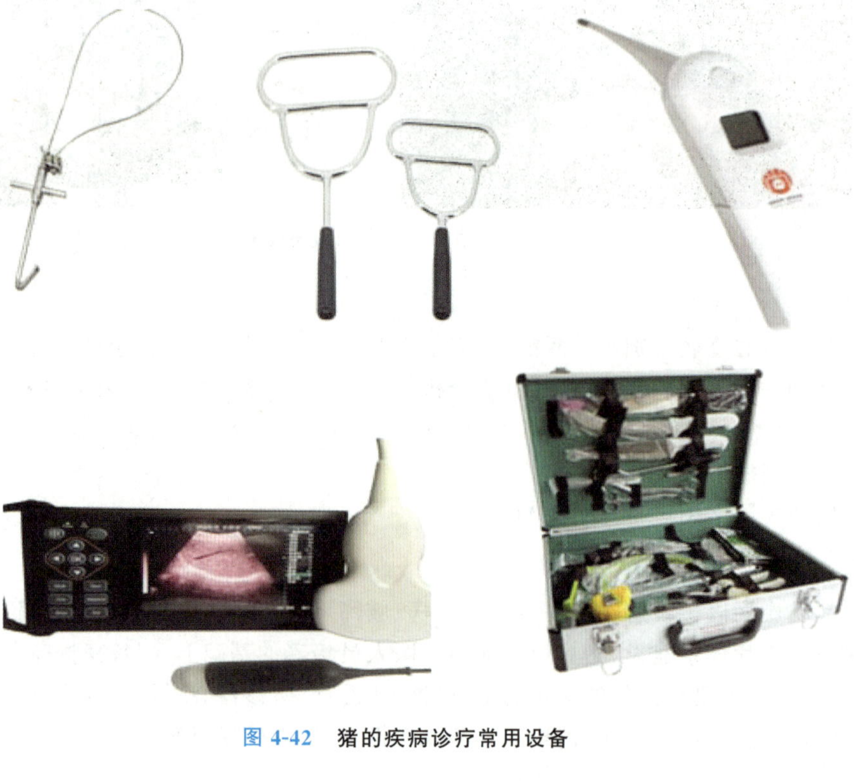

图 4-42　猪的疾病诊疗常用设备

任务二　养猪的饲料筹划

养猪饲料成本占总成本的70%～80%，如何做好猪的饲料筹划，是养猪生产中非常重要的环节。例如，一个年出栏万头商品育肥猪的规模化猪场，按照猪群的饲养规模，每天可消耗8 t左右的全价配合饲料。因此，养猪的饲料供应必须立足配方的设计、原料的采购、饲料的配合、计划的制订和损耗的控制等环节，认真做好猪的饲料筹划工作，这是推进规模化、集约化养猪的先决条件。

一、基于猪的饲养标准设计饲料的优质配方

猪的饲养标准按照不同品种、性别、体重、生产目的和水平，结合生产实践中积累的经验，以及能量消化试验、代谢试验、饲养试验的结果，科学地规定了猪所需要的各种营养物质的数量，是设计饲料优质配方的科学依据。我国最新版的猪饲养标准是《猪营养需要量》(GB/T 39235—2020)，由国家市场监督管理总局、国家标准化管理委员会，于2020年11月19日发布，2021年6月1日开始实施，适用于饲料企业、各种类型养殖场(户)猪饲料配方的设计。

猪的饲料配方是依据饲养标准，利用所选饲料原料而制订的满足猪在不同生理和生产状态下对各种营养物质的需要量，并达到生长、育肥、配种、妊娠、泌乳等生产能力的饲料组成配比。设计时，应遵循营养性、经济性和安全性三个原则，其中营养性原则是满足猪对各种营养物质的数量和种类需求，饲料的组成尽可能多样化，并保持良好的适口性和消化性；经济性原则是饲料原料的利用，要尽可能因地制宜，就地取材和维持价格适宜；安全性原则是饲料的某些原料特性和成分等，进入体内不能对猪产生伤害，或者代谢产生的残留对人的环境和餐桌上的猪肉食品构成潜在威胁。

猪饲料的优质配方设计，应根据高质量的饲养标准，严格遵循饲料配方设计的营养性、经济性和安全性原则，结合猪的饲养试验效果和配料生产经验科学制订。目前，计算机配料技术已在生产中得到了较为广泛的应用，但基于试差法、对角线法和代数法等饲料配合的理论基础和实践经验，仍是设计猪优质饲料配方的基础。

(一)试差法

试差法设计饲料配方，首先是查阅对应猪只的营养需要标准和拟用饲料原料的营养成分；然后根据实践经验拟定各种原料在配方中的初步占比，并用各自的比例去乘所含养分的百分含量，并将各种原料的同种养分相加，计算出各种营养物质的总量；之后将所得结果与饲养标准进行对照，看它是否与标准规定值相符。若某种营养物质不足或多余，可通过增加或减少相应的原料比例进行调整和重新计算，反复多次，直至所有的营养指标都能满足要求。这种方法计算繁杂，营养指标对比标准接近或符合即可，是目前中、小型规模化养猪场普遍采用的方法之一。

例：用玉米、麸皮、豆粕、棉籽粕、菜籽粕、石粉、磷酸氢钙、食盐、微量元素及维生素预混料，为体重25～50 kg的生长(或育成)猪设计饲料配方。具体步骤如下。

第一步，查猪的营养需要量标准得知25～50 kg生长(或育成)猪的营养物质需要量标准(表4-4)。

表 4-4　25～50 kg 生长(或育成)猪的饲养标准

消化能/(MJ/kg)	粗蛋白质/%	钙/%	总磷/%	赖氨酸/%
3.1	16	0.6	0.5	0.75

第二步,查猪的饲料营养成分标准得知拟用各种饲料原料的营养成分含量标准(表 4-5)。

表 4-5　所用各种饲料原料的营养成分

配方原料	营养指标				
	消化能/(MJ/kg)	粗蛋白质/%	钙/%	磷/%	赖氨酸/%
玉米	3.39	8.7	0.02	0.27	0.26
麸皮	2.24	14.5	0.11	0.92	0.54
豆粕	3.15	43	0.32	0.61	2.45
棉籽粕	2.26	38	0.24	0.97	1.41
菜籽粕	2.53	37	0.65	1.07	1.25
石粉	—	—	33	—	—
磷酸氢钙	—	—	26.2	16.5	—

第三步,根据饲养标准和配料经验,初拟配方中各种饲料的比例。

拟配饲料配方原料的初试比例为:能量饲料 65%～80%,蛋白质饲料 15%～30%,矿物质和预混料 3%～5%,其中维生素和微量元素预混料 1%;据此先初拟蛋白质饲料的用量占比为 26%,其中豆粕 18%,棉籽粕 4%,菜籽粕 4%,因棉籽粕和菜籽粕适口性差并含有毒物质,故用量要求一般不超过 8%;矿物质和预混料拟按 3%预留,其中,食盐 0.23%,石粉 1.1%,磷酸氢钙 0.5%;能量饲料初拟玉米占比 64%,则麸皮占比 7.2%。至此饲料配方的初试比例结果见表 4-6。

表 4-6　初步拟定的日粮配方

日粮组成	初拟配比	营养指标	营养水平	与标准的差值
玉米/%	64	消化能/(MJ/kg)	3.089	−0.01
麸皮/%	7.2	粗蛋白质/%	17.352	+1.352
豆粕/%	18	钙/%	0.607	+0.007
棉籽粕/%	4	磷/%	0.512	+0.012
菜籽粕/%	4	赖氨酸/%	0.752	+0.002
石粉/%	1.1			
磷酸氢钙/%	0.5			
食盐/%	0.23			
预混料/%	1			

第四步,调整能量和蛋白质比例。从上表可以看出,能量基本合适,蛋白质差别最大,主要考虑调整能量和蛋白质。由于菜籽粕和棉籽粕适口性差,不宜再提高比例,只能用蛋白质较高的豆粕代替能量较高的玉米,若按玉米增加 4%,豆粕相应降低 4%的比例调整,并重新计算配

方中各种营养成分的浓度(表4-7)。

表4-7 第一次调整后的日粮组成与营养成分

日粮组成	原料配比	营养指标	营养水平	与标准的差值
玉米/%	68	消化能/(MJ/kg)	3.099	0
麸皮/%	7.2	粗蛋白质/%	15.980	−0.020
豆粕/%	14	钙/%	0.595	−0.004
棉籽粕/%	4	磷/%	0.499	−0.000
菜籽粕/%	4	赖氨酸/%	0.665	−0.084
石粉/%	1.1			
磷酸氢钙/%	0.5			
食盐/%	0.23			
预混料/%	1			

第五步,调整添加剂。观察配方调整后的营养浓度得知,赖氨酸低于标准值0.084%,按全价日粮的0.084%添加赖氨酸即可。最终调整后的饲料配方及营养成分的浓度(表4-8)。

表4-8 第二次调整后的日粮组成与营养成分

日粮组成	日粮配比	营养指标	营养水平	与标准的差值
玉米/%	68	消化能/(MJ/kg)	3.099	0
麸皮/%	7.2	粗蛋白质/%	15.980	−0.020
豆粕/%	14	钙/%	0.595	−0.004
棉籽粕/%	4	磷/%	0.499	0
菜籽粕/%	4	赖氨酸/%	0.75	0
石粉/%	1.1			
磷酸氢钙/%	0.5			
食盐/%	0.23			
预混料/%	1			
赖氨酸/%	0.084			

(二)对角线法

对角线法设计饲料配方,又称四角法、方形法、交叉法或图解法。在饲料原料种类不多及考虑营养指标较少的情况下,采用对角线法则较为简便。

例:用玉米、高粱、小麦麸、豆粕、棉仁粕、菜籽粕及矿物质和预混料等,为体重25~50 kg的生长(或育成)猪设计粗蛋白质含量为16%的饲料配方。具体步骤如下。

第一步,按类计算能量混合料和蛋白混合料的粗蛋白水平。

能量混合料:预设玉米60%(粗蛋白8.5%)、高粱20%(粗蛋白9%)、麦麸20%(粗蛋白15.5%),则粗蛋白的平均水平为:

玉米 60%×8.5%+高粱 20%×9%+麦麸 20%×15.5%=10%

蛋白混合料：预设豆粕 70%(粗蛋白 44%)、棉籽粕 20%(粗蛋白 36.8%)、菜籽粕 10%(粗蛋白 38%)，则粗蛋白的平均水平为：

豆粕 70%×44%+棉籽粕 20%×36.8%+菜籽粕 10%×38%=42%

第二步，计算饲料配方中除去矿物料和预混料的粗蛋白质水平。

矿物质和预混料：预设预混料 1%、矿物质饲料(骨粉和食盐)2%，因饲养标准规定食盐值为 0.3%，则骨粉占比为 1.7%。该饲料配方除去矿物质和预混料时的粗蛋白质含量为：16%÷97%=16.5%。

第三步，将能量混合料和蛋白混合料设为两类饲料，用对角线法，计算能量混合料和蛋白混合料在饲料配方中的占比(图 4-43)。

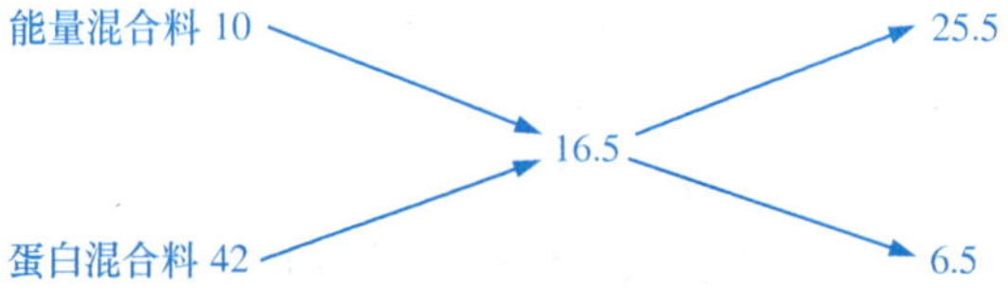

图 4-43　对角线法设计饲料配方

①能量混合料应占比例=25.5÷(25.5+6.5)×100%=79.69%。

②蛋白混合料应占比例=6.5÷(25.5+6.5)×100%=20.31%。

第四步，计算饲料配方各种饲料原料应占的比例，即：玉米应占 60%×79.69%×97%=46.3%，依此类推，高粱占 15.5%、麦麸占 15.5%、豆粕占 13.8%、棉籽粕占 3.9%、菜籽粕占 2.0%、骨粉占 1.7%、食盐占 0.3%、预混料占 1%，合计 100%。

(三)代数法

代数法是利用数学上联立方程求解法来计算饲料配方，优点是条理清晰，方法简单，缺点是饲料种类多时，计算较为复杂。

例：用粗蛋白质含量为 10%的能量料(玉米占 80%，麸皮占 20%)和粗蛋白质含量为 36%的浓缩料，为体重 75～100 kg 的育肥猪配制粗蛋白质含量为 14%的饲料配方。具体步骤如下。

第一步，设饲料配方中能量料的百分数为 X，浓缩料的百分数为 Y，得方程式①：$X+Y=1$。

第二步，已知能量料的粗蛋白质含量为 10%，浓缩料的粗蛋白质为 36%，得方程式②：$10\%X+36\%Y=14\%$。

第三步，联立方程①和②，得联立方程组如下：

$$\begin{cases} X+Y=1 & ① \\ 10\%X+36\%Y=14\% & ② \end{cases}$$

求解得：$X=84.62\%$，$Y=15.38\%$。

则玉米、麸皮和浓缩料在饲料配方中的占比分别为：

玉米(%)=84.62%×80%=67.70%

麸皮(%)=84.62%×20%=16.92%

浓缩料(%)=15.38%

(四)计算机法

现代养猪生产中,猪饲料配方选用原料的数量和平衡的营养指标,已越来越多,特别是微量元素和添加剂的加入,使得饲料配方的设计难度越来越大,应用传统的手工计算法很难达到要求。近年来,随着信息化领域的创新和发展,基于计算机软件设计猪的饲料配方,已在现代畜牧业生产当中得到越来越多的应用。由于计算机软件设计饲料配方,都有程序化的操作方法,设计者只是按照程序要求将饲料配方的营养需要量指标和拟选饲料的营养成分指标,输入相应的计算系统并结合变化情况进行调整即可。应用电子计算机计算饲料配方,是解决多种原料配合,满足多项营养指标要求,并用最低成本配出最佳饲料配方的有效方法。

二、基于猪的饲养特性统筹饲料的配方原料

猪是典型的杂食动物,胃的消化类型介于肉食动物简单胃和草食动物复杂胃之间,对精饲料的消化能力强,利用效率高;猪的胃内缺乏分解粗纤维的微生物,对粗纤维的消化主要靠大肠内的微生物分解,对粗饲料的消化能力差,利用能力低;猪有发达的臼齿、切齿和犬齿,具有坚强的鼻吻,嘴筒突出有力,吻突发达,能有力地掘食地下的块根、块茎类饲料;猪是圈养为主的动物,人工配料与投料是饲养管理的必然要求。因此,基于猪的饲养特性,统筹饲料的配方原料,可以为猪群设计优质的饲料配方和日粮配制提供良好支撑。

在养猪生产实践中,对于散户和专业户养猪,主要是利用农村地区丰富的作物籽实和农副产品资源,适量搭配一定的预混料、浓缩料等商品料,来满足猪的饲料供给;对于规模化养猪场主要是利用能量饲料、蛋白质饲料、矿物质饲料、添加剂预混料以及当地能提供的青饲料、粗饲料等资源,开发精准化的自配料和选购商品化的预混料、浓缩料及全价料,来满足猪的饲料供给。

(一)能量饲料

能量饲料指在干物质中粗纤维含量小于18%,粗蛋白含量低于20%,每千克含消化能在10.46 MJ以上的饲料,在猪的日粮配比结构中占到65%~80%。主要包括禾本科植物籽实及副产品(玉米、大麦、米糠、小麦麸等)、块根块茎瓜果类(甘薯、马铃薯、胡萝卜、南瓜等)和其他加工副产品(油脂、糖蜜、乳清粉、草籽等)。

1. 籽实类

籽实类饲料尤其是玉米,是猪的主要能量饲料,适口性好,但饲用过多会使肉猪、种猪背膘增加,降低肉猪瘦肉率和种猪的繁殖能力。以玉米为主的籽实类能量饲料,在猪日粮中的占比一般为60%~65%。玉米中赖氨酸、蛋氨酸和色氨酸含量较低,配制猪饲料时,应注意添加以上三种氨基酸。

2. 糠麸类

小麦麸是猪能量饲料中与玉米搭配使用的常用原料,与胃肠蠕动和通便润肠密切相关,是妊娠后期和哺乳期母猪的良好饲料。以小麦麸为主的糠麸类饲料,较玉米等籽实饲料的能量

值较低，纤维素含量较高，在猪日粮中的占比一般为5%～15%。

（二）蛋白质饲料

蛋白质饲料是指干物质中粗纤维含量小于18%，粗蛋白含量大于20%的饲料，在猪的日粮配比结构中占比一般为15%～30%。主要包括植物性蛋白质饲料（豆类籽实、饼粕类）、动物性蛋白质饲料（鱼粉、肉骨粉）和特种发酵饲料等。

1. 植物性蛋白质饲料

豆粕、豆饼等是常用的植物性蛋白原料。此类原料蛋白质含量高，粗纤维含量低，能量值较高，特别是豆粕中蛋白质品质好，赖氨酸丰富，是猪饲料配合时常用的植物性蛋白原料，但价格也相对较高。使用时，一些未经熟化的饼粕类饲料，往往含有抗胰蛋白酶抑制因子，配合日粮时，须通过蒸煮、焙炒、膨化等措施处理，在猪日粮中的占比一般为10%～20%。

2. 动物性蛋白质饲料

鱼粉、肉骨粉、血粉、蚕蛹和乳清类等是常用的动物性蛋白原料。此类原料体积小、不含纤维素，蛋白质含量高（如鱼粉含粗蛋白质55%～75%）、氨基酸的含量多而平衡，钙、磷比例协调，且有效磷含量高，是猪日粮中很好的蛋白质原料。由于来源较为困难、价格相对较高，在保证可靠质量的前提下，猪日粮中的占比一般为5%～10%。

（三）矿物质饲料

猪的矿物质饲料主要包括食盐、石粉、贝壳粉、骨粉、蛋壳粉等，一般在猪日粮中的占比为3%～4%。猪的矿物质饲料以补充钙、磷、钾、钠、氯、硫、镁等常量元素为主，营养物质单一、用量较小，但不可缺少，添加量往往随猪的年龄大小及生理阶段的不同而不同。

（四）添加剂饲料

猪的添加剂饲料主要包括补充微量元素（主要有铁、铜、锌、锰、碘、钴和硒等）、维生素（B族维生素和维生素D等）和氨基酸（如赖氨酸、蛋氨酸和色氨酸）的营养性添加剂和保证饲料使用效果的非营养性添加剂（如防腐剂、防霉剂、抗氧化剂、着色剂、调味剂、药物保健剂及生长促进剂），一般以预混料的形式配合生产，在猪日粮中的占比一般为1%～2%。添加剂饲料化学稳定性差，相互之间容易发生化学反应，多数猪场不宜自行生产和配制。生产中应按照实际需求，从质量可靠的生产厂家，购买符合标准的商品预混料，以确保猪饲料营养价值的全面性和均衡性。此类饲料虽然占比小，但作用大，应严格按照产品的特性和用量说明合理使用。

（五）粗饲料

粗饲料是指干物质中粗纤维含量达到或超过18%，粗蛋白质含量小于14%，有机物消化率在70%以下，每千克饲料干物质的消化能在10.46 MJ以下的饲料。主要包括豆科作物和油料作物的秸秆草粉等。粗饲料资源虽然容积大、适口性差和消化吸收率低，但在猪的日粮中作为精料填充料合理使用，可以促进胃肠蠕动，提高消化率，防止猪的便秘。有条件时，可选用纤维化程度低的优质粗饲料，如苜蓿草粉等替代部分精饲料，在猪日粮中的占比一般为4%～20%。

(六)青饲料

青饲料是指纤维化程度较低的天然野生杂草、人工栽培牧草、青刈作物和可利用的新鲜树叶等,这类饲料资源在部分农村地区较多,适口性好、维生素和微量元素养分比较全面,消化利用率高,适合有条件的农村养猪散户和专业户,搭配一定数量的精饲料资源利用。规模化猪场因饲料消耗数量大,依靠青饲料养猪显然不太现实。在生产实践中,若有条件给种公猪、妊娠母猪和产后的断奶母猪等饲喂青绿饲料,可利于维持猪的种用体况和提高繁殖性能;如果给育肥肉猪饲喂适当的青绿饲料,可以平衡饲料营养、改善猪肉品质和降低饲料成本。

三、基于猪的饲养类群进行饲料的精准配制

猪的饲养类群按照其生理特点和生产要求,一般分为哺乳仔猪、保育仔猪、生长(或育成)猪、育肥(或后备)猪、种公猪、空怀母猪、妊娠母猪、泌乳母猪等生产类别。在规模化、集约化养猪生产中,各类别猪群都是按照一定的生产周转进行分段饲养的。为了确保猪群的精细化和精准化饲养,应按照不同类别猪群的生产特点,进行饲料的精准配制,以最大限度地发挥猪群的生产性能。

(一)猪饲料的加工调制

猪饲料的加工调制主要是根据饲料配方原料的形态、特性和品质等特点,通过清杂与焙炒、蒸煮与发酵、粉碎与混合、调质与制粒、湿润与糖化等方法,改善饲料的适口性、消化性和吸收率,为特定的饲料配合工艺和生产优质配合饲料奠定必要的基础。

1. 清杂与焙炒

猪的饲料原料加工时,须通过筛选和磁选除去其中的石头泥块、金属杂质和麻袋碎片等杂质,并保持良好的饲料清洁度。另外,部分饲料原料需进行焙炒熟化处理,其中谷物类籽实饲料经焙炒处理,可促使部分淀粉转变成糊精,提高饲料的适口性和淀粉的利用率;生豆类籽实经焙炒处理,可促使饲料产生豆香味和降低抗营养因子的活性,消除其中的异味、有毒物质、杂菌和病虫害,改善饲料的利用品质。

2. 蒸煮与发酵

猪的饼粕类饲料经蒸煮发酵处理,可改善饲料的适口性、消除饲料的异味和提高蛋白质的利用率,减少猪腹泻病的发生。如未经熟化的饼粕类饲料,经蒸煮发酵可降低抗胰蛋白酶抑制因子的活性,增加适口性,提高消化率;农村养猪户常用的剩菜、剩饭及泔水,经煮沸后可杀灭一些病原微生物,减少猪病的发生;养猪常用的玉米、高粱、糠麸等能量类饲料不适合蒸煮熟喂,否则会造成营养物质的损失;青饲料若经过焖煮,不仅破坏了饲料中的维生素,还容易引起蛋白质变性和亚硝酸盐中毒。另外,在猪的粗饲料、精饲料或特种饲料中,加入一些发酵菌剂进行处理,可使饲料质地变软,适口性变好,消化率提高。如在猪的糠麸类饲料中加入酵母菌,可显著提升饲料的适口性和消化率。

3. 粉碎与混合

猪的籽实类粒料或饼粕类块状料,按照合适的粒度直径粉碎,可加大与猪胃肠消化液的接触面积,利于采食和消化吸收。另外,粉碎后的各类饲料特别是各种微量占比的添加剂原料,

须混合均匀方可饲喂。否则因猪的采食不均，容易造成供给量过多或过少，而引发猪的中毒症或缺乏症。一般情况下，猪的饲料粉碎粒度，以颗粒直径 1.2～1.8 mm 为宜，过粗不利于消化利用，过细易造成猪的消化疾病，如猪的便秘和消化性溃疡等。另外，含脂量高的玉米、燕麦等粉碎后，应尽快使用以防腐败。对于农村地区的散户或小规模的养猪场，常用豆科作物和油类作物的秸秆、花生秧等粗饲料喂猪，可与切碎打浆后的青饲料、块根块茎饲料混在一起，搭配精饲料拌匀后饲喂。

4. 调质与制粒

猪饲料的制粒，首先是将所需的饲料原料粉碎到一定标准细度，并按照配方比例使其各种原料均匀混合，制成全价粉状的配合饲料；然后再通过蒸汽加湿的调质方法，将其送入制粒机内进行加压处理制成颗粒，即颗粒饲料。由于其适口性好，易于消化和营养全价，生产中对于增重速度明显的哺乳仔猪、保育仔猪、生长猪、育成猪等猪群，多用颗粒料饲喂。因成本原因，其他猪群可灵活选用。

5. 湿润与糖化

猪饲料的湿润是指在干粉料中加入一定量的水分，使其呈半干状态喂猪的一种过程，即猪的生湿拌料。一般情况下，猪的粉料进行湿润处理时，料水比例以 1∶(0.5～2.0)为好。料水比例超过 1∶2.5，猪采食后往往造成消化液分泌减少，消化酶活性降低，饲料的消化吸收率受到一定限制，会影响猪的生长或生产性能。规模化养猪场为了提高猪的饲喂效率，多采用干粉料或颗粒料，让猪自由采食，但须保证自由饮水；另外，猪自身对饲料的甜味比较敏感，如果猪的采食不太好，可在饲料中使用甜味添加剂引诱采食。生产中哺乳仔猪的开食，常用糖化料进行诱导补饲，效果良好。

(二)猪饲料的配合工艺

猪饲料的配合工艺是在做好饲料原料调制的基础上，通过原料的接受、贮藏和粉碎，然后经配料、混合、调质、制粒、包装、运送和入库等工艺环节而形成的加工体系。

猪的饲料配合工艺流程图见图 4-44。

1. 原料的接收

采购接收的原料经地磅称量后卸到卸料坑，经初步清杂和除磁进入贮料库，其中包装原料的接收以人工搬运和机械接收方式入库，液体原料的接收以瓶装、桶装等形式由人工搬运入库。

2. 原料的贮藏

采购接收的饲料原料状态较多，可使用各种形式的料仓贮藏。饲料厂的料仓有筒仓和房式仓两种。主原料如玉米、高粱等谷物类原料，流动性好，不易结块，多采用筒仓贮藏；而副料如麸皮、豆粕等粉状原料，散落性差，存放后容易结块，多采用房式仓贮藏。

3. 原料的清杂

饲料原料中的杂质，不仅影响饲料产品的质量，而且直接关系到饲料加工设备及人身安全，严重时可导致整台设备遭到破坏而停止生产，故应及时清除杂物尤其是金属类杂物。饲料

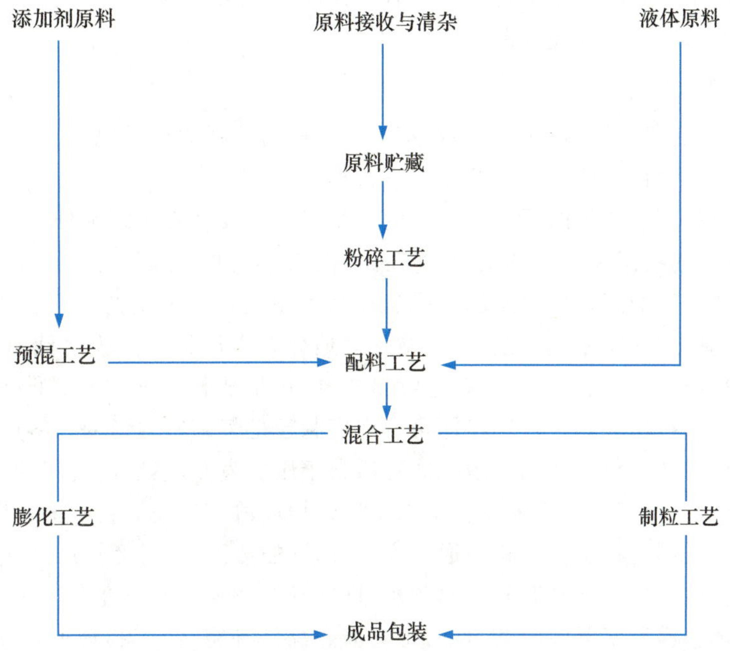

图 4-44　猪的饲料配合工艺流程图

厂的清杂设备以筛选和磁选设备为主，筛选设备除去原料中的石块、泥块、麻袋片等大而长的杂物，磁选设备主要去除铁质杂质。

4. 原料的粉碎

根据饲料配合要求的粒度直径大小，原料的粉碎分一次粉碎工艺、二次粉碎工艺和循环粉碎工艺。如果与配料工序融合，可按照先配料后粉碎或先粉碎后配料工艺进行。先配料后粉碎工艺，是按饲料配方的设计先行配料并进行混合，然后进入粉碎机进行粉碎；先粉碎后配料工艺，是先将待配料进行粉碎，分别进入配料仓，然后再进行配料。

5. 原料的配合

原料的配合有人工添加配料、容积式配料、一仓一秤配料、多仓数秤配料、多仓一秤配料等。其中，人工添加配料是将参加配料的各种组分由人工称量，然后由人工将称量过的物料倾入料仓进行混合即可。因为全部工序采用人工操作、工艺简单，多用于小型饲料加工厂和饲料加工车间；容积式配料、一仓一秤配料、多仓一秤配料、多仓数秤配料等，一般是将所计量的物料按照其物理特性或称量范围分组，每组配上相应的计量装置，将称量过的物料倾入料仓进行混合即可。

6. 原料的混合

原料的混合有分批混合和连续混合两种方式。分批混合是将各种混合组分按照配方比例混合在一起，并将它们送入周期性工作的“批量混合机”分批次进行混合，是目前普遍应用的一种混合工艺。这种工艺启闭操作比较频繁，大多采用自动程序控制。连续混合工艺是将各种饲料组分同时分批次连续计量，并按配方比例配合成一股含有各种组分的料流，当这股料流进入连续混合机后，则连续混合成一股均匀的料流。这种工艺可以连续地进行，容易与粉碎及制粒等工序相衔接,生产时不需频繁地操作。因在换配方时流量调节复杂,且在连续输送和混合设备中的残料较多,应注意合理控制。

7. 配料的制粒

混合工艺完成后,如果不再进行制粒,饲料应按照粉状料的形式包装、运送和贮藏;如果需要进一步做成颗粒饲料,应按以下工艺步骤进行加工。

(1)调质　配料调质的目的是将配合好的干粉料调质成具有一定水分、一定湿度且利于制粒的粉状饲料。目前我国饲料厂都是通过蒸汽加湿来完成调质过程的。

(2)制粒　调质好的配料可以采用环模制粒和平模制粒两种工艺进行。环模制粒是将调质均匀的物料,先通过保安磁铁去杂,然后被均匀地分布在压辊和压模之间,这样物料由供料区、压紧区进入挤压区,被压辊钳入模孔连续挤压开分,形成柱状的饲料,随着压模回转,被固定在压模外面的切刀,切成颗粒状饲料即可。平模制粒是将调质均匀的物料进入压粒系统,位于压粒系统上部的旋转分料器,均匀地把物料撒布于压模表面,然后由旋转的压辊将物料压入模孔,并从底部压出,经模孔出来的棒状饲料由切辊切成适宜长度的粒状饲料即可。

(3)冷却　调质饲料在制粒过程中通入高温、高湿的蒸汽,同时经挤压产生大量的热值,使颗粒饲料刚从制粒机出来时,带有较高的含水量(16%～18%),且温度高达 75～85 ℃ 。在这种条件下,颗粒饲料容易变形破碎,贮藏时也会产生黏结和霉变现象,应通过冷却使其水分降至 14%以下,温度降低到比气温高 8 ℃ 以下的范围,即冷却工艺。

(4)破碎　破碎是将制粒机成形的饲料,先制成一定大小的颗粒,然后再根据畜禽饲用时的粒度,用破碎机破碎成合格的产品。

(5)筛分　颗粒饲料经破碎工艺处理后,会产生一部分粉末凝块等不符合要求的碎状饲料,因此,破碎后的颗粒饲料需要筛分成颗粒整齐,大小均匀的产品,进行包装、运送和贮藏。

(三)猪饲料的精准配制

猪饲料的精准配制是指在设定饲料优质配方的基础上,对饲料配方原料进行合理的调制,并通过原料接收、贮藏、粉碎、配料、混合、制粒、包装和贮运等工艺环节,形成适应于不同生产类别猪群的配合饲料。

1. 猪的配合饲料类型

猪的配合饲料按其营养成分和配合程度分为预混料、浓缩料和全价料等三种类型,其中预混料和浓缩料是半成品,不能直接喂猪,只有全价料可以直接喂猪。

猪的配合饲料之间的关系见图 4-45。

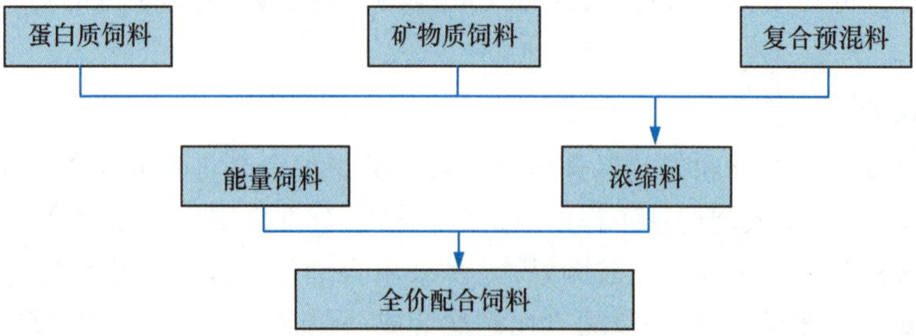

图 4-45　猪的配合饲料之间的关系

(1)预混料　预混料是由同一类的多种添加剂或不同类型的多种添加剂按一定比例配制而成的均质混合物。添加剂预混料是一种添加量少但作用大的饲料产品,是全价配合饲料的核心,具有补充营养、预防疾病、保护饲料品质、促进生长繁殖和改善猪肉品质等作用。一般情况下,按组成成分可分为单一型预混料、同类复合预混料和综合复合预混料。

①单一型预混料,是指以一种活性成分为原料的均质混合物,如维生素E制剂、微量元素硒制剂、植酸酶制剂等。

②同类复合预混料,是指由一类添加剂组成的预混料,如多种维生素预混料、多种微量元素预混料。

③综合复合预混料,是指由两类或两类以上的添加剂组成的预混料,如由维生素、微量元素、中草药等组成的复合预混料。

(2)浓缩料　浓缩料是由蛋白质饲料、矿物质饲料和复合预混料等组成的饲料产品。猪的浓缩料要求含粗蛋白30%以上,矿物质和维生素的含量也高于配合饲料标准的3倍以上。浓缩料不能直接喂猪,应按照说明与一定比例的能量饲料搭配后使用。

(3)全价料　全价配合饲料是指能够满足猪全部营养需要的混合饲料。一般按照不同类型猪的饲养标准配制,能充分满足猪的营养需要,可以直接饲喂。一些猪场直接从厂家购买全价饲料喂猪,省工省时,但饲料成本较高。

2. 猪饲料的精准配制

在养猪生产实践中,常常以预混料、浓缩料和全价料为利用对象,按照哺乳仔猪、保育仔猪、生长猪、育成猪、育肥猪、后备猪、种公猪、空怀母猪、妊娠母猪和泌乳母猪等生产类别,精准配制系列化的猪的日粮。

(1)乳猪料的配制　乳猪料一般是指哺乳仔猪从开食到断奶期间所用的配合饲料。除保证全面、平衡的营养成分外,还应满足以下特性。

①诱食性强。乳猪在生理上对甜香味敏感,喜欢吃带奶香和甜味的饲料。为使乳猪能及早吃料,可在配方中添加香味剂和甜味剂等,以诱导乳猪尽早开食。

②消化性好。乳猪消化道没有完全发育成熟,胃酸和消化酶的分泌量不足,因此饲料配方中最好能添加酸化剂、酶制剂。一些饲料原料,如大豆、饼粕等,若能经膨化处理,既易消化,又带香味,效果较好;酸化剂中,柠檬酸效果较好,但适口性较差,使用量一般不宜超标。

③抗病力强。由于乳猪自身免疫系统自出生后还需不断完善和健全,防御病菌和不良条件的能力较差,容易受到疫病的威胁。乳猪阶段胃肠容积小,消化液的分泌量少且消化酶的含量有限,对饲料消化能力差,很容易因消化不良而导致腹泻。如熟化不太完善的豆粕、菜籽粕等饲料中的过敏原,能使乳猪肠道因过敏而发生病变,引起腹泻。另外,在乳猪料中添加微生态制剂、益生菌、中草药制剂等,可有效预防乳猪疾病的发生。

现提供乳猪人工乳、诱食料和全价料配方(表4-9至表4-11),仅供应用参考。

表 4-9 乳猪人工乳配方

原料	配方 1	配方 2	配方 3	配方 4
牛奶/mL	1 000	1 000	1 000	1 000
全脂奶粉/g	50	50	100	200
鸡蛋/g	50	50	50	50
酵母/g	1	—	—	—
干酪素/g	15	—	—	—
猪油/g	5	—	—	—
葡萄糖/g	20	20	20	20
无机盐溶液/mL	5	5	5	5
维生素溶液/mL	5	5	5	5
干物质/g	—	19.6	23.4	24.7
消化能/(MJ/kg)	—	4.48	4.77	5.19
粗蛋白质/%	—	56.0	62.6	62.3

注:表中数据可随饲养标准的变化和各地实际情况进行调整。

表 4-10 乳猪诱食料配方

%,MJ/kg

原料	配方 1	配方 2	配方 3	配方 4
黄玉米粉	266.5	280.5	163.5	177.5
全脂奶粉	400	400	200	200
大豆粕(蛋白 50%)	141	151	242	252
鱼浆	25	25	25	25
乳清粉(高乳糖)	—	—	200	200
糖(甘蔗或甜菜)	100	100	100	100
干蒸馏酒糟液	25	—	25	—
固化脂肪	25	25	25	25
碳酸钙	4	4	5	5
磷酸氢钙	—	1	1	2
碘化食盐	2.5	2.5	2.5	2.5
微量元素预混料	1	1	1	1
维生素预混料	10	10	10	10
粗蛋白质	24.0	24.0	24.0	23.9
钙	0.69	0.71	0.70	0.72
磷	0.60	0.60	0.60	0.60

注:表中数据可随饲养标准的变化和各地实际情况进行调整。

表 4-11　乳猪全价料配方　　%，MJ/kg

原料	配方 1	配方 2	配方 3		配方 4	配方 5	配方 6	配方 7	配方 8	配方 9
玉米	516	493	590	540	599.5	600	604.2	534.3	650	623
麸皮	—	116	50	—	—	—	—	—	80	30
豆饼	305	318	230	398	223	345.5	309.5	370	220	250
石粉	7.5	7	10	6	10	10	—	16.4	—	—
磷酸氢钙、骨粉	12.5	11	10	20	4	11	20.5	21.2	15	15
食盐	2.5	3	—	3	3.5	3.5	2.5	5	—	2
鱼粉	—	20	50	—	50	—	—	—	30	70
酵母	—	—	—	—	—	—	—	—	—	10
乳清粉	150	20	50	—	100	—	—	—	—	—
柠檬酸	—	20	—	20	—	20	20	20	—	—
复合酸	—	—	—	—	—	—	—	—	1	—
油脂	—	—	—	—	—	—	28.9	20	—	—
添加剂	6.5	12	10	13	10	10	14.4	23.1	5	—

注：表中数据可随饲养标准的变化和各地实际情况进行调整。

（2）保育期和生长育肥期猪料的配制　保育期的仔猪（8～25 kg）和处于生长期的小猪（25～50 kg）及育肥前期的肉猪（50～75 kg），骨骼和肌肉的生长速度快，饲料配方中应提供较多的能量和蛋白质，以满足其生长发育需要；处于育肥中、后期的肉猪（75～100 kg 或 100～120 kg），骨骼和肌肉的生长速度逐渐变慢，而脂肪的沉积速度明显加快，蛋白质需要量逐渐减少，能量需要量增加。因此，制订理想的饲料配方，是保证保育猪和生长育肥猪快速增重和合理控制体形发育的基础。

现提供 8～25 kg 保育仔猪和 25～100 kg 生长（或育成）育肥猪的饲料配方（表 4-12 和表 4-13），仅供应用参考。

表 4-12　8～25 kg 保育仔猪的饲料配方　　%，MJ/kg

原　料	配方 1	配方 2	配方 3	配方 4	配方 5
玉米	50	52.3	56	50	45
小麦	10	10	10	10	15
麸皮	3	2	—	2.5	2.5
豆粕	27	20	25	24	20
花生粕	—	5	5.4	—	—
菜籽粕	—	2	—	—	4
膨化大豆	5	5	—	10	10
鱼粉	2	—	—	—	—
石粉	1.07	1.08	1.16	1.19	1.15
磷酸氢钙	0.55	1	0.8	0.8	0.8
食盐	0.3	0.32	0.32	0.32	0.32
盐酸赖氨酸	0.08	0.3	0.32	0.19	0.23
添加剂	1	1	1	1	1

续表 4-12

原　料	配方 1	配方 2	配方 3	配方 4	配方 5
代谢能	13.71	13.63	13.67	13.86	13.71
粗蛋白质	20.9	20.0	19.9	20.2	20.0
钙	0.68	0.71	0.68	0.70	0.71
有效磷	0.33	0.36	0.31	0.32	0.34
赖氨酸	1.10	1.10	1.10	1.12	1.11
蛋氨酸＋胱氨酸	0.70	0.64	0.63	0.66	0.67
蛋氨酸	0.35	0.31	0.31	0.32	0.32
苏氨酸	0.82	0.73	0.73	0.78	0.77
色氨酸	0.28	0.25	0.25	0.27	0.27
异亮氨酸	0.79	0.70	0.69	0.75	0.74

注：表中数据可随饲养标准的变化和各地实际情况进行调整。

表 4-13　25～100 kg 生长(或育成)育肥猪的饲料配方　　%，MJ/kg

原料	体重								
	25～50 kg			50～75 kg			75～100 kg 或 100～120 kg		
	配方 1	配方 2	配方 3	配方 1	配方 2	配方 3	配方 1	配方 2	配方 3
玉米	59.2	61	48.7	63.3	68.5	56.7	66.2	65.4	54.4
麸皮	21.8	18	17.9	24.2	11.4	10.3	23.5	24.9	22
豆粕	17.3	12.1	10.7	10.9	10.2	7.1	3.8	7.8	1
棉仁粕	—	2.2	3	—	—	3	—	—	3
菜籽粕	—	5	3	—	5	3	5	—	3
小麦	—	—	15	—	—	15	—	—	15
石粉	0.8	0.8	0.76	0.7	0.38	0.32	0.51	—	0.65
磷酸氢钙	0.1	0.1	0.1	0.1	0.1	0.1	0.1	1.07	—
沸石	—	—	—	—	3.6	3.6	—	—	—
盐酸赖氨酸	—	—	0.04	—	0.02	0.08	0.09	0.03	0.15
食盐	0.3	0.3	0.3	0.3	0.3	0.3	0.3	0.3	0.3
添加剂	0.5	0.5	0.5	0.5	0.5	0.5	0.5	0.5	0.5
代谢能	12.05	12.05	12.05	12.09	12.09	12.09	12.09	12.09	12.09
粗蛋白质	16	16	16	14	14	14	13	13	13
钙	0.55	0.55	0.55	0.5	0.5	0.5	0.46	0.46	0.46
有效磷	0.27	0.27	0.27	0.25	0.23	0.23	0.26	0.44	0.26
赖氨酸	0.69	0.64	0.64	0.56	0.56	0.56	0.52	0.52	0.52
蛋氨酸＋胱氨酸	0.53	0.55	0.54	0.48	0.51	0.49	0.46	0.45	0.45

注：表中数据可随饲养标准的变化和各地实际情况进行调整。

(3)种猪料的配制　种公猪和繁殖母猪对饲料品质的要求较高，未脱毒的菜籽饼、棉仁饼等含有毒物质的饲料，要少用或不用。种公猪、妊娠后期的母猪、泌乳期的母猪，需要提供充足的蛋白质、矿物质、维生素和微量元素等营养物质；空怀母猪、妊娠前期的母猪需要的营养物质虽然较少，但饲料营养应全面而平衡。

现提供种公猪和繁殖母猪不同生产阶段的饲料配方（表 4-14），仅供参考。

表 4-14 种公猪和繁殖母猪的饲料配方 %，MJ/kg

原料	妊娠前期母猪		妊娠后期母猪		哺乳期母猪		种公猪	
	配方 1	配方 2	配方 1	配方 2	配方 1	配方 2	配方 1	配方 2
玉米	64.10	60.30	50.00	43.30	57.60	49.40	64.80	56.70
麸皮	32.30	27.30	47.00	43.50	30.50	30.10	21.30	20.90
豆粕	1.00	3.40	1.00	—	9.80	8.30	11.70	10.20
小麦	—	—	—	10.00	—	10.00	—	10.00
棉仁粕	—	—	—	—	—	—	—	—
磷酸氢钙	1.78	0.13	—	0.10	0.07	0.06	0.42	0.41
石粉	—	0.45	1.18	0.95	1.13	1.20	0.93	0.94
食盐	0.32	0.32	0.32	0.32	0.40	0.44	0.35	0.35
添加剂	0.50	0.50	0.50	0.50	0.50	0.50	0.50	0.50
沸石	—	7.60	—	1.23	—	—	—	—
代谢能	11.72	11.09	11.09	11.09	11.72	11.72	12.13	12.13
粗蛋白质	11.00	11.00	12.00	12.00	14.00	14.00	14.00	14.00
钙	0.61	0.61	0.61	0.61	0.64	0.64	0.66	0.66
有效磷	0.57	0.24	0.30	0.30	0.28	0.28	0.32	0.32
赖氨酸	0.36	0.39	0.41	0.39	0.55	0.53	0.57	0.54
蛋氨酸+胱氨酸	0.38	0.38	0.38	0.38	0.46	0.46	0.48	0.48

注：表中数据可随饲养标准的变化和各地实际情况进行调整。

四、基于猪的饲养规模编制饲料的供应计划

猪的饲养规模是制订猪场猪群周转计划和饲料供应计划的基础，它不但有利于猪的生产组织管理，而且关系到各类生产计划制订的正确与否。现代养猪饲料成本占总成本的 70%～80%，无论何种形式的猪场，都要依据各自的饲养规模，合理控制育成猪、后备猪、鉴定猪、基础母猪、核心母猪及种公猪的猪群结构和数量占比，并形成合理的周转计划，为科学制订猪的饲料供应计划提供良好的支撑依据。

（一）猪的饲养规模

一般情况下，猪的饲养规模是按照基础母猪的饲养头数或年出栏商品育肥猪数的多少计算。因此，一个养猪场为了保持良好的经济效益，应时刻掌握猪群的生产类别结构、繁殖年龄结构、生产周转结构、更新淘汰占比等方面的动态变化，并适时开展对各类猪群的选留、补充和淘汰，以保持正常的生产规模与结构，进而做到对猪场配种分娩计划、猪群周转计划和饲料供应计划等各类生产计划的科学制订和具体安排，为在计划指导下高质量、高效益养猪，提供有力支撑。

不同饲养规模的猪群生产结构控制见表 4-15。

表 4-15　不同饲养规模的猪群生产结构控制

猪群类别	年龄	占基础母猪比例/%	基础母猪/头					
			100	200	300	400	500	600
育成母猪	2～3 月龄	60	60	120	180	240	300	360
后备母猪	3～7 月龄	50	50	100	150	200	250	300
鉴定母猪	7 月龄至 1.5 岁	40	40	80	120	160	200	240
基础母猪	1.5～2 岁	35	35	70	105	140	175	210
	2～3 岁	30	30	60	90	120	150	180
	3～4 岁	20	20	40	60	80	100	120
	4～5 岁	10	10	20	30	40	50	60
	5 岁以上	5	5	10	15	20	25	30
核心母猪	基础群中挑选	25	25	50	75	100	125	150

注：种公猪群结构比例按照母猪群数量比例确定。一般情况下种公猪与基础母猪的比例为 1∶(20～30)；保育猪群与育成猪群的数量比为 3∶1 。

(二)猪的采食标准

猪的采食行为包括摄食和饮水。猪生来就具有拱土觅食的遗传特性，这是猪采食行为的一个突出特征。尽管猪在舍内可饲喂全价的配合日粮，但还会表现出拱地觅食的特征。例如，猪采食时都力图占据食槽有利的位置，有时将两前肢踏在食槽中采食，个别猪甚至钻进食槽，站在食槽的一角，就像野猪拱地觅食一样，以吻突沿着食槽拱动，并将食料搅弄出槽，浪费抛洒。另外，猪的采食具有选择性，特别喜爱吃甜食。以颗粒料和粉状料相比，猪比较爱吃颗粒料；以干粉料和湿拌料相比，猪爱吃湿拌料，且花费时间长；猪的采食具有竞争性，群饲的猪比单饲的猪吃得多，吃得快，因此增重也快。

猪的采食标准是指猪在一昼夜所采食的满足其维持和生产需要的配合饲料数量。制订猪的饲料供应计划时，常以日采食饲料的风干状态量(饲料干物质 88%为基础)来计算。猪只在不同生产状态下，满足其最低营养需要量时达到的生长性能和繁殖性能水平，所呈现出的采食标准各不相同，见表 4-16 至表 4-20。

表 4-16　瘦肉型仔猪和生长(或育成)育肥猪满足最低营养需要量时达到的生长性能

猪群类别	体重/kg	采食标准/(kg/d)	增重标准/(g/d)	料重比
哺乳仔猪	3～8	0.29	220	1.32
保育仔猪	8～25	0.84	500	1.67
生长猪	25～50	1.60	750	2.13
育肥猪	50～75	2.25	880	2.56
	75～100	2.71	900	3.01
	100～120	2.90	860	3.37
	50～120	2.62	877	2.99

注：①以不限饲和饲料干物质 88%为基础的每日平均采食量和平均日增重。②数据资料来源于 GB/T 39235—2020《猪营养需要量》。

表 4-17　瘦肉型后备种猪满足最低营养需要量时达到的生长性能

性能	体重 50～75 kg		体重 75～100 kg		体重 100～130 kg
	公	母	公	母	鉴定母猪标准
增重标准/(g/d)	850	695	920	725	700
采食标准/(kg/d)	2.10	1.95	2.37	2.18	2.35
饲料/增重	2.47	2.81	2.58	3.01	3.36

注:①以限饲和饲料干物质 88%为基础的后备种猪日均采食量和日均增重。②数据资料来源于 GB/T 39235—2020《猪营养需要量》。

表 4-18　瘦肉型成年种公猪满足最低营养需要量时达到的生长性能

性能	体重 100～130 kg	体重 130～170 kg	体重 170～300 kg
增重标准/(g/d)	900	400	200
采食标准/(kg/d)	2.56	2.35	2.65
饲料/增重	2.84	5.88	13.25

注:①以限饲和饲料干物质 88%为基础的每日平均采食量和平均日增重。②数据资料来源于 GB/T 39235—2020《猪营养需要量》。

表 4-19　瘦肉型妊娠母猪满足最低营养需要量时达到的繁殖性能

性能	胎次			
	1	2	3	4
配种体重/kg	135	160	180	200
孕期增重/kg	63	60	55	45
窝产仔数/头	11	12	13	13
采食标准/(kg/d)	2.36	2.46	2.48	2.46

注:①以限饲和饲料干物质 88%为基础的妊娠母猪每日平均采食量。②数据资料来源于 GB/T 39235—2020《猪营养需要量》。

表 4-20　瘦肉型泌乳母猪满足最低营养需要量时达到的繁殖性能

性能	胎次		
	1	2	3+
产后体重/kg	170	190	210
窝产仔数/头	10	11	12
泌乳天数/d	21	21	21
采食标准/(kg/d)	4.71	5.66	6.13

注:①以不限饲和饲料干物质 88%为基础的泌乳母猪每日平均采食量。②数据资料来源于 GB/T 39235—2020《猪营养需要量》。

(三)猪的饲料供应计划编制

猪的饲料供应计划编制,是保障养猪经营活动重要的内容之一。现代养猪企业的饲料管理，一般要求在本年度末分析饲料的投入和产出效率，以便为下一个年度的饲料生产管理，提供必要的决策依据。在实际生产中，猪的饲料供应计划主要是根据猪的饲养规模、生产周转、采食标准与资金状况等众多因素，以月、季或年为时限制订。

现以项目二任务二设计的某万头养猪场的猪群结构规模（详见表 2-1）为基础，编制该猪场的饲料供应计划。

第一步，整理各类猪群的采食标准（日采食量）。

根据 GB/T 39235—2020《猪营养需要量》及猪场各类猪群的饲养管理技术规范，统计整理即可。

各时段猪的采食标准见表 4-21。

表 4-21　某万头猪场各类猪群的日采食量标准

猪群类别	猪的饲养周数	猪的转群组数	每组转群猪数	每期周转猪数	日采食量/[kg/(日·头)]
种公猪群	常年均衡饲养			24(不周转)	2.52
配种母猪群	5	5	28	140	2.35
妊娠母猪群	13	13	25	325	2.44
泌乳母猪群	5	5	24	120	5.50
哺乳仔猪群	5	5	221	1 105	0.29
保育仔猪群	5	5	208	1 040	0.84
生长(或育成)猪群	6	6	200	1 200	1.60
后备群群	18	18	4	72	2.15
育肥猪群	9	9	193	1 737	2.62
猪场常年存栏猪数				5 763	20.31

第二步，计算各类猪群的年度配合饲料需要量。

猪群的年度饲料需要量＝每期周转猪数×全年生产期数×每期饲养日数×每日每头猪的采食量。计算结果见表 4-22。

表 4-22　某万头猪场年度配合饲料需要量

猪群类别	猪群饲养周数	猪群饲养组数	每组转群猪数	每期周转猪数	年度饲料需要量/kg
种公猪群	不转群	常年均衡饲养		24	22 075
配种母猪群	5	5	28	140	119 756
妊娠母猪群	13	13	25	325	288 652
泌乳母猪群	5	5	24	120	240 240
哺乳仔猪群	5	5	221	1 105	116 644
保育仔猪群	5	5	208	1 040	317 990
生长(或育成)猪群	6	6	200	1 200	698 880
后备猪群	18	18	4	72	56 347
育肥猪群	9	9	193	1 737	1 359 376
合计				5 763	3 219 960

第三步，计算各类猪群的年度配合饲料供应量。

猪的年度饲料供应量＝年度饲料需要量＋年度饲料需要量×饲料损耗率0.5%。计算结果，见表4-23。

表4-23 某万头猪场年度配合饲料供应量

猪群类别	猪群饲养周数	猪群饲养组数	每组转群猪数	每期周转猪数	年度饲料供应量/kg
种公猪群	不转群	常年均衡饲养		24	22 185
配种母猪群	5	5	28	140	120 355
妊娠母猪群	13	13	25	325	290 095
泌乳母猪群	5	5	24	120	241 441
哺乳仔猪群	5	5	221	1 105	117 227
保育仔猪群	5	5	208	1 040	319 580
生长(或育成)猪群	6	6	200	1 200	702 374
后备猪群	18	18	4	72	56 629
育肥猪群	9	9	193	1 737	1 366 173
合计				5 763	3 236 059

第四步，计算各类猪群的年度饲料原料供应量。

现以项目四任务二中试差法设计的生长(或育成)猪饲料配方(详见表4-8)为例，计算配方原料的年度供应量，见表4-24。

表4-24 某万头猪场饲料原料的年度供应量(生长猪群)

日粮组成	日粮配比/%	年度计划用量/kg	配合饲料供应总量/kg
玉米	68	477 614	702 374(表4-23)
麸皮	7.2	50 571	
豆粕	14	98 332	
棉籽粕	4	28 095	
菜籽粕	4	28 095	
石粉	1.1	7 726	
磷酸氢钙	0.5	3 512	
食盐	0.23	1 616	
预混料	1	7 024	
赖氨酸	0.084	590	
合计		703 175	

根据上述计算结果可知，年出栏万头商品育肥猪的规模化猪场，各类猪群年度配合饲料的供应总量为3 236 059 kg。以此为据，既可以计算每周饲料供应总量：3 236 059 kg÷52≈62 232 kg，每季饲料供应总量：3 236 059 kg÷4≈809 015 kg，又可以按照不同类群猪的饲料配方，计算各种饲料原料的供应总量。

一般情况下，猪场饲料供应计划的报表，可以参照表4-25格式和结构填写上报。

表 4-25　某猪场______年度饲料供应计划

序号	饲料名称	饲料单价/元	日供应量/kg	周供应量/kg	季供应量/kg	年供应量/kg	备注
1	乳猪料						
2	保育料						
3	⋮						
4	玉米						
5	⋮						
6							
⋮							
合　计							

思政关联

健康化养猪——保障食品安全

“民以食为天，食以安为先”。食品安全问题一直是全社会共同关注的问题，对于食品的安全问题，党和政府高度重视，广大民众密切关注。确保生产安全的食品，不仅仅是餐桌上的问题、舌尖上的问题，更是关系到人们的生命健康、社会稳定、文明与进步的问题，是关系到国计民生的大问题。《中华人民共和国食品安全法实施条例》第三条明确规定：食品生产经营者应当依照法律、法规和食品安全标准从事生产经营活动，建立健全食品安全管理制度，采取有效管理措施，保证食品安全。

现代养猪的主要产品——猪肉，不仅是我国人民餐桌上肉食品的主要来源，而且是关乎经济社会稳定和人民生活幸福的食品战略物资。健康化养猪就是在规模化、集约化和生态化养猪的基础上，将养猪生产中的绿色化饲料、过程性净化、安全性产品(无公害猪肉、绿色猪肉和有机猪肉)等充分体现出来，做到猪肉产品从源头到餐桌保持全过程净污达标的一种生产模式。随着我国人民生活水平的提高和餐桌上肉食品比例的增大，人们必然需求更多安全、优质、健康的“放心肉”。养猪生产者应严格按照国家相关法律及标准的规定，严格控制猪肉生产从饲料源头到终端餐桌的关键环节衔接：一是使用经认证合格且具有绿色产品标志的饲料原料和饲料添加剂，确保原料采购、加工配合、工艺过程、产品营养、卫生指标和运输保存等方面要高于普通饲料，为健康化养猪把好第一关；二是重视养猪生产的过程性净化，定期对水体、土壤、空气、猪群、饲料、兽药、疫苗、环境和物流等生产全过程实施动态监控，建立健全养猪生产过程的健康体系。

食品安全关系到每个人的身体健康和生命安全，吃得放心、吃得安心，是广大群众的心声，是全面建成小康社会的基本要求。近年来，畜产品食品安全事故时有发生，如“瘦肉精”“红心蛋”“三聚氰胺”等事件，极大地影响了人民群众的生活质量。养猪生产者要以严格贯彻落实食品安全法为契机，创新工作思路和机制，切实做好猪肉“从饲料源头到餐桌消费”的高质量管理。要以绿色养猪的新发展理念，保证工艺流程科学，生产技术规范，不断营造过程健康、产品优质的高效养猪环境，努力为消费者提供放心、安全和味美的猪肉食品，确保群众“舌尖上的安全”。

实践训练

猪的生产设备观测和饲料供应计划的制订

一、实习目的

通过猪的主要生产设备观测和饲料供应计划的制订，了解常用的养猪生产设备，掌握不同类别猪群的饲料供应计划制订，为更好地服务于生产打好必要的基础。

二、实习地点

校内外养猪场和畜禽生产实训室。

三、实习内容

1. 主要生产设备观测

主要观测猪的消毒卫生与防疫设备、饲料加工与配合设备、环境检测与控制设备、饲喂饮水与猪栏设备、配种妊娠与接产设备、兽医保健与治疗设备、粪污清理与处理设备、肉猪销售与称重设备等。

2. 饲料供应计划的制订

根据某猪场的养殖规模、饲养管理、猪群结构、周转管理等资料，制订其月、季、年度饲料供应计划。

四、实习组织

1. 主要生产设备的观测

教师带领学生观测某规模化猪场的主要生产设备，并邀请猪场设备技术员对其使用操作进行集中演示。条件许可时，应安排学生在设备技术员的指导下进行操作演练。

2. 饲料供应计划的制订

(1)资料准备　教师带领学生赴某猪场调研获取资料。主要有猪的生产类群和结构规模、猪的饲养标准和日采食量等。

(2)计算分析　教师指导学生结合课程项目三任务二的相关内容，制订该猪场猪群的月、季和年度饲料供应计划。①整理猪的采食标准(日采食量)；②计算猪的年度配合饲料需要量；③计算猪的年度配合饲料供应量；④计算猪的年度饲料原料供应量；⑤计算猪场月、季、年度饲料供应计划。

3. 师生互动讨论交流

教师结合学生的观测表现和计算分析，以提问部分学生和安排学生问询的方式，进行专项讨论和交流。

五、实习总结

(1)学生以照片和图片的形式,提交养猪设备观测报告。
(2)学生撰写并提交猪场的月、季、年度饲料供应计划。
(3)教师及时批阅修改,并反馈饲料供应计划评价意见。

线上学习

(1)课件学习　养猪的设备配置与饲料筹划。
(2)标准学习　《饲料加工成套设备技术规范》(GB/T 30472—2013)。
(3)相关链接　中国畜牧网、中国养猪网等官网。
(4)技术视频　养猪生产技术。

项目四养猪的设备配置和饲料筹划 PPT

《饲料加工成套设备技术规范》(GB/T 30472—2013)

猪场设备

考核评价

1. 理论测试

以养猪的设备配置和饲料筹划为主要内容,以校园网为共享平台,连接学生手机和智慧黑板,并要求在规定的时间(30 min)内完成填空答题内容,并适时提交。教师通过智慧黑板考核窗口,适时发布学生的答题结果,并进行适当的点评(15 min)。成绩评定按照每空格 2 分,共计 50×2=100 分,其中 90 分及以上为优秀,80 分及以上为良好,60 分及以上为合格,59 分及以下为不合格。

(1)作为养猪从业者应当严格遵守《中华人民共和国食品安全法》,切实控制猪肉从“(　　)→(　　)”的安全管理,并大力推广无公害猪肉、(　　)猪肉和(　　)猪肉的生产和供应,服务于人类的健康。

(2)猪舍内猪栏配置按照猪群结构可分为(　　)、(　　)、(　　)、(　　)、(　　)和(　　)等类别。

(3)猪的自动供料系统包括(　　)、(　　)、(　　)、(　　)、(　　)、(　　)、(　　)、(　　)、(　　)等设备。

(4)猪舍湿帘风机降温系统主要的部分由(　　)、(　　)、(　　)、(　　)等组成。

(5)猪粪加工有机肥一般要经过(　　　　)、(　　　　)、(　　　　)、(　　　　)、(　　　　)、(　　　　)、(　　　　)等工艺。

(6)猪人工采精设备包括(　　　　)、(　　　　)、(　　　　)、(　　　　)、(　　　　)、(　　　　)等设备及辅助用品。

(7)猪的输精与接产应配套发情测定仪、(　　　　)、(　　　　)、(　　　　)、(　　　　)、(　　　　)、接产器械和仔猪(　　　　)、(　　　　)、(　　　　)、(　　　　)等设备。

(8)猪的饲料供应要立足(　　　)设计、(　　　)采购、(　　　)配合、(　　　)制订和(　　　)控制等环节，认真做好筹划安排。

2. 实践观测

以学生平时的实践训练表现和总结报告为观测点，按照90分及以上为优秀，80分及以上为良好，60分及以上为合格，59分及以下为不合格，进行成绩评定。

3. 综合评价

通过“理论测试＋实践观测”的方式进行，考核成绩＝理论考核(50%)＋实践考核(50%)。

项目四考核评价参考答案

项目五

养猪的环境控制和育种繁殖

教学目标

知识目标 了解影响养猪生产的气候环境因子和外部环境条件，掌握猪对环境条件的适宜要求；了解猪的习性表现、品种特征、选种鉴定、选配计划、纯种选育、经济杂交、良种引入、繁育体系、发情配种和妊娠接产等方面的基本概念和技术规范、规程及标准。

技能目标 掌握猪舍内、外部环境的调研评价、监测调控和粪污资源化利用等方法；掌握猪的品种选用、育种杂交和繁殖新技术。

思政目标 围绕良种化养猪的关键要素，在高质量养猪实践中体验经济社会高质量发展的时代特征，增强为人民谋幸福，为国家谋发展的责任感和使命感。

学习任务

任务一 养猪的环境控制

养猪环境是指影响猪群配种、妊娠、产仔、生长、育肥等方面的生活和生产条件。养猪的环境控制就是以猪场大环境的绿色、生态、安全和猪舍内环境的干净、舒适、健康为要求，通过对舍外水体、土壤、空气、绿植、人员、设施、设备、饲料、饮水、猪群、粪污等物流因素的净化控制和舍内温度、湿度、光照、声音、空气质量、微生物、尘埃、饲养密度、猪体卫生、病猪隔离、粪污清理等环境因子的适宜调节，为猪群创造理想的生活和生产条件。在生产实践中，应按照不同猪群的生理特点和生产需求，利用先进而完善的设施设备，人为地对其所处的舍内外环境条件进行调节和控制，保证猪群在健康舒适的养殖环境中发挥高生产性能。

一、猪的适宜环境条件

（一）温度和湿度

猪是恒温动物，在正常情况下，体温为 38～39.5 ℃。由于猪的汗腺不发达，皮下脂肪厚，热量散发困难，故猪的耐热性很差。猪对环境的温度和湿度敏感，为保证其正常的生长发育和生产性能，需要给猪群提供适宜的温度和湿度条件。

猪舍适宜的空气温度和相对湿度，见表5-1。

表5-1　猪舍适宜的空气温度和相对湿度

猪舍类别	空气温度/℃			相对湿度/%		
	舒适范围	高临界	低临界	舒适范围	高临界	低临界
种公猪舍	15～20	25	13	60～70	85	50
空怀妊娠母猪舍	15～20	27	13	60～70	85	50
哺乳母猪舍	18～22	27	16	60～70	80	50
哺乳仔猪保温箱	28～32	35	27	60～70	80	50
保育猪舍	20～25	28	16	60～70	80	50
生长育肥猪舍	15～23	27	13	65～75	85	50

(二)空气卫生

猪舍空气污浊严重，往往会造成舍内含氧量不足，不但影响猪的身体健康，而且还会造成猪群的生产性能下降。

猪舍适宜的空气卫生指标见表5-2。

表5-2　猪舍适宜的空气卫生指标

猪舍类别	氨/(mg/m^3)	硫化氢/(mg/m^3)	二氧化碳/(mg/m^3)	细菌总数/(万个/m^3)	粉尘/(mg/m^3)
种公猪舍	25	10	1 500	6	1.5
空怀妊娠母猪舍	25	10	1 500	6	1.5
哺乳母猪舍	20	8	1 300	4	1.2
保育猪舍	20	8	1 300	4	1.2
生长育肥猪舍	25	10	1 500	6	1.5

造成猪舍空气污浊的主要原因有两个方面：一是猪呼出的二氧化碳、水蒸气，再加上粪尿分解产生的氨气、硫化氢等超标所致；二是猪群的日常饲养管理不当，如猪舍粪污不及时清理、通风换气没有做到位、采用干粉料喂猪、人员进出频繁、圈舍温湿度过高或设备利用不当等。因此，在密闭的猪舍内，一定要科学饲养管理，合理通风换气，及时清理粪尿，尽量降低有害气体、尘埃和微生物的浓度，提高舍内的空气卫生质量。

(三)通风换气

猪舍内空气的流动是由于不同部位的空气温度差异造成的，空气受热，比重轻而上升，留出的空间被周围冷空气填补而形成了气流。当气温低于猪的体温时，气流有利于猪体的散热，对其有益；当气温高于猪的体温时，气流不利于猪体的散热，对其无益。因此，猪舍内应保持适当的气流速度和换气量，这样不仅能使猪舍内的温度、湿度、空气质量均匀一致，而且利于舍内有害气体的排出和猪的健康。

猪舍适宜的通风量与气流速度见表5-3。

表 5-3 猪舍适宜的通风量与气流速度

猪舍类别	通风量/(m^3/h)			气流速度/(m/s)	
	冬季	春秋季	夏季	冬季	夏季
种公猪舍	0.35	0.55	0.70	0.30	1.00
空怀妊娠母猪舍	0.30	0.45	0.60	0.30	1.00
哺乳母猪猪舍	0.30	0.45	0.60	0.15	0.40
保育猪舍	0.30	0.45	0.60	0.20	0.60
生长育肥猪舍	0.35	0.50	0.65	0.30	1.00

(四)噪声和光照

猪舍噪声主要来源于三个方面:一是舍外四周传入;二是舍内生产运行所致;三是饲养人员和猪只本身活动产生。噪声对猪的影响主要表现为应激危害,会对猪各器官和系统的正常功能产生不良影响。一般情况下,各类猪舍的生产噪声和外界传入的噪声强度,不能超过80 dB;猪舍内适宜的光照强度和时间,对猪的生长育肥、繁殖性能、舍内消毒灭菌及提高猪抗病力和预防佝偻病等具有很好的作用;但过量的光照时间和光照强度,也会引发猪的体热调节发生一定程度的障碍,加剧猪的热应激反应,影响猪的健康。

各类猪舍适宜的采光要求见表 5-4。

表 5-4 猪舍适宜的采光要求

猪群类别	自然光照		人工照明	
	采光系数	辅助照明/lx	光照强度/lx	光照时间/h
种公猪	1:(10~12)	50~75	50~100	14~18
成年母猪	1:(12~15)	50~75	50~100	14~18
哺乳母猪	1:(10~12)	50~75	0~100	14~18
哺乳仔猪	1:(10~12)	50~75	50~100	14~18
保育仔猪	1:10	50~75	50~100	14~18
育肥猪	1:(12~15)	50~75	30~50	8~12

二、猪舍内部环境的控制

猪舍内部环境的控制是指通过对影响猪舍内部环境条件的直接或间接因子进行人为的调节和控制,促使猪群处在健康舒适的环境空间内,充分发挥其生产性能。在生产实践中,采取有效的环境调控措施,给猪只创造适宜的生活和生产环境条件,可显著提高其生产力。

(一)搞好圈舍的环境卫生

一般情况下,饲养人员在进入猪舍前要更换衣物,消毒鞋底,经过消毒通道后方可开始工作。猪舍应每天做好环境消毒,每周定期消毒 2~3 次,全进全出的空舍按生产节律彻底消毒,要求消毒液交替使用,防止细菌产生耐药性;猪舍卫生管理主要是粪便和污水的清除,若粪便和污水分别清理,可人工清除固形粪便,另设排污管道将含尿液的污水排至舍外收集处理;若粪便和污水同时清除,应在舍内建造粪尿沟并加盖漏粪地板,其中粪便被猪只践踏入沟,粪污混合后通过水冲粪、水泡粪等工艺，将其运送至舍外的粪污处理区资源化利用即可。

(二)提供理想的温度和湿度

理想的温度和湿度，对猪的生长发育非常重要，不同类别的猪舍需要提供不同的温度和湿度。高温低湿使猪舍空气干燥，猪皮肤和外露黏膜发绀，易患呼吸道病和疥癣病；高温高湿使猪体水分蒸发受阻，导致猪的食欲降低，生长减缓，甚至厌食，还可使饲料、垫草等霉变而滋生细菌和寄生虫，诱发猪群患病；低温高湿使猪体散发的热量增多，寒冷加剧，降低猪的增重和饲料利用率，使猪产生风湿、瘫痪、下痢和流感等疾病。因此，维持猪舍适宜的温度和湿度，是保证猪群健康生活和生产的首要条件。

1. 温度控制

温度是猪舍内起主导作用的关键因素。一般情况下，各类型猪舍的温度要求为：配种妊娠舍 15～20 ℃，分娩产仔舍 18～22 ℃(仔猪保温区 28～32 ℃)，保育仔猪舍 20～25 ℃，生长育肥舍 15～23 ℃。夏季气温过高，不仅影响猪的采食和增重，而且还会导致中暑甚至死亡等现象的发生，因此，炎热季节必须采取降温措施。主要方法有湿帘、喷雾、喷洒、通风或运动场设置浴池、加强饮水、减少饲养密度等。另外，搞好绿化也有助于改善猪舍环境温度；冬季气温过低，猪只用于维持体温的能量增加，饲料消耗增大，生产效率会下降，特别是生长育肥猪增重速度明显减慢，仔猪受冷引发拉稀、拉痢等。因此，在寒冷季节应高度重视猪的保温防冻，主要方法有舍内安装暖气供热装置、添加暖风炉、暖风机等；仔猪保温箱内加装保温灯、电热板等局部保暖设备；适当增大饲养密度，防止形成贼风侵袭，提倡温水温食喂猪等。尤其是猪舍修建时，应认真做好猪舍地面、墙壁、顶棚等外围护结构的保暖设计。在猪舍的外围护结构中，失热最多的是屋顶，要求保温、不透气、不透水、坚固耐久、结构轻便简单，铺在顶部的保温材料热阻值要高，而且要达到足够的厚度，并压紧压实。墙壁的失热仅次于屋顶，一般砖墙兼有保温性能好与防潮、坚固性好的优点，故应尽量选择空心砖砌成的砖墙，或用空心墙体并填充隔热材料，这样可有效提高猪舍的防寒保温能力。同时，为利于猪舍地面的保温和清洗消毒，猪舍地基应加设防潮层，地面设为水泥粗面，因水泥地面冷而硬，有条件时，可在卧息区用空心砖建造保温床面，提高保温效果。

2. 湿度控制

湿度是指猪舍空气中水汽含量的多少。一般情况下，各类猪舍的湿度要求差别不大，大多维持在 60%～75%较为适宜。舍内湿度过大，会使水分在蒸发的同时，吸收周围环境中的热量，使温度降低，影响猪只的生长发育和饲料报酬率，尤其是对仔猪影响较大。同时，湿度过大也给蚊虫和微生物滋生创造有利条件，给猪的疫病防控带来困难。在生产中为了防止猪舍内湿度过高，应尽量减少用水冲洗的次数，及时清理积水，并加强通风换气，保证空气流通；如果猪舍内湿度过低，往往会使空气变得干燥，粉尘漂浮增加，容易出现猪的黏膜干裂、皮肤干燥等现象，并引发呼吸道疾病和皮肤病等，生产中若出现这种现象，可利用湿帘、喷雾、洒水等方法解决。

(三)加强猪舍的通风换气

猪舍内的空气质量与温度、湿度、饲养密度和保温措施等密切相关。如猪舍内的保温防寒，自然会影响空气流通，使有害气体不能及时排出猪舍外，影响空气质量；再如猪舍内饲养密度过大，往往使得舍内空气污染严重，有害气体超标，猪易感染或激发呼吸道疾病，如气喘病、传染性胸膜肺炎等，还可引起猪的应激综合征，表现为食欲下降、泌乳量减少、狂躁不安或昏昏欲睡、咬尾咬耳等现象。因此，结合猪舍内的温湿度控制、卫生清扫和粪污清理等因素，及时加强通风换气，是保证猪舍形成良好空气质量和猪只免受有害气体伤害的重要环控措施。

1. 自然通风

自然通风是借自然界的风压或热压，通过门、窗或专门的进、排风管道，促使猪舍内的空气流动。主要针对开放式或半开放式猪舍，适用于炎热地区和寒冷地区的温暖季节。

2. 机械通风

机械通风是指利用风机强制进行猪舍内外的空气交换，主要针对封闭式猪舍而言，是各地规模化、集约化养猪的必然要求，常用的方法有正压通风、负压通风和联合通风等。其中正压通风是利用风机将舍外新鲜空气强制入舍，使舍内气压增高，舍内污浊空气经排气口(管)自然排走的换气方式；负压通风是利用风机抽出舍内的污浊空气、使舍内气压相对小于舍外，新鲜空气通过进气口(管)流入舍内而形成舍内外的空气交换；联合通风是指同时进行机械送风和机械排风的换气方式，这是清除猪舍内有害气体最有效的方法。

实践中应结合各地气候条件、猪舍类型和生产具体要求，科学设计猪舍的通风换气模式。规模化猪场的猪舍在任何季节都需通风换气，尽可能减少猪舍内有害气体，这是提高猪只生产性能的一项重要措施。当严寒季节保温与通风发生矛盾时，可向猪舍内定时喷雾过氧化类消毒剂，其释放出的氧能氧化空气中的硫化氢和氨，起到杀菌、降臭、降尘、净化空气的作用。

(四)确定适宜的饲养密度

猪舍圈栏内的饲养密度，应依据猪的品种类型、年龄体重、生产特点、饲养方式及四季气候变化等因素而确定。若饲养密度过大，虽然提高了猪舍的利用效率，但容易造成环境卫生不良，猪群争斗频繁、饲料浪费加重等现象，并弱化猪的采食量和卧息质量。同时，还会引发舍内水汽、灰尘、微生物和有害气体的增加。另外，不合理的饲养密度还可能导致猪只拥挤、踩踏、追咬等应激情况的发生。因此，合理确定猪舍内各类猪群的饲养密度(详见表 3-4)，是维持猪舍良好环境的基本要求。在夏季，为了防止高温带来的影响，可以适当减小饲养密度；在冬季，为了保证舍内温度，则可以适当增加饲养密度。

(五)采用合理的光照制度

光照时间和光照强度在一定条件下，不仅影响猪的健康和生产力，而且影响管理人员的工作环境。适当的光照可促进猪的新陈代谢，加速其骨骼生长并消毒杀菌，但夏季应尽量避免阳光直射到猪舍内。种公猪和繁殖母猪接受适宜的光照，可增强公猪的性欲，促进母猪的发情排卵；育成猪、后备猪接受适宜的光照，有利于骨骼的生长发育和维持良好的种用体况；育肥猪对光照的敏感度不强，适当缩短光照时间，可使生长育肥猪安静多睡，多吃少动，从而提高其平均日增重。

一般情况下，开放式、半开放式猪舍以自然光照为主，辅以人工光照；密闭式猪舍宜执行人工光照制度。仔猪光照较长，成年种猪光照适中，育肥猪光照较短。生产中，可通过合理设计窗户的位置、形状、数量和面积，以保证猪舍的光照标准(详见表 5-4)，并尽量使舍内光照均匀。自然光照不足时，应考虑补充人工光照，人工光照一般选用 40～50 W 白炽灯、荧光灯等，灯距离地面 2 m,灯距按 3 m 左右均匀布置。

(六)避免不良的噪声刺激

猪舍内重复的低分贝噪声,不会对猪的食欲、采食量、生长、增重等产生明显影响,但突然发出的噪声会使猪受到惊吓而猛然起立、狂奔,发生撞伤、跌伤或损坏设备。舍内噪声在 80 dB 以上,会引起种公猪配种机能衰弱,肉猪生长发育减缓,母猪受胎率下降,甚至流产和早产等现象。此外,强烈的噪声还会影响工作人员的健康,使其工作效率下降。降低猪舍噪声可采取以下措施:一是猪场应远离工矿企业、避免交通干线的干扰;二是猪舍内机械化作业安装的设备,操作时应尽量降低噪声,舍内人员避免大声喧哗;三是猪舍周围大量植树。良好的绿化条件,可使外界噪声降低 10 dB 以上。

三、猪舍外部环境的控制

猪舍外部环境的控制是指通过对影响猪舍外部环境条件的直接或间接因子(如空气、水体、土壤、绿植、饲料、人员、车辆、猪体、粪污等)进行合理的管控和调节,为实现高质量、高效益养猪创造良好的外部条件。在生产实践中,应主要通过规范场区内外的卫生管理、降低饲料营养的代谢排污、做好粪污资源的生态利用等措施,为养猪生产提供安全、健康、生态和协调的良好环境条件。

(一)规范场区内外的卫生管理

以猪场立体化卫生管理为目标,做好日常卫生清洁、消毒隔离、生产规划以及空气、水体、土壤的安全监测等工作,并辅以区域绿化和严格的制度管理措施,保障养猪生产大环境的卫生安全。

(1)猪场四周应建围墙或防疫沟,门口设车辆消毒池、行人消毒道和值班室等,消毒池与门口等宽,长度不小于出入车轮周长的 1.5 倍,深度 15～20 cm;办公区、生活区与场外联系密切,布局在生产区的上风向,或与风向平行的一侧。

(2)生产区布局在生活区与管理区的下风向,四周通过隔离围墙与生活区、管理区和隔离区相互分开,门口建专用的更衣室、消毒间及消毒池等。区内各猪舍的位置按照配种舍、妊娠舍、分娩舍、保育舍、生长舍(或育成舍)、育肥舍(或后备舍)等依次排列。靠近育肥舍的围墙外适当距离设装猪台,运输车辆停在墙外装猪。猪舍与猪舍之间的间距保持在 15～20 m,净道与污道相互分开。

(3)隔离区附属设施如饲料加工车间、饲料仓库、修理车间、配电室、锅炉房、水泵房等与其毗邻而建,病猪隔离舍、兽医室和粪污处理区等,设在生产区的下风向,与生产区保持 50 m 以上的距离。

(4)各功能区的环境卫生,要做到每周、每月、每季的定期清扫和消毒,严格落实包括人员、车辆、饲料、猪体、粪污等物流的相对隔离和专道进出制度,特别是饲养小区、饲料小区、粪污小区、兽医小区的卫生、消毒和隔离,应严密控制,保持卫生制度落实到位。

(5)认真做好厂区内外水体、土壤、空气的安全监测和净化,及时消除周边潜在的工农业生产和居民生活污染源,积极开展道路、空闲地的林带绿化,减少尘埃和病原微生物,提高环境卫生质量。

(二)做好粪污资源的生态利用

猪的粪污不但含有大量的氨气、硫化氢、甲烷、二氧化碳、粪臭素和硫醇类等,而且还有随粪污产生或吸附的细菌、病毒、寄生虫卵和幼虫等病原体,以及来自猪饲料进入体内未经代谢吸收而排出的大量氮、磷有机物及硒、铜、砷等重金属元素,这些污染物若不及时处理,必然对空气、水体、土壤造成污染,生产中应予以高度重视。

1. 粪污资源的前端处理

猪粪污的前端处理主要是采用干清粪、水冲粪、水泡粪等工艺,将其运至集中处理区,促使其固液分离,并做好粪便和污水的资源化利用。

猪粪污资源常用的前端处理工艺见图 5-1。

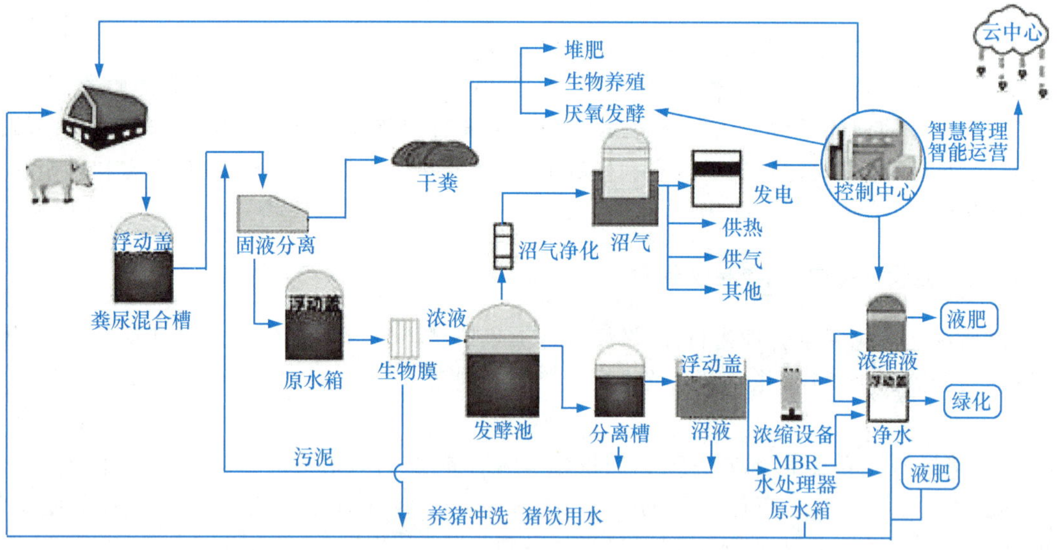

图 5-1 猪粪污资源的前端处理工艺

一般情况下,规模化猪场采用“格栅+固液分离”的方法,将粪污中的漂浮物、悬浮物、粪便与污水分离开来。其中粪污固形物经干燥、除菌、除臭、除污、堆肥和发酵等工艺,加工成有机肥或鱼、虾、菌的饲料;液态粪污水经生物膜处理,分解其中的有机物,降低氨氮浓度,并经厌氧发酵工艺(UASB),生产沼气能源。由于沼液仍有较高的氨氮含量,为了降低氨氮浓度,通常采用两级 A/O(活性污泥池)工艺进行处理,即在 A/O 反应池中污水发生氨化、硝化以及反硝化反应,促使其污水中的大部分有机污染物、氨氮、硝态氮被去除;初步净化的污水再通过膜生物反应器(membrane bioreactor,简称 MBR)水处理技术,实行粮草种植和畜禽使用的达标式排放,并用来灌溉农田树木、瓜果蔬菜和湿地系统,或者用于冲洗圈舍或猪只饮用即可。

2. 粪污资源的终端利用

猪粪污的终端利用是将前端处理形成的有机肥、净化水、饲料和沼气等资源,与农、林、牧、渔、果、蔬、花、电等有机融合,构建凸显生态化特色的养猪经济循环产业。主要目的是保护养猪自身环境和避免对周围环境的污染,并大力提高养猪产业的生态效益和经济效益。

猪粪污资源的终端利用模式见图 5-2。

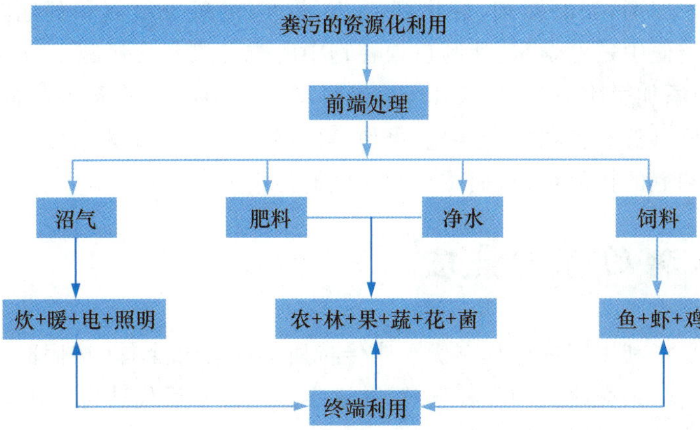

图 5-2　猪粪污资源的终端利用模式

一般情况下，规模化猪场执行干清粪工艺，可将固形粪便加工成有机粉状肥或颗粒肥，用于种植业、林果业、蔬菜和花卉产业等。如果执行水泡粪、水冲粪工艺，可将粪污水经固液分离和除臭、除菌、除污等工艺，将固形粪便加工为有机肥，剩余污液进入厌氧发酵池产生沼气，供民用炊事、照明、采暖、发电；沼液可以用来浸种、浸根、浇花，并对作物、果蔬叶面、根部施肥；沼渣可用作饲养鱼、虾的优质饵料、蚯蚓、鸡苗的饲料资源，剩余的废渣还可返田增加肥力，改良土壤，防止土地板结。

(三)降低饲料营养的代谢排污

现代养猪集约化程度高，饲养规模大，粪污中的氮排出量多。研究表明，猪只能利用日粮中 30%～55%的氮，其余大部分以粪尿形式排出体外。其中很大一部分以氨气形式释放到大气中，危害环境和农作物生长；另外还有一部分氮则被氧化成硝酸盐，渗入地下或地表的江河水流，污染土壤和水体。所以，降低饲料营养的代谢排污，减少粪尿中氨氮的含量，是从源头上控制环境免受污染的有效措施。

1. 基于蛋白水平控制减少粪尿氮的排泄

猪的配合饲料中常常对氮的排出量控制不严，致使过量的氨氮随粪尿大量排出，造成对环境的较大污染。据资料，将猪日粮中的蛋白质含量每降低 1%，氮的排出量则减少 8.4%，如将粗蛋白含量从 18%降到 15%，即可将氮的排出量降低 25%。因此，按照不同品种猪的生长和生产阶段，通过营养调控措施，配制低蛋白日粮，可有效减少粪尿氮的排出而降低污染。

2. 基于理想蛋白技术减少粪尿氮的排泄

NRC(1981)首先提出的理想蛋白(IP)概念，以维持日粮中氨基酸的平衡性为核心，已在全世界范围内广泛应用。日粮中氨基酸的平衡性是以赖氨酸为基础，要求所有必需氨基酸的需要量占赖氨酸需要量的百分比，达到最佳占比模式。在生产实践中，应准确把握饲料原料的营养成分和氨基酸的消化率，特别是按照各种氨基酸的猪回肠消化率做配方，在满足猪营养需要的基础上，保证氮的最少摄入量和最小排出量。必要时，也可通过补充人工合成的氨基酸，用来降低日粮蛋白质的含量，减少氮的排出。

3. 基于无害添加剂饲料降低粪尿的污染

合理利用饲料添加剂，如酶制剂、酸化剂、益生素等，可减少氨氮和其他腐败物的过多生成，降低肠内容物、粪便中氮的含量，使肠道内容物中的粪臭素等含量减少，从而减少粪尿的危害。例如，猪日粮中添加微生态制剂（EM），不仅可增加日粮的营养和提高饲料利用率，而且还可以有效降低环境有毒有害物质的含量；再如，猪日粮中添加双歧杆菌、柠檬酸制剂等，均可减少粪尿中的氨气和氮的排放量，从而减少对环境的污染危害。

任务二　养猪的育种繁殖

猪的育种繁殖是指利用国内外具有优秀遗传特质的品种和个体，按照既定的繁育目标进行良种引入、纯种选育、杂交改良和配种繁殖，并逐年逐代做好后代选育工作的一项系统工程，目的是改进猪的遗传品质，扩繁猪的群体规模，提高猪的生产性能。

一、猪的习性表现及品种特征

猪在进化过程中形成了多种生物学特性，并表现出良好的习性特征，不同的猪种，既有其种属的共性，又有它们各自的特征。在生产实践中，应根据适当的条件加以利用，实行科学养猪。

（一）猪的习性表现

1. 多胎高产，周转期短

猪是多胎动物，常年发情，繁殖力强。我国猪种一般 3～4 月龄达到性成熟，6～8 月龄即可配种，国外引入猪种与其相比较要晚 1～2 月龄；猪的发情周期平均为 21 d，发情持续期 2～5 d，每个发情期一般排卵 12～25 枚，多在发情开始 24 h 之后排卵，每胎平均产仔数 10～12 头，年产胎次可达 2.0～2.4 胎；猪妊娠期平均 114 d，一般断奶后 3～10 d 可再发情配种。

2. 生长较快，产肉良好

猪出生后生长发育迅速，28～35 日龄时体重可达 8～10 kg，为初生时的 8～10 倍，70 日龄体重可达 20～25 kg 及以上，5～6 月龄体重增至 100～120 kg 及以上；生长期饲料转化率高，料肉比一般在(2.8～3.0)∶1。因此，要供给充足的营养，促进其生长发育，特别是抓住前期生长快的特点，使其充分增重。

3. 杂食特性，采食广泛

猪是杂食动物，门齿、犬齿和臼齿都较发达，胃是肉食动物的简单胃和反刍动物的复杂胃之间的中间类型，因而猪能广泛利用各种动植物和矿物质饲料，尤其对精饲料的利用能力很强，其产肉效率高于牛羊，但比肉鸡低；猪对粗纤维的消化力较差，仅靠大肠微生物的分解作用，这远比不上反刍动物的瘤胃。猪日粮中粗纤维含量越高，消化率也就越低，一般要求仔猪料粗纤维低于 4%，育肥料低于 7%，种猪料为 8%～10%。

4. 小猪怕冷，大猪怕热

仔猪体小、皮薄、毛稀，体温调节能力差，因而怕冷；成年猪的汗腺退化，皮下脂肪厚，阻止体内热量散发，因而怕热。当环境温度达 30～35 ℃时，猪食欲下降，不利于其生长和繁殖，高温季节运输也很危险，易造成中暑死亡。与大猪相反，仔猪因低温可使其体温快速下降，甚至冻僵冻死。猪的适宜温度为：仔猪 1～3 日龄 34～30 ℃，4～7 日龄 28～32 ℃，以后每周下降 2～3 ℃；种猪和生长育肥猪多为 15～22 ℃。

5. 神经敏感，反应较快

猪的视觉很弱，对光线强弱和物体形象的分辨能力不强，近乎色盲；猪的听觉很灵敏，能鉴别出声音的强度、音调和节律，容易对呼名、口令和声音刺激物的调教养成习惯；猪的嗅觉也特别发达，仔猪在生后几小时便能鉴别气味而固定乳头（哺乳母猪靠信号声音呼唤仔猪吃奶，放奶时间约 45 s，放奶时发出哼哼声），猪能依靠嗅觉有效地寻找地下埋藏的食物，并能识别同群内的个体（如合群时的咬斗），在性机能中也起很大作用。

6. 爱好清洁，群居性强

猪有爱好清洁的习性，不在吃睡的地方排泄粪尿，喜欢在墙角、潮湿和阴暗处排泄粪便。若猪群过大、过挤或圈栏过小，它就无法表现出好洁性。仔猪同窝出生，喜好群居生活，合群性较好。猪的群居生活还能加强它们相互之间的模仿学习，如不会吃料的仔猪会跟着会吃料的仔猪学着吃料。

（二）猪的品种特征

猪的品种资源丰富，据不完全统计，全世界猪品种约 300 多个，其中我国猪品种 153 个，约占世界猪品种的 50%。我国猪的品种资源较多，一般按照分布地区和育种来源分为地方品种、培育品种和引入品种三个类型；按照产肉特征和体躯结构又分为脂肪型、瘦肉型和兼用型三个类型，这是生产中常用的分类方法。目前，我国的规模化养猪场主要是利用引入国外的瘦肉型猪和配套系猪进行生产，千家万户的农民养猪主要是利用本地的脂肪型猪和兼用型猪进行生产。

1. 脂肪型猪

以国内地方品种如东北民猪、两广小花猪、华中两头乌猪、内江猪、荣昌猪、八眉猪等为主要代表。体质粗糙疏松，体形呈方砖形，毛色较杂，体格较小；头颈粗重，体躯短宽，腿臀狭窄，腹部下垂，四肢较矮，体长多小于胸围或基本相等。胴体瘦肉率 38%～45%，肥肉率 35%～43%，背膘厚 5～6 cm 及以上，育肥期平均日增重 500～600 g 及以下，饲料利用率 4～5 及以上；产仔多，耐粗饲、抗逆性强，肌纤维细，肉味香，但生长慢、瘦肉率低、育肥时间长。在生产实践中，可利用国内外瘦肉型猪作为父本，通过杂交改良，提高地方品种猪的瘦肉率和生产性能。

2. 瘦肉型猪

以国外引入的杜洛克猪、长白猪、大约克夏猪、汉普夏猪、皮特兰猪、专门化配套系猪等和我国培育成功的三江白猪、苏太猪、湖北白猪等为主要代表。体质细致结实，体形呈流线形（长条形），结构紧凑，毛色整齐，体格较大；头颈小，前躯轻，后躯重，体躯长，背腰平直或略弓起，腿臀丰满，腹部紧凑，四肢较高，体长多大于胸围；胴体瘦肉率 55%～60%及以上，背膘厚 2～3 cm 及以下，育肥期平均日增重 700～850 g 及以上，饲料利用率 2.8～3.0 及以下；生长快，瘦肉率高，但肉质较地方品种差（肌纤维粗、肌间脂肪少、PSE 肉多），产仔少，应激强，饲养管理要求高。

3. 兼用型猪

以国内培育品种如哈尔滨白猪、北京黑猪、上海白猪等为主要代表。体质结实，体形较长而清秀，毛色整齐，体格中等大小，后躯略发达于前躯，背腰较长，腿臀较丰满，四肢较高，体长略大于胸围或基本相等。主要生产性能指标大多介于脂肪型猪和瘦肉型猪之间，胴体瘦肉率45%～55%，背膘厚3～5 cm，育肥期平均日增重600～700 g，饲料利用率3.0～4.0。产仔多、肉质较好，抗逆性强，但瘦肉率偏低，生长速度偏慢。在生产实践中，可利用国外的瘦肉型猪作为父本，通过杂交改良进一步提高兼用型猪的瘦肉率和生产性能。

猪的常用品种及特征见表5-5。

表5-5　猪的常用品种及特征

名称	产地	体形外貌	生产性能	生产利用
地方品种				
民猪	产于东北和华北部分地区。	全身被毛黑色，鬃长毛密，冬季密生绒毛。头中等大小，面直长、耳大下垂、体躯扁平、背腰狭窄、臀部倾斜、四肢粗壮、体质强健，乳头7～8对。	成年公猪体重195 kg，成年母猪体重151 kg。经产母猪平均产仔数13.5头，仔猪初生重0.98 kg。18～92 kg育肥期平均日增重458 g，90 kg屠宰时，屠宰率72.5%，胴体瘦肉率46.1%。优点是抗寒性强、耐粗饲、产仔数多、肉脂品质好，但后腿肌肉欠丰满，饲料利用率较低。	以民猪为母本与大约克夏猪、长白猪和杜洛克猪等进行经济杂交，效果良好。
太湖猪	分布于长江下游，江苏省、浙江省和上海市交界的太湖流域。	全身被毛稀疏，毛黑色或青灰色。头大额宽，额部多深皱褶，耳特大下垂。卧系、凹背斜尻，腹大下垂，腹部皮肤多呈紫红色，梅山猪、枫泾猪和嘉兴黑猪的四肢末端为白色。乳房发育良好，乳头8～9对。	成年梅山公猪体重193 kg，成年梅山母猪体重173 kg。经产母猪平均产仔数15.83头，是我国乃至全世界猪种中产仔数最多的品种。梅山猪在体重25～90 kg阶段，平均日增重439 g。90 kg体重屠宰率65%～70%，胴体瘦肉率40%～45%。具有产仔多，泌乳力强，母性好等优点，但大腿欠丰满，增重较慢。	太湖猪宜作杂交母本，以太湖猪为母本与杜洛克、长白猪和大约克夏猪杂交，效果良好。
两广小花猪	分布于广东和广西相邻的浔江、西江流域南部。	体形较小，具有头短、颈短、身短、耳短、脚短和尾短等特点。额较宽，有“O”形或菱形波纹，中间有白斑。耳小向外平伸，背腰宽而凹下，腹大触地。被毛稀疏，黑白花，乳头6～7对。	成年公猪体重130.96 kg，母猪体重112.12 kg。经产母猪平均产仔数10.36头。陆川猪在体重15～90 kg阶段，平均日增重307 g。体重75 kg屠宰，屠宰率68%，胴体瘦肉率37.2%。具有早熟易肥、产仔较多、母性强、肉脂好等优点。但存在凹背、腹大拖地、生长发育慢等缺点。	以两广小花猪为母本同长白猪、大约克夏猪杂交，效果较好。
华中两头乌猪	产于湖北、湖南、江西、广东等省的平原及丘陵地区。	头和臀部为黑色，四肢、躯干为白色。头短宽，额部皱纹呈菱形，耳中等大下垂，背腰微凹，腹大下垂，后躯欠丰满，乳头多为6～7对。	成年公猪体重100 kg，成年母猪体重90 kg。经产母猪平均产仔数11头。中等营养水平下，育肥猪在15～80 kg阶段，平均日增重400 g。体重75 kg屠宰，屠宰率71%，胴体瘦肉率41%～43%。华中两头乌猪具有早熟易肥，生长较快、肉脂细嫩、肉味鲜美等优点。	以华中两头乌猪作为母本，与长白猪、大约克夏猪、杜洛克等猪种杂交，优势明显。

续表 5-5

名称	产地	体形外貌	生产性能	生产利用
地方品种				
荣昌猪	原产于四川省荣昌和隆昌两地，现分布10多个县市。	体形较大，全身被毛除两眼周围或头部有黑斑外，其余均为白色。头大小适中，面部微凹，耳中等大小而下垂，额部皱纹横行，有旋毛。背腰微凹，腹大而深，臀部稍倾斜，四肢细致、结实，乳头6～7对。	成年公猪体重158 kg，母猪体重144.2 kg。经产母猪平均产仔数12头。育肥猪平均日增重488 g。育肥猪体重87 kg屠宰，屠宰率69%，胴体瘦肉率42%～46%。荣昌猪具有早熟易肥、耐粗饲、肉脂优良、鬃毛洁白刚韧等优点，但抗寒力稍差，后腿欠丰满。	与大约克夏猪、长白猪、杜洛克猪、汉普夏猪等杂交，均有一定杂种优势。
香猪	是我国超小型地方猪种，主要分布在贵州、广西等地。	体躯短小、头较直、耳较小而薄、略向两侧平伸或稍下垂。背腰宽而微凹，腹大丰圆触地，后躯较丰满。四肢细短，后肢多卧系。毛色多全黑，但也有“六白”或不完全“六白”特征。乳头5～6对。	成年公猪体重37.4 kg，成年母猪体重40 kg，经产母猪平均产仔数5～8头。在较好的饲养条件下，从90日龄体重3.72 kg育肥至180日龄体重22.61 kg，平均日增重210 g。体重38.8 kg屠宰，屠宰率65.7%，胴体瘦肉率46.7%。香猪具有早熟易肥，皮薄骨细，肉嫩味美，乳猪和断奶仔猪无奶腥味等优点。	
培育品种				
三江白猪	原产于黑龙江佳木斯地区，现主要分布在黑龙江东部三江平原地区。	被毛白色，具有瘦肉型猪的体躯结构。头轻嘴直，耳大下垂，背腰宽平，腿臀丰满，四肢粗壮，蹄质结实，乳头7对，排列整齐。	成年公猪体重250～300 kg，成年母猪体重200～250 kg。经产母猪平均产仔数12.4头。6月龄育肥猪体重达90 kg以上，平均日增重666 g，饲料利用率3.5以下。育肥猪90 kg屠宰，胴体瘦肉率58.6%。三江白猪具有生长较快、耗料少、瘦肉多，肉质好，抗寒力强等优点。	三江白猪与杜洛克猪、汉普夏猪等品种具有较好的配合力和良好的杂交效果。
湖北白猪	原产于湖北省武汉市，在湖北省大部分市县均有分布。	全身被毛白色，体形中等，头颈小，面部平直或微凹，耳中等大前倾或稍下垂，背腰较长，腹线较平直，前躯较宽，中躯较长，腿臀肌肉丰满，四肢粗壮，体质结实，乳头6对。	成年公猪体重250～300 kg，成年母猪体重200～250 kg。经产母猪平均产仔数12头以上。6月龄育肥猪体重达90 kg以上，20～90 kg阶段平均日增重600～650 g，饲料利用率3.5以下。育肥猪90 kg屠宰，胴体瘦肉率59%以上。湖北白猪具有瘦肉多、肉质好、生长发育快、繁殖性能优良、适应性强、耐高温能力强等优点。	以湖北白猪为母本，与杜洛克猪、汉普夏猪杂交均具有较好的配合力，特别是与杜洛克猪杂交效果明显。
苏太猪	原产于江苏省苏州市，现已向全国十余个省、市、自治区推广。	被毛黑色，耳中等大前倾，头部有皱纹，嘴中等长而直，四肢结实，背腰平直，腹部紧凑，后躯丰满，乳头7对。	6月龄后备公猪体重70～85 kg，后备母猪体重72～88 kg。经产母猪平均产仔数14.45头。6月龄体重达90 kg以上，育肥猪体重25～90 kg阶段，平均日增重623 g，屠宰率72.88%，胴体瘦肉率56%。	苏太猪是理想的杂交母本，与长白猪、约克猪杂交，效果良好。

续表 5-5

名称	产地	体形外貌	生产性能	生产利用
培育品种				
哈尔滨白猪	产于黑龙江省南部和中部地区，并广泛分布于滨洲、滨绥和牡佳等铁路沿线。	体形较大，全身被毛白色，头中等大，耳直立，颜面微凹，背腰平直，腹稍大但不下垂，腿臀丰满，四肢强健，体质结实，乳头 7 对以上。	成年公猪体重 200～250 kg，成年母猪体重 180～200 kg。经产母猪平均产仔数 11.3 头。育肥猪体重 15～120 kg 阶段，平均日增重 587 g。体重 115 kg 屠宰，屠宰率 74.75%，平均日增重达 650 g，胴体瘦肉率 56%以上。具有抗寒、耐粗饲、生长较快、耗料较少等优点，是产区优良的杂交母本。	用哈白猪做母本，与杜洛克猪、长白猪猪、大约克夏猪进行杂交，具有较好的杂交效果。
上海白猪	产于上海近郊的上海和宝山两县，分布于上海市郊各县。	全身被毛白色，面部平直或略凹，耳中等大，略向前倾，体躯较长，背宽平直，腹较大，腿臀丰满，四肢强健，体质结实，乳头 7 对。	成年公猪体重 158 kg，成年母猪体重 177.6 kg。经产母猪平均产仔数 12.93 头。育肥猪体重 22～89.7 kg 阶段平均日增重 615 g，饲料利用率 3.5 左右。体重 90 kg 屠宰时，屠宰率 73%，胴体瘦肉率 52.49%。上海白猪具有生长较快、胴体瘦肉率较高、产仔较多等优点，但青年母猪发情不明显。	用上海白猪作母本，与杜洛克猪、大约克夏猪进行杂交，具有较好的杂交效果。
北京黑猪	产于北京市各区县。	全身被毛黑色，体形中等，结构匀称。头大小适中，两耳向前上方直立或平伸，面部微凹，额较宽，颈肩结合良好，背腰宽平，四肢健壮，腿臀丰满，体质结实，乳头 7 对以上。	成年公猪体重 262 kg，成年母猪体重 220 kg。经产母猪平均产仔数 11.52 头。生长育肥猪在体重 20～90 kg 阶段，平均日增重 650 g，饲料利用率 3.36。体重 90 kg 屠宰时，屠宰率 73%，胴体瘦肉率 56%。北京黑猪具有体形较大、生长较快、肉质好等特点。	用长白公猪与北京黑猪杂交，杂种母猪作为母本，再用杜洛克猪或大约克夏猪作为父本进行经济杂交，效果明显。
引入品种或配套系				
大约克夏猪	原产于英国北部的约克郡及附近地区，于 18 世纪末育成，现分布于世界各地，是世界上分布最广的品种之一。	体形较大，被毛白色，眼角、额部有黑斑，头大小适中，颜面宽且呈凹陷，耳薄直立，背腰平直或稍弓，腹充实而紧，四肢较高，后躯宽长，腿臀丰满，乳头 7 对。	成年公猪体重 350～380 kg，母猪体重 250～300 kg。经产母猪平均产仔数 12 头以上。平均日增重达 800 g 左右，饲料利用率 2.8 以内。体重 100 kg 屠宰时，屠宰率 71%～73%，胴体瘦肉率 62%以上。生长快、饲料利用率高、胴体瘦肉率高、适应性强、产仔多，但体质欠结实。	用大约克夏猪作为父本与许多培育品种和地方良种杂交，效果明显。

续表 5-5

名称	产地	体形外貌	生产性能	生产利用
引入品种或配套系				
长白猪	原产于丹麦，因其体躯长，毛色全白，故称为长白猪。分布于世界各地，是世界上分布最广的品种之一。	被毛白色，头小而清秀，鼻筒长直，面直而狭长，耳大前倾或下垂，颈长，体躯长，前轻后重呈楔形，外观清秀美观，背腰平直或微弓，腹线平直，腿臀肌肉发达，乳头7对。	成年公猪体重250～350 kg，成年母猪体重220～300 kg。经产母猪平均产仔数11～12头。生长育肥猪体重25～90 kg阶段平均日增重600～800 g，饲料利用率2.8以下，体重100 kg屠宰时，屠宰率72%～74%，胴体瘦肉率62%以上。长白猪具有生长快、饲料利用率高、胴体瘦肉率高、产仔多等优点，但存在抗逆性较差，四肢尤其是后肢比较软弱，对饲料要求较高等缺点。	长白猪与我国大多数培育品种和地方良种均有较好的配合力。如长民哈、长荣等，长白猪也常用作杂交母本。
杜洛克猪	原产于美国东北部的新泽西州，是目前世界上生长速度快，饲料利用率高的优秀品种之一。	被毛以深浅不一的棕红色为主。头较小而清秀，嘴短，颜面微凹，耳中等大小，略向前倾，耳尖半下垂。体躯长，背腰弓形，胸宽而深，腹浅平直，后躯发达，肌肉丰满，四肢结实粗壮，蹄呈黑色。	成年公猪体重340～450 kg，成年母猪体重300～390 kg，经产母猪产仔数9.78头。育肥猪体重25～90 kg阶段，平均日增重750 g以上，饲料利用率2.8以下。育肥猪100 kg屠宰时，屠宰率72%以上，胴体瘦肉率65%。杜洛克猪具有性情温顺、生长快、瘦肉多、肉质好、耗料少、抗逆性强、杂交效果好等优点，但产仔较少、泌乳力低。	杜洛克常用作杂交的终端父本，效果良好。如杜长太、杜长民、杜长大等都是性能良好的杂交组合。
汉普夏猪	原产于美国肯塔基州，是北美分布较广的品种。	被毛在肩颈结合部有一白色的肩带，其余部位均为黑色，故有“银带猪”之称。头中等大，嘴较长而直，耳直立且中等大小，体躯较长，背腰弓形，后躯臀部肌肉发达，性情活泼。	成年公猪体重315～410 kg，成年母猪体重250～340 kg。经产母猪平均产仔数8.66头。育肥期平均日增重800 g以上，育肥猪90 kg屠宰时，屠宰率71%～75%，胴体瘦肉率60%以上。汉普夏猪具有生长快、胴体瘦肉率高、杂交效果好等优点，但发情不明显、繁殖力低。	常用作杂交的终端父本，与我国大多数培育品种和地方良种杂交，效果良好。
皮特兰猪	原产于比利时，是近年来欧洲流行的胴体瘦肉率最高的瘦肉型猪。	毛色灰白，并夹有黑色斑块，头部轻秀，嘴大且直，耳中等大且略向前倾，体躯呈圆柱形，背直而宽大，臀部肌肉丰满，向后向两侧突出，呈双肌臀。全身肌肉纹理清晰，肢蹄强健有力。	经产母猪平均产仔数9.7头，背膘薄，胴体瘦肉率70%左右，是目前世界上胴体瘦肉率最高的猪种，杂交时能显著提高后代的胴体瘦肉率。但皮特兰猪应激反应敏感，肉质不佳，尤其肉色较淡，肌纤维较粗。1991年以后，比利时、德国和法国已培育出抗应激皮特兰新品系。	常用作杂交的终端父本，可显著提高后代的腿臀围和胴体瘦肉率。
迪卡配套系猪	迪卡配套系猪是美国迪卡公司培育的优秀配套系品种。迪卡配套系猪包括曾祖代(GGP)、祖代(GP)、父母代(PS)和商品杂优代(MK)。	迪卡配套系种公猪肩、前肢毛为白色，其他毛为黑色；母猪毛色全白，四肢强健，耳竖立前倾，后躯丰满。	迪卡猪具有产仔数多、生长速度快、饲料利用率高、胴体瘦肉率高的突出特征，除此之外，还具有体质结实、群体整齐、采食能力强、肉质好、抗应激等一系列优点。5月龄体重达90 kg，平均日增重600～700 g，料重比为2.8，胴体瘦肉率65%，屠宰率74%。迪卡猪初产母猪平均产仔数11.7头，经产母猪平均产仔数12.5头。	迪卡猪与我国地方品种母猪有良好的杂交优势。

续表 5-5

名称	产地	体形外貌	生产性能	生产利用
引入品种或配套系				
斯格配套系猪	原产于比利时，主要由比系长白、英系长白、荷系长白、法系长白、德系长白、丹系长白，经杂交合成，为专门化品系杂交成的超级瘦肉型猪。	斯格猪体形外貌与长白猪相似，后腿和臀部十分发达，四肢比长白猪短，嘴筒也较长白猪短。	斯格猪生长发育迅速，28 日龄体重 6.5 kg，70 日龄 27 kg，170～180 日龄达 90～100 kg，平均日增重 650 g 以上，饲料利用率 2.85～3.0，胴体品质良好，平均背膘厚 2.3 cm，后腿比例 33.22%，胴体瘦肉率 60%以上。斯格猪繁殖性能好，初产母猪平均产活仔数 8.7 头，仔猪初生重 1.34 kg，经产母猪产活仔数 10.2 头，仔猪成活率在 90%以上。	利用斯格猪作为父本开展杂交利用，在增重、饲料消耗和提高胴体瘦肉率方面均能取得良好效果。

二、猪的选种鉴定及选配计划

在养猪生产中，通过猪的选种鉴定，可以充分利用优秀的品种和个体进行高效生产，并通过选配实现选种的效果。虽然外部条件如饲料、环境、饲养等有很大的影响力，但猪种自身的遗传优势仍是决定养猪高质量生产的根本。因此，要认真做好种猪的鉴定、选留和选配等工作，为更好地利用优质的猪种资源奠定良好的基础。

(一)猪的选种鉴定

猪的选种鉴定是指在选好经济类型和具体品种的基础上，通过对猪种在祖先品质、自身性能和后代表现等方面的全面考察和优劣评定，最终确定是否留作种用，这是现代养猪引种选育的关键技术。

1. 鉴定依据

主要包括猪的体形外貌、生长发育、生产性能、健康状态和某些关键性状的遗传力等项目和指标，有些需要现场鉴定，有些需要查阅资料。

(1)体形外貌　主要评定指标有毛色、耳形、体躯结构等，要求符合品种特征，外在表现良好，是评定种猪的直接依据。

优秀种猪的体形外貌见图 5-3。

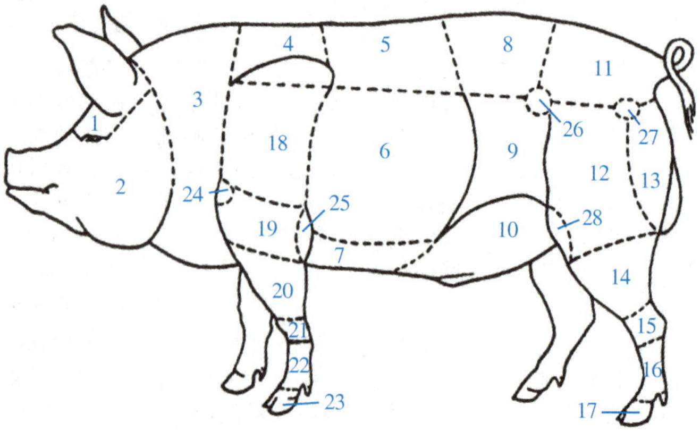

1. 颅部　2. 面部　3. 颈部　4. 鬐甲　5. 背部　6. 胸侧部(肋部)　7. 胸骨部　8. 腰部　9. 腹侧部　10. 腹底部　11. 荐臀部　12. 股部　13. 股后部　14. 小腿部　15. 跗部　16. 跖部　17. 趾部　18. 肩部　19. 臂部　20. 前臂部　21. 腕部　22. 掌部　23. 指部　24. 肩关节　25. 肘突　26. 髋结节　27. 髋关节　28. 膝关节

图 5-3　优秀种猪的体形外貌

(2)生长发育　主要评定指标有体重、体高、体长、胸围、胸深、腿臀围等，要求指标达到或超过品种标准。

①体重。早饲前空腹称重，单位用 kg 表示。如称重不便，可按以下公式估算。

$$猪的体重(kg)=\frac{胸围(cm)\times体长(cm)}{142(营养良好)或156(营养中等)或162(营养不良)}$$

②体长。从两耳根连线的中点，沿背线至尾根的长度，单位用 cm 表示，用皮尺量取。

③体高。从鬐甲最高点至地面的垂直距离，单位用 cm 表示，用测杖量取。

④胸围。沿肩胛后角绕胸 1 周的周径，单位用 cm 表示，用皮尺量取。

⑤腿臀围。从左侧膝关节前缘，经肛门绕至右侧膝关节前缘的距离，单位用 cm 表示，用皮尺量取。

(3)生产性能　主要包括繁殖性能、育肥性能和胴体品质等方面的衡量指标，要求达到或高于品种的标准水平。

①繁殖性能。主要评定指标有基于个体和群体的公猪精液常规品质、母猪基本繁殖表现及生产中的配种妊娠率、妊娠分娩率、窝产仔数、泌乳力、年产仔窝数、年供商品猪数和哺乳仔猪初生重、断奶重和成活率等，反映母猪繁殖能力的强弱。

母猪配种妊娠率＝配种妊娠母猪数÷发情配种母猪数×100%

母猪妊娠分娩率＝妊娠分娩母猪数÷配种妊娠母猪数×100%

母猪窝产仔数：包括总产仔数和活产仔数。总产仔数是指出生时同窝仔猪总头数，包括死胎、畸形胎和木乃伊等；活产仔数则是指出生 24 h 内存活的仔猪数，包括衰弱即将死亡的仔猪在内。前者也称为潜在繁殖力，后者也称为实际繁殖力。

仔猪初生重：包括个体重和窝重，前者是指仔猪在出生后 12 h 内所称得的体重；初生窝重是指仔猪出生后 12 h 内所称得全窝活仔猪的重量。初生重与仔猪成活率、哺乳期增重以及断奶重呈正相关，但与产仔数呈负相关。

仔猪断奶重：包括个体重和窝重。前者是指断奶时仔猪的单个个体重；后者指断奶时全窝仔猪的总重，包括寄养的仔猪在内。通常在早晨空腹时称重，并注明断奶日龄。断奶个体重和窝重的大小，对后期仔猪的生长发育影响很大，生产中应高度重视。

母猪泌乳力：一般用 20 日龄全窝仔猪的重量来表示，包括寄养进来的仔猪在内，不计入寄养出去的仔猪。

母猪年产仔窝数＝ 365÷(妊娠期＋泌乳期＋断奶配种期)

母猪年产商品猪数＝年产仔窝数×平均窝产活仔数×哺乳期成活率×保育期成活率×生长期成活率×育肥期成活率

②育肥性能。主要评定指标有采食量、平均日增重、饲料利用率和屠宰率等，反映育肥猪的生长性能和屠宰性能。

猪的采食量：是度量食欲的性状。一般是指在不限饲条件下，猪日均采食饲料的数量，近年来在猪的育种方案中日益受到重视。采食量与平均日增重呈正相关，与胴体瘦肉率呈负相关。

猪的平均日增重：是指猪在一定的生长育肥期内(保育期结束到 180 日龄阶段)，平均每天体重的增长量，单位为 g/d，多用体重在 25～100 kg 或 25～120 kg 阶段平均每天的增重量来表示。

猪的平均日增重＝育肥期的总增重（末重－始重）÷育肥天数

猪的饲料利用率：是指猪在育肥期每单位增重所消耗的饲料量。

猪的饲料利用率＝育肥期饲料消耗量÷育肥期增重（末重－始重）

猪的屠宰率：是指胴体重占宰前空腹体重的百分比。

猪的屠宰率＝猪的胴体重÷猪宰前的空腹体重×100％

猪的宰前空腹体重：是指育肥猪屠宰前经停食 24 h，所称得的空腹活重。

猪的胴体重：是指育肥猪经放血，褪毛，切除头（寰枕关节处）、蹄（前肢腕关节，后肢飞节处）和尾（尾根第一环褶处）后，开膛除去内脏（保留肾脏和板油）劈半，冷却后，分别称取左右两半片屠体的重量（包括肾脏和板油）。

猪的胴体瘦肉率：是指瘦肉重占胴体重的百分比。测定方法是左侧胴体摘除板油和肾脏后，剖分为瘦肉、脂肪、皮和骨四种成分，剖分时，肌间脂肪不另剔出，并尽量减少作业损耗，控制在 2％以下，然后求算肌肉重量占四种成分总重量的百分率。

胴体瘦肉率＝胴体瘦肉重÷（胴体重－板油重－肾脏重－作业损耗）×100％

③胴体品质。主要评定指标有肌肉颜色、背膘厚、眼肌面积、肌肉嫩度、肌肉 pH、肌间脂肪含量、肌纤维直径等。猪的选种主要以肌肉颜色、背膘厚、眼肌面积、肌肉 pH 等指标为主，反映胴体品质的优劣。

猪的背膘厚：一般是指背部皮下脂肪厚度。测量部位有两处：一种是用游标卡尺测定左侧胴体第六和第七胸椎结合处，垂直于背部的皮下脂肪厚度，这一方法简便易行，是我国习惯采用的方法；另一种是用游标卡尺测肩部最厚处、胸腰椎结合处和腰荐椎结合处三点的皮下脂肪的平均厚度，用 cm 表示。近年来，利用活体测膘仪进行背膘厚测定为育种工作提供了极大方便。

猪的眼肌面积：是指倒数第一和第二胸椎间背最长肌的横断面积，单位为 cm^2。眼肌面积与胴体瘦肉率呈强正相关，测定时可用游标卡尺测量眼肌的宽度和高度进行计算。也可用硫酸纸贴在眼肌断面描绘其轮廓，然后根据描绘出的轮廓大小，用求积仪测定或用坐标纸统计面积。

眼肌面积（cm^2）＝宽（cm）×高（cm）×0.7

猪的腿臀比例：是指沿腰椎与荐椎结合处垂直线切下的腿臀重占胴体重量的比例。

猪的腿臀比例＝腿臀重÷胴体重×100％

猪的肌肉 pH：测定的时间是在屠宰后 45 min 和宰后 24 h，测定部位是猪的背最长肌、半膜肌或半棘肌中心部位。可将玻璃电极直接插入测定部位的肌肉内测定。宰后 45 min 和宰后 24 h 眼肌的 pH 分别低于 5.6 和 5.5 是 PSE 肉（即宰后肉色苍白、质地松软和汁液渗出为特征的肌肉）；宰后 24 h 半膜肌的 pH 高于 6.2 是 DFD 肉（即宰后肉色暗红色、质地坚硬和肌肉表面干燥为特征的肌肉）。

猪的肉色：是指猪屠宰后 2 h 内在胸腰椎结合处，取新鲜背最长肌横断面，用五分制目测对比法评定。1 分为灰白色（PSE 肉色），2 分为轻度灰白色（倾向 PSE 肉色），3 分为鲜红色（正常肉色），4 分为稍深红色（正常肉色），5 分为暗红色（DFD 肉色）。

2. 鉴定选留

依据猪的鉴定项目和指标，通过对谱系资料检查、生长发育测定、体形外貌评分、配种能力观测和生产性能评定等措施，将符合育种目标和生产要求的品种及个体选留下来，为猪的杂交繁育奠定基础。

（1）谱系资料检查　主要选留对象是出生至 1 月龄的哺乳猪。此时由于猪的体形外貌还未充分表现，生长和生产性能还未达到最佳年龄，故系谱成绩（祖先或同胞成绩）应是选留的主要依据。要求被选个体祖先或同胞在产仔数、成活率、断奶窝重等方面表现优秀，体形外貌和生长发育良好，避免遗传疾患或畸形出现。具体选留时，应根据猪的系谱、外貌、体重等指标进行选留。即祖代和同胞性能优异，自身外貌发育良好、体重或日增重大的个体留作种用。

（2）生长发育测定　主要选留对象是 2～3 月龄的保育猪、生长（或育成）猪及 4～8 月龄的后备猪。此时由于猪的生长发育处于最佳年龄，但体形外貌仍未达到最佳表现，故生长速度和体尺指标应是选留的主要依据。选留时应根据其平均日增重、体长、腿臀围等指标进行。即选留长速快、体躯长和腿臀部肌肉发育好的个体留作种用。

$$育成猪的生长发育选择指数=(Z_{日}+Z_{长}+Z_{围})\div 3$$

式中：$Z_{日}$为平均日增重实测值，$Z_{长}$为体长实测值，$N_{围}$为腿臀围实测值。要求测定猪的品种、性别、年龄和饲养条件保持一致。

（3）体形外貌评分　主要选留对象是 4～8 月龄的后备猪。此时由于猪的体形外貌、体重增加和瘦肉性能已得到充分表现，故猪的外貌等级、体重大小和产肉性能应是选留的主要依据。具体选留时，应根据外貌评分、背膘厚（活体测膘）、体重等指标进行选留。即选留外貌等级高、体况不肥不瘦和体重达标的个体留作种用。其中猪的外貌评分主要通过整体结构的概括性评分、主要部位的细致性评分和鉴定结果的等级性评分等步骤完成。具体要求如下。

①猪的整体评定。将猪赶在一个平坦、干净和光线良好的场地上，保持与被选猪一定距离，对猪的整体外貌、健康状态、生殖器官、品种特征等进行肉眼鉴定。要求具有本品种的典型特征，毛色、耳型符合品种要求，体质结实，结构匀称，眼明亮有神，反应灵敏，各部结合良好。体躯长，背腰平直或呈弓形，肋骨开张良好，腹部容积大而充实，腹底平直，大腿丰满，臀部发育良好，尾根附着要高。四肢端正结实，步态稳健轻快。被毛短、稀而富有光泽，皮薄而富有弹性，睾丸和阴户发育良好，乳头在 6 对以上，无反转、瞎、凹乳头等。公猪头颈粗壮短厚，雄性特征明显，母猪头形轻小，母性良好。

②猪的部位评定。在做好整体评价的基础上，猪体各部位评定的具体要求是：头部清秀，大小适中，额部稍宽，嘴鼻长短适中，上下颌吻合良好，光滑整洁，口角较深，无肥腮，颈长中等，以细薄为好；前躯肩胛平整，胸宽且深，前胸肌肉丰满，鬐甲平宽无凹陷；中躯背腰平直宽广，不能有凹背或凸背，腹部大而不下垂，肷窝明显，腹线平直，公猪切忌草肚垂腹，母猪切忌背腰单薄和乳房拖地；后躯臀部宽广，肌肉丰满，大腿丰厚，肌肉结实，载肉量多；四肢高而端正，肢势正确，肢蹄结实，系部有力，无卧系；公母猪都应有 6 对以上、发育良好的乳头，粗细、长短适中，无瞎乳头。公猪睾丸和母猪阴户发育良好，左右对称。

③猪的等级评定。依据猪的品种标准，对猪的整体结构和关键部位，依据其表现状况对照品种标准进行正确评分，并尽量降低主观性误差。要求根据猪的鉴定评分项目和等级评分标

准，依据评分结果，得出猪的等级鉴定结论。

猪的外貌评分鉴定见表 5-6 和表 5-7。

表 5-6　猪外貌鉴定评分表

猪号＿＿＿＿＿　品种＿＿＿＿＿　年龄＿＿＿＿＿　性别＿＿＿＿＿
体重＿＿＿＿＿　体长＿＿＿＿＿　体高＿＿＿＿＿　胸围＿＿＿＿＿
腿臀围＿＿＿＿＿　营养状况＿＿＿＿＿　等级＿＿＿＿＿

序号	鉴定项目	评语	标准评分	实得分
1	一般外貌		25	
2	头颈		5	
3	前躯		15	
4	中躯		20	
5	后躯		20	
6	乳房、生殖器		5	
7	肢蹄		10	
	合计		100	

鉴定地点：＿＿＿＿＿　鉴定员：＿＿＿＿＿　鉴定日期：＿＿＿＿＿

表 5-7　猪外貌鉴定等级表

性别	等级			
	特等	一等	二等	三等
公猪	≥90	≥85	≥80	≥70
母猪	≥90	≥80	≥70	≥60
留种个体：公猪鉴定等级至少在一级及以上，母猪鉴定等级至少在三级及以上。				

鉴定地点：＿＿＿＿＿　鉴定员：＿＿＿＿＿　鉴定日期：＿＿＿＿＿

(4)配种能力观测　主要选留对象是 8～18 月龄的鉴定猪。由于猪的选留已经过系统的系谱成绩评价、体形外貌鉴定和生长性能测定，这时猪的基本繁殖能力(发情排卵、性欲强弱、精液品质及初配体重等)应是选留的主要依据。具体选留时，应做好后备母猪的初情期、发情周期、发情持续期和后备公猪的性欲、精液品质等行为的观察和相关指标的统计分析。留作种用的公母猪应表现出良好的繁殖行为和符合要求的初配体重，一般要求后备猪的初配体重，应达到成年猪体重的 70％～80％及以上。

(5)生产性能鉴定　主要选留对象是 8～18 月龄的鉴定猪。由于前期猪的系谱、生长、外貌和基本繁殖性能，已得到有效的评价，这时公猪的配种成绩(配种母猪的产仔表现成绩)和母猪 1～2 胎的繁殖成绩(产仔数、成活率、初生重和断奶重等)，应是选留的主要依据。具体选留时，可通过后裔成绩评定和主要性状的遗传力等方式进行选留。例如，生产母猪的选留可采用产活仔猪数、20 日龄活仔猪数、35 日龄活仔猪数、20 日龄仔猪窝重(泌乳力)、35 日龄断奶窝重等指标，选留指数高的个体。

$$母猪生产力综合指数 = N_0 + N_{20} + N_{35} + 0.1W_{20} + 0.03W_{35}$$

$$母猪生产力关键指数 = N_{20} + N_{35} + 0.4W_{35}$$

式中：N_0为产活仔猪数；N_{20}为20日龄活仔猪数；N_{35}为35日龄活仔猪数；W_{20}为20日龄仔猪全窝重；W_{35}为35日龄仔猪全窝重。

一般情况下，合格的种猪应满足品种特征明显、体质结实、体躯良好、健康无病、生长发育快、背膘薄、瘦肉率高、达到与月龄相适应的体重、膘情适中、无繁殖障碍等基本要求。种公猪睾丸发育良好，左右对称，轮廓清晰，包皮不积尿且不过大，用手触摸柔软富有弹性，精液品质优良，性欲旺盛，配种能力强；繁殖母猪母性好，发情明显且规律性强，排卵好，易受胎，平均每窝产仔数10～12头及以上。

(二)猪的选配计划

猪的选种目的是获得具有遗传优势的优秀个体，它是决定选配能否取得良好效果的前提；选配是选种工作的延续，是按照猪的繁育目标，为优秀的公母猪设计理想的配对组合，并通过纯繁和杂交等方法，期望双亲优良性状稳定的遗传给后代，进而提高后代的综合品质。

1. 猪的选配原则

为了保证经选种鉴定留下来的优秀公母猪，能够将自身的种质优势稳定的遗传给后代，并降低劣势性状的传递，生产中须坚持科学的选配原则和方法，避免随意配对组合，促使选种的效果，通过选配得以充分体现。

(1)公母猪之间年龄配对合适　选配的公母猪应处于适配的繁殖年龄，体质强健。一般来讲，公母猪2～4岁为最佳适配年龄。若有一方不在适配范围，则选配效果较差；若公母猪都不在适配年龄范围，尽量不要安排配种繁殖。

(2)公母猪之间等级搭配合理　由于猪人工授精技术的应用，公猪和与配母猪的数量多，公猪对后代影响远大于母猪，故公猪等级应高于母猪。一般要求种公猪的鉴定等级至少在一级及以上，种母猪的等级至少在三级及以上。

(3)公母猪之间配对目的明确　公母猪之间的配对要有明确的目的，这是决定选配方式正确与否的关键因素。若双方具有相同的优秀品质而组合，目的是提高双亲优良性状遗传给后代的能力；若双方具有不同的优秀品质而组合，目的是丰富后代的优良性状，提高后代的综合品质；若一方具备优秀品质，而另一方存在较多缺点，目的是改进不良性状；若双方都存在这样或那样的较多缺点，不得配对组合。因此，无目的的盲目选配，达不到预期的育种目标。

(4)公母猪之间亲合能力良好　公母猪之间的理想选配，应在测定一般配合力的基础上，尽量选择特殊配合力好的公母猪之间配对。猪的选配计划制订，要及时总结和分析已有组合效果，选择具备最佳配合力的公母猪之间配对繁殖。

(5)公母猪之间防止近亲关系　一般情况下，公母猪之间的配对最好避免存在亲缘关系。因为随意使用具有亲缘关系的公母猪配对繁殖，特别是过度的近交组合，很容易出现后代生活力和生产性能下降等衰退现象。如果在特殊情况下，如猪群中因遗传变异而产生新的优良性状，或猪种杂交改良的横交固定阶段等，为了尽快纯化性状的基因型结构，稳定遗传能力，要慎重采用近交。

2. 猪的选配方法

猪的选配是根据公母猪双方的品质和亲缘关系，安排其配对繁殖的方法，分品质选配和亲缘选配两种。其中品质选配按照配对双方的品质异同，又分为同质选配和异质选配；亲缘选配按照双方的血缘关系，又分为近亲交配和远亲交配。

（1）猪的同质选配　是指选用优秀品质相同，性状表现型一致的公母猪来配种，以期获得与亲代品质相似的优秀后代。例如，选用体长、膘薄的公猪配体长、膘薄的母猪，期望双亲的优良性状在后代群体中得到稳定和巩固。使用同质选配时应注意以下问题：①交配双方品质同质，但应是优秀而不是中等以下的配偶组合，并避免近交。②交配的双方除要求同质外，应无其他共同的品质缺陷。③长期使用同质选配，会使群体的变异范围缩小，使猪的生活力下降。因此，必须加强选择，严格淘汰体质衰弱或有遗传缺陷的个体。必要时，应与异质选配结合，交替使用，不断巩固和提高整个猪群品质。

（2）猪的异质选配　是指选择优秀品质不同、性状表现型不一的公母猪来配种繁殖，以期获得综合双亲性状或改进不良性状的优秀后代。猪的异质选配希望打破猪群品质的停滞状态，改良猪群的不良品质，以综合双亲的优秀品质。其优点在于丰富遗传性，增加新类型，并能提高后代的生活力和适应性。具体可分为两种情况：一是选择具有不同优良性状的公母猪交配，以期将优良性状综合在一起，从而获得兼有双亲优点的后代。如选择增重快的公猪和肉质好、适应性强的母猪交配，以期获得兼有两者优点的后代。二是选择同一性状，但优劣程度表现不一的公母猪来配对繁殖，即所谓的以优改劣，以期后代能获得较大的改进和提高。

（3）猪的亲缘选配　是指根据公母猪血缘关系的远近，安排公母猪之间的配对繁殖，以期稳定或固定性状的遗传力。交配双方有较近的血缘关系（指交配双方到共同祖先的代数之和在 6 代以内）称为近亲交配，简称近交；反之则称为远亲交配，简称远交。因配对双方存有血缘关系，亲缘选配只是在某种特定的情况下有目标的使用。

3. 猪的选配计划

猪的选配计划又称选配方案，是根据猪场具体情况、任务和要求编制。合理的选配计划，应事先收集一些必要的资料：如猪群和品种的整体现状；现有猪群的生产水平和需要改进提高的地方；以往的选配效果信息；参加选配的种猪系谱和个体品质等。

猪的选配计划主要包括公猪和与配母猪的品种、个体号、品质特征、选配方式等内容。选配计划执行中，应遵循“好的维持，差的重组”的原则，如发生种猪品质异常情况，应及时对选配计划做出修订，并最大限度扩大优良种公猪的利用范围。

猪的选配计划见表 5-8。

表 5-8　猪的选配计划表

母猪	品种	预期配种时间	主要特征	与配公猪				主要特征	选配方式
				主配		候补			
				猪号	品种	猪号	品种		
001	长约	2023.5.10	体躯长 瘦肉率高	101	杜	10	杜	体躯长 瘦肉率高	同质
002	约长	2023.5.24	体躯长 瘦肉率高	110	皮	11	皮	体格大 背膘薄	异质
003									
004									
⋮									

三、猪的纯种选育及经济杂交

猪品种引入后到底是扩群提质，还是杂交改良，主要取决于品种的经济优势、育种目标和利用方向。我国各地分布的猪种资源主要是地方品种和培育品种，多为脂肪型猪，具有类型多、产仔多、成熟早、耐粗饲、肉质好、抗逆性强等优点和体格小、外貌杂、长速慢、类型多等缺点。利用的关键在于三个方面：一是通过合理的纯种选育和适度的引入杂交，进一步提高品种的综合特质或培育一些适合本地特点的新类群、新品系，尤其是做好优良猪种遗传资源的保护；二是通过与国外引入的瘦肉型猪之间的育成杂交和级进杂交，创造符合本地特点的新类群、新品系和新品种；三是通过与国外引入的瘦肉型猪之间的二元杂交和三元杂交，生产优质的杂交育肥猪。从国外引入我国的猪种资源多为瘦肉型猪，具有体格大、四肢高、生长快、胴体瘦肉率高等优点和产仔数低、发情不明显、肉质差、抗应激能力差等缺点。利用的关键也在于三个方面：一是加强猪的适应性驯化锻炼和改进猪的饲养管理条件，保证猪种引入后保持良好的健康体质和繁殖性能；二是建立健全猪的纯种繁育体系和杂交繁育体系，以满足不同层次（原种场、繁殖场、商品场）的生产需求；三是通过不同品种之间的二元杂交、三元杂交、双杂交和专门化的配套系组合，生产具有显著优势的杂交猪和杂优猪。

（一）猪的纯种选育

猪的品种资源丰富，每个品种都有自身的遗传优势，如国内猪种资源适应性强、耐粗饲、繁殖性能好、肉质细嫩且味美，国外猪种资源生长速度快、瘦肉率高、生产效益好。在生产实践中，怎样通过猪的纯种选育强化品种的遗传稳定性和生产性能，为猪的本品种选育和杂交改良提供性状纯合度高、品种间差异大、杂交优势明显的理想亲本，是充分发挥品种优势性能和增加经济效益的关键措施。即利用同品种内的公母猪交配繁殖和对群体世代品质的不断选育，增加品种的基础发展数量，扩大群体的优良个体比例，创造新的类群或品系，并通过品系间的杂交，提高品种的综合性能。

1. 制订选育的方案

应根据当地产业发展需要，以自然环境条件、农业生产条件、经济社会状况、人民生活水平以及选育猪群质量等为依据，全面分析猪的产地分布、品种特征、配种繁殖、选种选配、饲养管理、育肥生产、疫病防治和产品效益等生产要素，制订切实可行的选育方案。方案中应明确重点项目的选育进度、选育路线和品种主要经济性状的达标值。其中，繁殖性能中应规定产仔数、产活仔数、断奶时育成仔猪数和窝重等；生长育肥性能中应规定体重达 100 kg 或 120 kg 时的日龄和 25～100 kg 或 25～120 kg 阶段的平均日增重；饲料利用效率中应规定体重 25～100 kg 或 25～120 kg 阶段，每增重 1 kg 所需饲料的数量，并注明消化能（MJ）和粗蛋白质（g）的需要量；产肉性能中应规定体重达 100 kg 或 120 kg 屠宰时的平均背膘厚度（cm）、胴体瘦肉率、瘦肉量和主要肉质指标；同时要建立完整的纯种繁育体系，确定选育核心群、繁殖群和生产群的规模。

2. 明确选育的条件

选择的基础猪群应具有明显的品种特征特性及达到选育目标的遗传基础。基础猪群个体的主要经济性状表型值，超过群体平均数一个标准差以上，体质健壮、血统清楚、血缘数量符合选育方案要求，并及时排除遗传疾病。其中，母本的选择以繁殖性能为主，父本的选择以生长肥育性能和胴体品质为主。在引入国外瘦肉型猪种改良本土猪种或育成新品种(系)时，应规定肉质性状的指标，防止因提高胴体瘦肉率而导致肉质变劣。

3. 确定选育的方法

参加选育的猪群数量，应根据选育方案、选择强度和实施条件来确定，选育群母猪一般不少于 40 头；继代选育群一般应由 6～8 头无血缘关系的种公猪和 30～40 头繁殖母猪组成，并进行闭锁繁殖(最好是同期配种，并力求在两个情期内完成)；测定选育群主要经济性状的水平与潜力，建立质量性状测交和数量性状综合育种值的估测制度；选育猪群的营养水平与饲养管理条件应保持相对稳定。

4. 加强后代的选留

产生的后代应在断奶、4～6 月龄及初产时进行选择。断奶时的选择主要根据本身生长发育、体质外貌、全窝猪的整齐度、有无遗传疾病和父母等级等，进行综合评定；4～6 月龄时的选择主要按照个体的生长发育、体质外貌、活体背膘厚、同胞或半同胞测定结果进行选择，也可按综合选择指数法选择；初产时公母猪的选择主要按照本身的生长发育、配种效果、繁殖性能、哺育成绩和仔代生长育肥性能进行选择。

5. 检验选育的效果

检验选育效果应逐代计算遗传改进量，并进行配合力测定，选择效果不见明显提高时，需改进选育方法；选育的各世代猪均应进行外貌特征、主要经济性状的一致性和均匀度的检查，并计算平均亲缘系数和近交系数；经过 4 个世代以上的选育，主要指标达到方案要求，符合国家关于品种(系)的鉴定验收条件，即可向有关部门提出鉴定申请。

6. 实施品系间杂交

对已育成的新类群、新品系，需制订种猪选留标准，并通过类群或品系间的配对繁殖，提高品种的综合性能。

(二)猪的经济杂交

根据生产需要和育种目标，选择不同品种、品系的公母猪进行杂交，期望获得具有显著杂交优势的后代，提高生产性能和经济效益。

1. 猪种杂交易获得杂种优势的主要性状

一般情况下，遗传力较低或中等的数量性状，如猪的产仔数、断奶重、日增重、料肉比等，杂交时易获得杂种优势；猪易退化和生命早期表现的性状，如生活力、适应性、成活率等，杂交时易显现杂种优势；猪的杂交亲本遗传纯度越高，出现的优势效应更明显，获得的杂种优势也越大；猪的杂交亲本遗传差异越大，后代基因型的杂合性越强，形成的杂种优势也越大。

2. 猪种杂交易获得杂种优势的亲本选择

用作杂交母本的猪品种或品系，主要强调繁殖性能、哺育力和适应性。一般应选择本地区数量多、繁殖力高(产仔数多、断奶窝重大、仔猪成活率高、母性和泌乳能力强)的个体作母本；用作杂交父本的猪品种或品系，主要强调生长育肥性能和胴体性状。一般应选择生长速度快、饲料利用率高、胴体品质好的个体作父本。为了保证种猪的种用价值，母猪应强调来源、体格、发情和排卵表现；公猪应强调性欲、精液品质、性成熟和适应性等方面的选择。在生产实践中，我国的大多数地方猪种和培育猪种等，杂交时适合作母本用；国外引入猪种，如长白猪、杜洛克猪、大约克夏猪、汉普夏猪等，杂交时适合作父本用。

3. 猪种杂交易获得杂种优势的常用方法

猪杂交改良的主要方法有育成杂交、级进杂交、引入杂交和经济杂交等方法。目前，我国基于新品种培育或地方品种改良的育成杂交、级进杂交、导入杂交等工作，已取得很大的进展，如国外引入的杜洛克猪、长白猪、约克夏猪和国内育成的三江白猪、苏太猪、哈尔滨白猪等新品种，在生产中的推广应用，已逐渐走向成熟和稳定。随着肉猪杂交繁育体系的进一步完善，如何高效利用二元杂交、三元杂交、双杂交和基于专门化品系间的杂交等模式，已成为各地规模化肉猪生产的重要方法。

生产中常用的杂交方法有以下几种。

（1）两品种杂交　又称二元杂交，这是养猪生产中比较简单且广泛应用的一种方式。两个品种的公母猪杂交一次，一代杂种无论公母猪，全部作为经济利用。常用的父本品种为国外引入的优秀瘦肉型猪品种；常用的母本品种为国内的优秀地方品种或培育品种，如长×民、杜×湖杂交组合。

猪的二元杂交模式见图 5-4。

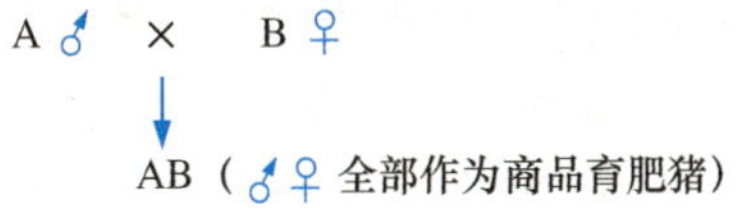

图 5-4　二元杂交模式示意图

二元杂交的优点在于方式简单，只经过一次配合力测定，就可筛选出最佳杂交组合；不足之处在于父、母本猪都是纯种，通过杂交，只能利用一代杂交猪的生产优势。

（2）三品种杂交　又称三元杂交，这是养猪生产中效果较好且最为常用的一种方式。即选定三个不同的猪品种，按照杂交亲本的选择要求，先行使用繁殖性能好的两个猪品种，作为初始父、母本开展二元杂交；然后选留优秀的一代杂交母猪与生长育肥性能突出、肉质良好的终端父本猪品种，进行二次杂交，产生的所有二代杂交公母猪和非作种的所有一代杂交公母猪，全部进行商品育肥生产。

猪的三元杂交模式见图 5-5。

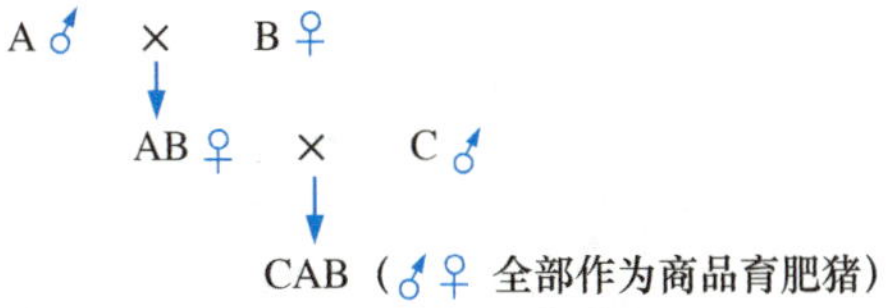

图 5-5　三元杂交模式示意图

三元杂交的优点在于既能充分利用一代杂种母本猪在繁殖性能方面的杂种优势，又能充分发挥终端父本猪在生长和肉质方面的优质特性，同时，还能显著提高和利用二代杂交猪的生产优势，进行快速育肥生产。不足之处在于杂交繁育体系的组织较为复杂，需进行两次配合力测定，建立三个品种猪的纯种群，保留一个杂交母猪的繁殖群。在实际生产中，第一母本通常选用地方良种或培育品种，两个父本品种选用引入的优良瘦肉型猪种；为了提高经济效益和市场竞争力，也可完全使用三个国外引入的瘦肉型猪种，开展三元杂交。

（3）四品种杂交　养猪生产中常用的模式为双杂交，这是生产中使用品种较多，杂交效果较好但组织较为复杂的一种方式。即选定四个不同的猪品种，按照杂交亲本的选择要求，先行确定两个组合进行杂交，其中一个组合选择生长性能快的两个品种杂交，生产一代杂交父本，另一个组合选择繁殖性能好的两个猪品种杂交，生产一代杂交母本；然后用一代杂交父、母本进行二次杂交，生产的所有二代杂交公母猪和非作种的所有一代杂交公母猪，全部进行商品育肥生产。

猪的四元杂交模式见图5-6。

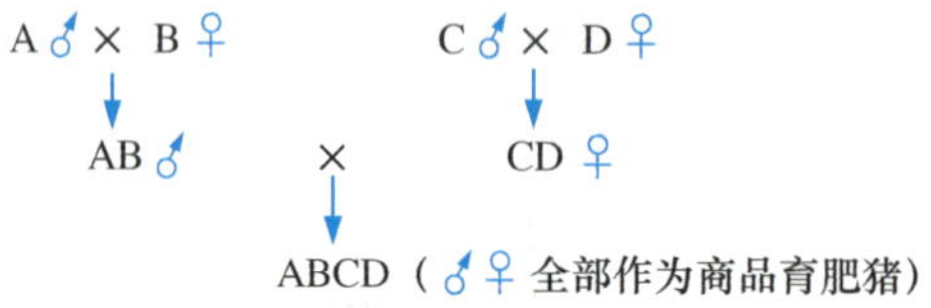

图5-6　四元杂交模式示意图

四元杂交的优点在于既可以利用一代杂交母本猪在繁殖性能方面的杂交优势，又能充分利用一代杂交父本猪在生长性能方面的杂种优势，同时，还能显著提高和利用二代杂交商品猪的生产优势，进行快速育肥生产。不足之处在于杂交繁育体系的组织较为复杂，需进行多次配合力测定，建立四个品种猪的纯种选育群，保留二个杂交猪的繁殖生产群。实际生产中常使用四个国外引入的瘦肉型猪种，开展双杂交，也可经配合力测定试验，介入国内优秀的培育品种或地方品种。目前在国内外普遍使用的皮×杜×长×大四元杂交组合，后代具有显著的生产育肥性能，杂交优势显著。

（4）品系间配套杂交　猪品系间配套杂交是根据品系选育的要求，组建基于曾祖代、祖代、父母代等种群的杂交繁育体系，并培育专门化的品系（父系、母系），然后通过品系间的配合力测定，筛选具有突出杂交优势的品系进行杂交，生产具有突出杂交优势的商品猪。猪的专门化品系是指某个经济性状突出，且其他性状仍保持在一般水平上的品系。一般来说，专门化父系应集中表现为生长快、饲料利用率高和胴体品质好等特点；专门化母系主要表现为良好的产仔数、泌乳力等繁殖性状。

猪的品系（三系、四系）间配套杂交模式见图5-7和图5-8。

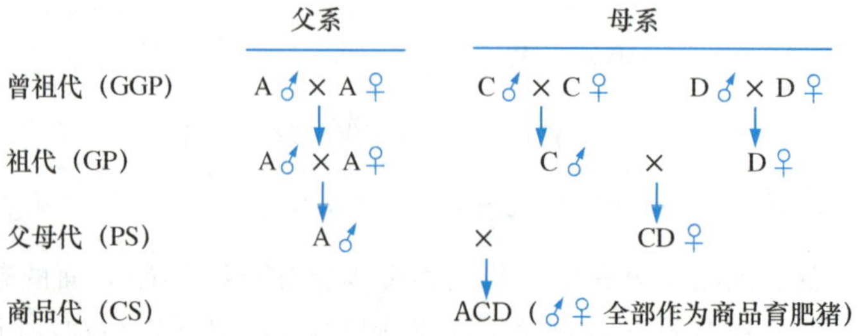

图5-7　三系配套杂交模式示意图

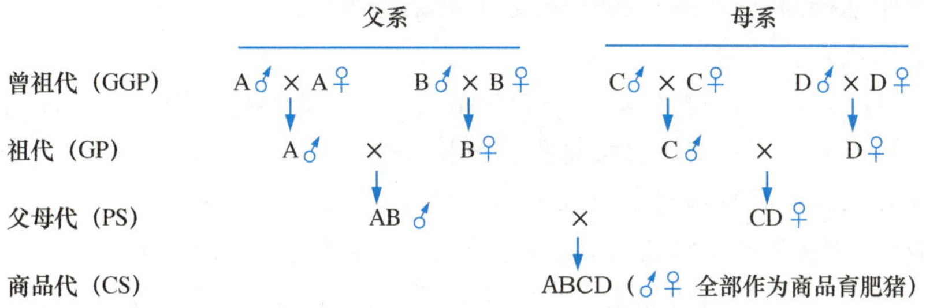

图 5-8 四系配套杂交模式示意图

猪的专门化品系，易于获得杂交优势的性状集中而明显，遗传性能稳定。通过品系间的杂交，可促使杂交后代猪产生显著的杂交优势。虽然品系建立复杂，组织工作烦琐，但因商品猪显著的杂交优势，在大型的规模化、工厂化养猪场中广泛应用。

四、猪的良种引入及繁育体系

引入遗传品质好、生产性能高的优良品种和个体，是养猪生产高质量、高效益运行的根本因素。生产中，为了充分发挥优良猪种的遗传优势，既要科学合理地做好引种饲养，又要基于猪的纯种选育和杂交改良，建立健全猪的繁育体系，为高效利用优良猪种奠定基础。

（一）猪的良种引入

猪的良种引入，首先是根据其特征特性和适应性等表现，看能否满足当地的经济产业发展和气候环境特征，其次是按照生产条件和应用需求，制订科学合理的引种计划、良种选择、运输管理和引入后的隔离饲养。

1. 科学制订良种引入计划

主要是根据猪场性质、规模或场内猪群血缘更新的需求来制订，计划的关键在于引入猪的类型、品种、年龄、等级、数量、地点、时间、运输方式和入场后的隔离饲养等。一般情况下，引入的猪种以瘦肉型猪品种为主，要求其体型外貌、生长发育、生产性能和适应性等，须至少达到或超过品种标准；年龄以 6～8 月龄的后备猪为主，鉴定等级至少在一级及以上；引种数量以种猪的年更新率为基准测算，引种时间、地点和运输等应保证猪的安全健康；无论何种形式的引种，都要执行严格种源的过渡饲养和管理制度，并按照猪场性质确定引种猪的具体要求。

2. 认真做好良种鉴定选择

被引猪的选择应根据其品种特质，严把身体健康、体型外貌和生产性能等关键条件，科学鉴定和合理选择，确保引入的品种、个体符合育种和经济利用计划。

（1）良种特质检查　被引猪的典型遗传特征和经济类型特征是根本要求，应对照猪的品种标准和系谱记录仔细检查，要求被选个体的祖先、本身及后代表型遗传特征明显，祖先遗传品质优秀，性状表现良好且遗传力高。选择时既要突出重点指标，又要兼顾全面指标。

（2）身体健康检查　被引猪的健康检查是基本要求，应对目标猪场及所在地区的疫病流行情况进行调查，避免从疫区引入种猪；细致考察目标猪场的兽医卫生制度是否健全，种猪的饲养管理是否规范，免疫制度是否健全；仔细检查备选猪的采食、粪便和活动行为等是否正常，被毛是否光顺，眼、鼻、肛门以及体表是否清洁，生理生化指标是否有异常，必要时对可能存在的传染病开展实验室检测；应尽量选择信誉度高、售后服务好的同一猪场选购，避免多场采购，否则会增加带病的风险。

（3）体形外貌检查　被引猪的体形外貌包括猪的个体表形特征和生长发育状况，这是衡量被选品种和个体品质是否达标的直接依据。要树立整体与具体、统一与协调、主要与次要、达标与等级等相互综合的观测理念。要求被引猪符合品种标准，体质结实，头颈清秀，体躯较长，四肢坚实，结构匀称和生殖器官良好，做到整体良好、重点达标和性能优秀。

（4）生产性能检查　被引猪如果生产性能还没有充分表现出来，主要依靠祖先的生产性能指标衡量；若自身已达到生产年龄，应在查阅已有生产记录的基础上，通过种猪本身测定、同胞测定和后裔测定等方法，对其相关的繁殖性能、育肥性能、产肉性能等进行评估。要求衡量指标代表性强，准确性高，符合或超过品种标准。引种时，人们希望猪的各方面都很优秀，实际上难以做到。有时也可有重点地选择主要生产指标具有突出表现的品种和个体，其他生产指标基本符合要求即可。

3. 合理安排引种运输管理

应按照《中华人民共和国动物防疫法》的规定，将引种地点、品种、数量等向本地区县级以上兽医卫生监督部门申报，办理好有关的引种手续，并制订周密的调猪技术方案。一是充分调查引种地区的动物疫病发生情况和影响疫病发生的自然条件等。要求引种所在地区应是国家农业农村部门划定的非疫区，尽量选择新建种猪场，建场时间最好不超过 5 年，且供应场必须具有国家职能部门颁发的法定销售种源资格证照，能够满足对猪群的溯源调查。二是做好对车辆的清洗、消毒、装猪和途中出现疫病的处置预案。应在充分消毒的基础上，根据所运猪的数量、大小等确定车辆的类型和大小。要求选择带有隔栏的车辆，车厢铺上垫料，冬天可铺上稻草、锯末等，夏天铺细沙，以降低种猪肢蹄损伤的概率。三是种猪起运前，要向输出地区县级以上兽医卫生监督机构申报检疫，并获得《动物运输检疫合格证明》及《动物及其产品运载工具消毒证明》后方可运输。四是到达目的地后，还须向输入地区县级以上兽医卫生监督机构申报检疫合格，方可入场。五是种猪运输途中一旦发现传染病或疑似传染病，应向就近的兽医卫生监督机构报告，并采取紧急的预防措施。六是途中发现病、死种猪，不得随意宰杀、出售或抛弃，要求在指定的地点卸下，连同被污染的设备、粪便、垫料和污物等，在动物防疫人员监督下分别按规定进行处理。七是预防或治疗运输途中猪的应激综合征。在装车运输前，可肌内注射长效广谱抗菌素，以提高种猪的抗病能力。对出现特别不安的种猪，可注射镇静剂。八是夏季运输时，要准备充足的饮水，以防路途炎热猪群出现中暑现象。九是对出现全身震颤、高热的个体，用盐酸氯丙嗪 2～3 mg/kg，一次肌内注射，重症者同时使用地塞米松磷酸钠 7～10 mg，一次肌内注射。十是出现脱水、酸中毒时，及时使用 3.5% 碳酸氢钠溶液 150～200 mL，一次静脉注射，症状得到缓解后，用葡萄糖生理盐水 500～1 000 mL，加维生素 C 一次静脉注射即可。

4. 安全过渡猪的隔离饲养

猪场引种时要综合考虑本场与供种猪场在地域环境、饲养管理等方面的差异，认真做好引入品种和个体在调入本地后的隔离饲养，确保引种猪和本场猪群的健康融合。

（1）设立引入猪的隔离饲养舍　引入猪的隔离饲养舍要单独设立和彻底清洗消毒，并在过渡期使之远离已有猪群。若为封闭式隔离猪舍，最好采用熏蒸消毒的方法，消毒后杜绝人员进入，空舍 7 d 后方可进猪。

(2)改善引入猪的隔离舍环境　引入猪进入新的生活环境，要加强饲养管理，实行科学喂养，使其尽快适应当地的饲养环境条件。一是优化猪的圈舍环境，保持温度和湿度适宜，通风良好，卫生干燥。冬季防寒保暖，温度要保持在 10 ℃以上；夏季防暑降温，温度不高于 25 ℃；要增强疫病防患意识，杜绝外来人员参观，尽量减少疫病发生。二是引入猪隔离饲养期间，要注意观察猪群的状态，发现异常情况，及时进行诊治；要结合引种场的免疫情况及本地疫病流行情况，及时进行抗体监测，并按照当地免疫程序，适时进行免疫接种和定期驱虫。如经 30 d 隔离观察无异常，彻底消毒后即可转入生产场区。

(3)加强引入猪的隔离期饲养　引入种猪到场后，要选用刺激性小的消毒药物对猪的体表及运输工具进行彻底消毒，再用清水冲洗干净后送入隔离舍内观察。不要急于给料，应先让猪群休息，要少量多次地供给种猪清洁的饮水，冬季可给予温水。经长途运输的种猪群，最好饮用适量的补液盐水，以防止脱水，待猪群充分休息 4～8 h 后，再给少量饲料(给予日常量的 30%)，由少到多逐步增加。通过 2～3 d 过渡到标准采食状态，要求饲料营养全面，定时定量饲喂，不喂过期霉变饲料，保持饮水干净卫生。

(4)健全引入猪的生产档案　引入猪自入场开始，应在引种记录的基础上，不断完善猪的系谱、生产和管理等方面的信息资料；要仔细观察摸清引入猪的特性，并将采食、饮水、免疫、生长、繁殖、检疫和饲养管理、疾病诊治、生产性能等方面的表现，尽可能多地记入猪的饲养档案。

(二)猪的繁育体系

猪的繁育体系是针对优良品种的纯繁扩群和杂交改良而建立的一套组织管理体系。要求根据繁育目标，建立不同性质和任务的猪场，并在统一的繁育计划指导下，依靠它们之间的密切协作，来完善猪品种的纯种选育(增加数量、提高质量)和杂交改良(供应良种、杂交生产)，进而迅速提高猪群的生产力和创造良好的经济效益。

1. 猪繁育体系的概念

猪的繁育体系是指为了更好地在某个地区开展猪的纯繁扩群和杂交改良，将祖代猪场的品种提纯，父母代猪场的种猪繁育和商品场的经济杂交等环节有机地结合起来，形成各猪场之间相互连接、相互促进、相互制约且上下贯通的一体化系统，目前已成为规模化、集约化养猪生产体系的重要组成部分。各地可依据猪种资源的育种需要，建立适于猪种纯繁和杂交的繁育体系。

2. 猪繁育体系的建立

猪的繁育体系通常是按照品种的育种方向(纯繁或杂交)和生产利用(种猪、商品猪)，构建以原种场为核心，繁殖场为衔接，商品场为基础的宝塔式繁育组织管理体系(图 5-9)。

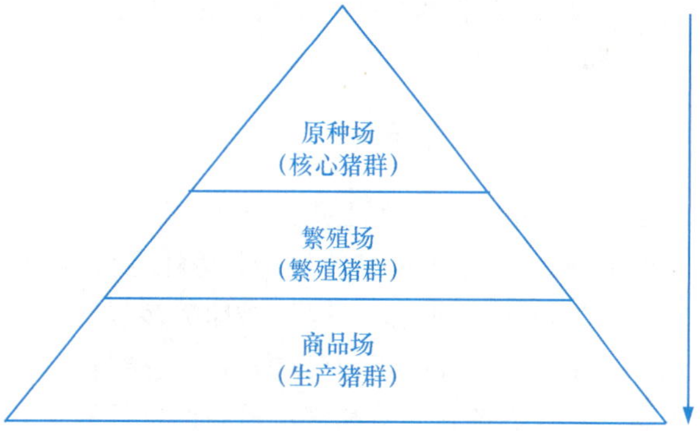

图 5-9　宝塔式繁育体系示意图

(1)原种场　处于繁育体系的最高层，在猪群的遗传改良中起核心和主导作用，因而，又称这部分猪群为核心群。在猪的繁育体系中又把核心群拥有的曾祖代猪群称为原种猪群，其主要任务是从事纯种的选育提高和按照市场需求培育新品系。为此，原种场必须建立自己的测验站，或与专门的测验站相结合，开展精心测验和严格选择，以期获得最大的遗传进展。经过鉴定的种猪除了保证本群的更新替补外，主要是向下一层(种猪繁殖场)提供优良的后备公母猪，以更新替补原有猪群。同时，它也可向商品场提供优良的终端父本品种(系)，或向人工授精站提供经过严格测验和选择的优良种公猪，以便通过人工授精网，扩大优良基因的遗传影响。在宝塔式繁育体系中，基因流动方向是自上而下的，不允许基因的逆向流动。

(2)繁殖场　种猪繁殖场在宝塔式繁育体系中处于中间阶层，起着承上(原种场)启下(商品场)的重要作用，又称这部分猪为繁殖猪群。其主要任务是将原种场培育的纯种(系)猪扩大繁殖，或按照统一的育种计划进行选育提高和开展品种(系)间杂交生产，为商品场提供补充猪群所需要的后备公母猪。根据育种方案，又将繁殖猪群划分为纯种繁殖猪群和杂种繁殖猪群两部分。在四元杂交繁育体系中，种猪繁殖场还生产杂种公猪，为商品场提供杂交所需的杂种父本。一般情况下，繁殖猪群的选择不要求太精细，只需做好系谱登记和性能记录工作，组织好种猪测验即可，选择强度较低。繁殖猪群可接受核心群提供的后备公母猪，以完成更新替补，但不得向原种场提供种猪，也不允许接受商品场的后备猪。

(3)商品场　商品场处于宝塔式繁育体系的底层，构成繁育体系的基础，母猪数量占整个繁育体系母猪总头数的最大份额，又称这部分猪群为生产猪群。其主要任务是组织好父母代的杂交生产，有计划地生产杂交肉猪。商品场内不做细致的测验和选择，主要保证猪群的健康和高产性能。商品场按照统一的育种计划接受繁殖场提供的终端父本猪，或到人工授精站取得指定品种(系)公猪的精液，组织好配种工作。原种场和繁殖场开展的严格测验和精心选择工作，都是为商品场提供服务，从这个意义上讲，商品场是享受遗传改良成果的受益单位。

一般情况下，原种场主要是纯繁、杂交用品种猪的选育提纯和提质扩群；繁殖场主要是从原种场引入纯种公母猪，繁育供给纯繁或杂交用的父母本。也可利用原种场引入的纯种公母猪，繁育供给基于多元杂交模式的杂种父母本；商品场主要是从繁殖场引入用于纯繁扩群和经济杂交的理想亲本，包括纯繁推广和经济杂交用的公母猪，进行规模化的商品猪生产。

五、猪的发情配种及妊娠接产

猪是常年发情的动物，如何利用这一特性，合理安排种公猪的采精、检精、贮精和繁殖母猪的输精、妊娠、分娩等环节，是现代养猪工艺的重要内容。在生产实践中，应根据猪的繁殖规律和工艺特点，科学组织猪的发情鉴定、人工授精、妊娠护理和分娩育仔等岗位技术工作，为搞好猪的繁殖生产奠定良好的基础。

(一)猪的繁殖特点

种公猪的生产任务主要是配种，要求常年保持健壮的体质、充沛的精力、旺盛的性欲和良好的配种能力；繁殖母猪的生产任务主要是怀孕产仔，并维持良好的发情、排卵、妊娠、分娩、泌乳等行为表现，要求发情旺盛、排卵数多、母性行为好、妊娠受胎率高、分娩产仔数多和泌乳性能好。在生产实践中，只有根据猪的繁殖特点，养好种公猪和繁殖母猪，并正确安排种公猪的采精、检精、贮精和供精和繁殖母猪的发情鉴定、适时配种、妊娠护理和分娩育仔等生产环节，才能切实提高猪的繁殖效率。

1. 公猪的繁殖特点

(1)精液量大　种公猪射精量 150～500 mL,精液中水分约占 97%,粗蛋白质占 1.2%～2.0%,脂肪约占 0.2%,灰分约占 0.9%,无氮浸出物约占 1%,粗蛋白质约占干物质的 60%及以上。

(2)体成熟早　一般情况下,地方猪种 3～4 月龄达到性成熟,8～10 月龄达到体成熟;培育猪种及引入品种 4～5 月龄达到性成熟,10～12 月龄达到体成熟,体重占成年猪体重的 70%及以上时可配种。

(3)配种力强　种公猪使用年限为 3～4 年,2～4 岁为配种的最佳时期,5～6 岁繁殖能力开始下降,进入淘汰更新期。生产期间的采精或配种频率为:初配公猪每周 2～3 次,成年公猪每天 1 次,必要时可间隔 8 h 每天安排 2 次。连续配种 1 周,休息 1 d。

(4)授配率高　一般情况下,若采用本交,1 头公猪可负担 20～30 头母猪的配种任务;若采用人工授精,1 头公猪可负担 200～400 头母猪的配种任务;为防止种群的近亲交配,公猪须有清晰的生产系谱,并及时进行血缘更新。

2. 母猪的繁殖特点

(1)常年性发情　猪属常年多次发情动物,无季节性。母猪初情期后即表现周期性的发情规律,发情周期平均 21 d。母猪的发情持续期一般为 2～5 d,平均 2～3 d。母猪发情配种不受孕,经过一定时间,黄体萎缩并停止分泌活动,之后进入下一个发情周期;若受孕,母猪不再表现发情。经产母猪断奶后 3～10 d 内正常发情与配种,并进入下一个繁殖周期。

(2)多数量排卵　母猪在一个发情期内排卵 20～35 个,称为潜在繁殖力。国内猪品种排卵时间多在发情开始后 24～36 h;国外猪品种排卵时间多在发情开始后 36～42 h;国内猪品种排卵持续时间多为 10～15 h(有的长达 45 h),国外猪品种多为 36～90 h,平均 53 h。

(3)短月龄妊娠　母猪从配种受精开始到分娩这一过程称为妊娠。较母牛的妊娠期(280 d)、母羊的妊娠期(150 d)而言,母猪的妊娠期(114 d)短。妊娠后,由于胎儿、胎盘及黄体的存在,母猪停止发情以维持妊娠;初期,母猪体重缓慢增加、食欲逐渐变旺、食量明显增多,采食、卧息、群居等行为变得温顺;中后期,母猪体重迅速增加,腹围急剧增大,乳房明显下垂,乳头逐渐凸起,采食、卧息、行走等负担较重,应注意防止流产;临产前,骨盆韧带松弛、尾根两侧塌陷,母猪起卧频繁,应根据预产日期做好接产准备;分娩时,母猪借子宫和腹肌的收缩,将胎儿和胎膜排出体外,持续时间 1～4 h,每隔 5～25 min 排出一头仔猪,仔猪全部产出后 30～60 min 胎衣排出,生产中应注意难产确定和及时接产。

(4)反射性泌乳　母猪乳房没有乳池,不能随时挤出乳汁,每个乳头附有 2～3 个乳腺体,每个乳腺体有一个小乳头管通向乳头,各乳头间互不联系。前端乳房的乳腺管较后部乳房多,因而前端乳头比后端乳头泌乳量高。分娩后最初 2～3 d 母猪泌乳是连续的,以后属反射性放乳,即仔猪用鼻嘴拱揉乳房,产生放乳信号,信号通过中枢神经,在神经和内分泌激素的调控下排乳。母猪每次排乳的时间 10～20 s,长的可达 40～50 s,一昼夜排乳次数较多,平均 20 次左右。自然状态下,母猪的泌乳期为 57～77 d,人工饲养条件下,泌乳期为 21～35 d,泌乳量随泌乳期长短而不同,按 60 d 计算,一般为 300 kg。产后 4～5 d 泌乳量逐渐上升,20～30 d 达到高峰,然后逐渐下降。

(5)繁殖效率高　母猪是多胎动物,具有较高的繁殖效率。每胎平均产仔数 10～12 头,仔猪平均初生重1.0～1.5 kg；我国地方品种的母猪性成熟年龄3～4月龄，初配年龄6～8月龄，初配体重达50 kg及以上；国外及培育品种性成熟年龄4～5月龄，初配年龄8～10月龄，初配体重达100 kg及以上。在生产实践中，应以体重为主要指标确定初配年龄，有些母猪的出生月龄虽然达到规定初配要求，但体重不符合标准，也不能参与配种。一般情况下，要求后备母猪的体重必须达到成年母猪体重的70%及以上时，开始初配为好；母猪的使用年限为3～4年，2～3岁正值繁殖高峰期，若按年产仔胎数以2.0～2.5计，产仔窝数可达6～10胎。母猪一般5～6岁后更新淘汰。繁殖场如果利用合理，饲养良好，体质健康结实，膘情良好，可适当延长母猪的使用年限。

(二)猪的发情配种

母猪发情配种的关键是依据猪的外部表现、试情表现和排卵时间等因素，准确掌握母猪发情开始后的适配时间和次数，以保证活力旺盛的精子和卵子相遇在输卵管的壶腹部适时受精。

1. 猪的发情鉴别

鉴别母猪是否发情，主要是观察母猪的行为、外阴和对试情公猪的表现来确定。生产中常用试情法结合外部观察法，来鉴定母猪是否发情及发情程度。

(1)外部观察法　母猪发情时，食欲减退，行动不安，爬栏鸣叫，排尿频繁；外阴红肿有光泽，阴道黏膜充血，有少量黏液；爬跨其他母猪，主动接近公猪。一般方法是根据母猪外阴红肿与否、栏(圈)门附近粪尿多少、是否爬墙爬门或爬跨其他母猪等征兆来鉴定。

(2)试情法　主要是根据母猪对公猪的性欲反应表现，来判定其发情程度。一般方法是让公猪爬跨母猪或用手按压其背部，如果母猪呆立不动，出现呆立反应(静立反应)，即表示发情，并安排配种。

如果母猪发情不好，可采用公猪刺激母猪、并入发情母猪栏、按摩母猪乳房、加强光照运动、增喂青绿饲料、注射激素催情和使用中药催情等方法处理。

2. 猪的适配时间

母猪的发情表现、排卵时间以及品种间的差异等，都会对适配时间的确定产生影响。在生产实践中，可根据母猪的发情观察、静立反射、排卵时间、品种类型等因素来确定。

(1)若从发情表现来看，母猪精神状态从不安到发呆，阴户由红肿到淡白有皱褶，黏液由稀薄变黏稠，表示已达配种适期。当阴户黏膜干燥，拒绝配种时，表示配种时间已过。

(2)若从静立反射来看，可通过试情公猪爬跨母猪或技术员按压母猪背腰部的表现来确定。若母猪两耳竖立，身体呆立不动，并呈“静立反射”，应为母猪的适配时间。

(3)若从排卵时间来看，公母猪的适时配种，必须保证精子和卵子在活力最强的时段相遇在正确的受精部位。一般情况下，公猪的精子在母猪生殖道内存活20～30 h，母猪卵子在输卵管内存活的时间是6～18 h。由于母猪的排卵时间一般在发情开始后的24～36 h，公猪配种时射出的精子经过2～4 h，才能到达受精部位。因此，公母猪的交配适期，应安排在母猪发情开始后20～32 h较为理想。

(4)若从品种间的差异来看，我国地方品种配种时间稍晚，一般在发情后的第2～3天，培育品种在发情后的第2天左右，杂交猪种在发情后的第2天下午或第3天上午为宜。

3. 猪的适配次数

猪是多胎动物，成年母猪一个发情持续期内可排卵 20～35 个。为了提高母猪的受胎率和产仔数，应安排合理的配种方式，提高母猪的产仔效率。

（1）单次配种　是指在母猪的一个发情期内，只用一头公猪交配一次。在适时配种的情况下，能获得较高的受胎率，并可减轻公猪的负担。

（2）重复配种　是指在母猪的一个发情期内，用同一头公猪先后配种两次。发情开始后 20～32 h 配种一次，间隔 10～12 h 再配一次。

（3）双重配种　是指在母猪的一个发情期内，用不同品种的两头公猪或同一品种的两头公猪，间隔 10～30 min 各配一次。弥补因第一次配种效果欠佳或第一头公猪精液品质不良造成的损失。

（4）多次配种　是指一头母猪在一个发情期内，用同一头公猪或不同个体的公猪交配 3 次或 3 次以上。在生产中三次配种适用于初产母猪或某些刚引入的国外品种。三次以上的配种应视实际情况而定，因为配种次数过多，造成公母猪过于劳累，会影响性欲和精液品质。

4. 猪的人工授精

猪的人工授精是通过人工方法将公猪的精液采集出来，经过检查、处理，再输入发情母猪生殖道内的过程。操作程序和步骤如下。

（1）采精准备　猪的采精，要求提前做好设施、场地、公猪、假台猪、假阴道、器材等准备工作。其中采精场地应选择宽敞、明亮、安静、平坦、清洁的场地或建立专门的采精室；假台猪应模仿母猪的大致轮廓，做成长蹬式或具有调节高度装置的两端式台架，并牢固安装在地面上，尽量满足采精公猪的要求。也可选择体格大小适当，性情温顺，发情旺盛的成年母猪进行采精。假台猪的基本规格为青年公猪：长 100～120 cm，宽 30～35 cm，高 50 cm；成年公猪：长 100～120 cm，宽 30～35 cm，高 60～70 cm。

假台猪构造见图 5-10。

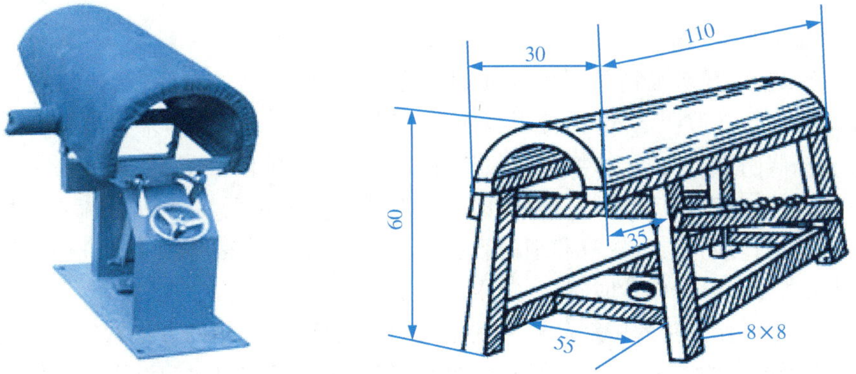

图 5-10　**假台猪构造**（单位：cm）

种公猪的调教方法是：采精前用发情母猪的尿液或阴道内的黏液，喷涂在假台猪的后躯上，引诱公猪爬跨，反复训练几次即可。也可将发情旺盛的母猪赶到假台猪旁，让被调教的公猪爬跨，待公猪性欲达到旺盛时将母猪赶走，再引诱公猪爬跨假台猪；假阴道由外壳、内胎、集精杯、胶皮漏斗、气卡、双链球、胶塞组成，采精前应做好检查、清洗、安装、消毒、灌水、调压、涂油和测温等准备工作；人工授精所用器材，先选用品质好的洗涤液洗涤，然后用清水冲洗 2～3 次，再置于室内无尘处晾干。洗涤的各种用具、润滑剂及稀释液等，均需蒸汽灭菌 30 min，玻璃、胶管、金属器材等可用 75％的酒精消毒，直接接触精液的集精杯和输精器材，使用前均用稀释液冲洗数次。

（2）采精方法　猪的采精方法主要有手握式采精和假阴道采精两种。

①手握式采精。要求采精员应穿套装工作服，备好盐水瓶、手套、纱布、卫生纸等；采精瓶应是经过消毒的专用集精瓶或量杯等，上面盖以消毒纱布，以过滤精液胶状物；公猪爬上采精架时，采精员蹲在假台猪的右侧后方，戴好手套，挤净公猪包皮内尿液，用生理盐水清洗包皮和阴茎头。然后用左手抓住公猪伸出的阴茎，紧握伸出的阴茎螺旋状龟头，顺其向前冲力将阴茎的“S”状弯曲延直并防止其旋转。待公猪尾根和肛门有节奏地收缩，并开始射精时，收集浓份或全份精液于集精杯内，最初射出的少量（5 mL 左右）精液较清，应丢弃，之后收集乳白色的精液，直到阴茎变软。为避免污染，采精瓶不能置于地面，采集的精液应避光、立即送检。猪的手握式采精方法见图 5-11。

图 5-11　猪的手握式采精方法

②假阴道采精。要求采精员右手握住假阴道，蹲在假台猪的右侧，当公猪爬上台猪背侧时，左手轻握包皮对准假阴道入口，待阴茎伸出让其自然插入。此时，采精员要有节奏地挤压双链球，调节好假阴道内的压力，增加公猪快感。若公猪伏卧假台猪不动，尾根和肛门有节奏地收缩，即为射精，此时，应将假阴道后端的胶皮漏斗斜向下拉直，以利精液流入集精瓶。这种方法由于公猪射精时间较长，尿液和细菌容易通过包皮污染阴茎，从而污染精液，加之假阴道使用前后的洗涤和消毒工作费时费力，故很少使用。

（3）精液检查　检查猪的精液品质鉴别精液质量的优劣，常用的方法有感观检查和显微检查两种。①感观检查的指标主要是精液量、色泽、气味和云雾状表现等，其中公猪每次射精量一般为 150～500 mL（不同品种有一定差异）。发现每次射精量过少时，应查明发生的原因，及时解决问题。正常精液色泽为乳白色或灰白色，略带腥味，无其他杂质；如精液呈红褐色，可能混有血液；如呈黄色、绿色或有臭味，可能有尿液或脓汁；若精液中混有毛或其他杂物，说明精液已被污染。②显微检查的指标主要有密度、活力、畸形率等，其中精子密度是指每毫升精液当中所含的精子数，一般采用血细胞计数板计数或专用密度仪测定。一般情况下，种猪常温精液的精子密度≥1 亿个/mL，否则为不合格。精子活力是指原精液在 37 ℃ 条件下，直线运动的精子数占总精子数的比率，一般采用十级 1 分制评分法评定。方法是将一滴原精液滴在一块加热的显微镜载玻片上，盖上盖玻片，在 400 倍显微镜下观察，显微镜工作台应保持在 37 ℃。若直线运动的精子数占 100%则评定为 1 分；90%则评定为 0.9 分；80%则评定为 0.8 分；70%则评定为 0.7 分；依此类推。从采精到输精，分别在精液采出后、稀释后、输精前做 3 次活力检查，活力≥70%为合格。必要时也可做精子畸形率的检查。

(4)精液稀释　采精后精液应尽快稀释，原精液放置时间过长会影响其活力，一般宜在 30 min 以内完成稀释。

稀释瓶数=(采精量×密度×活力)/每剂量规定的直线运动精子数

稀释液加入量=稀释瓶数×剂量－采精量

原精液与稀释液等温处理后，将稀释液沿瓶壁缓缓倒入原精液中，并轻轻摇动盛精液的容器，静置 5 min 即可。精液稀释后应立即镜检，活力≥60%为合格。

(5)精液保存　精液的保存方法有常温保存(15～25 ℃)和低温保存(0～5 ℃)两种。生产上常用常温保存法，简单易行，效果好。已稀释的精液应保存于 17 ℃恒温冰箱，此时精子消耗营养最低，pH 变化小。

(6)及时输精　发情母猪出现静立反射后 8～12 h 进行第 1 次输精，之后每间隔 8～12 h 进行第 2 次或第 3 次输精，要求显微镜检查精液品质，精子密度≥1 亿个/mL、活力≥70%(原精液)或≥60%(稀释精液)方可使用。给母猪输精的操作步骤为：①输精员先消毒清洁双手，清洁母猪外阴、尾根及臀部周围，并用温水浸湿毛巾，擦干外阴部。②从密封袋中取出灭菌后的输精管，在其前端涂上润滑液。③输精员一手分开母猪阴门，一手持输精管，将输精管 45°角向上插入母猪生殖道内，当感觉有阻力时，缓慢逆时针旋转，同时前后移动，直到感觉输精管被子宫颈锁定，确认输精部位。④从精液贮存箱取出品质合格的精液，确认公猪品种、耳号。⑤缓慢颠倒摇匀精液，用剪刀剪去瓶嘴，接到输精管上，确保精液能够流出输精瓶(袋)。⑥通过控制输精瓶(袋)的高低和对母猪的刺激强度来调节输精时间，输精时间要求 3～10 min。⑦当输精瓶(袋)内精液排空后，放低输精瓶(袋)约 15 s，观察精液是否回流，若有倒流，再将其输入。⑧输精管在生殖道内至少滞留 5 min 后取出，并做好母猪输精记录表的信息登记。

(三)猪的妊娠接产

妊娠护理和分娩接产是搞好母猪繁殖生产的重要环节。前者需要认真做好母猪预产期的推算、早期妊娠诊断和分娩征兆判定等工作；后者需要根据预产日期认真做好人员培训、产房消杀、猪体清洁、器械配置和接产护理等准备工作。

1. 预产期的推算

母猪妊娠期为 111～117 d，平均 114 d。我国地方猪种妊娠期短，引入猪种妊娠期较长。根据母猪预产期和养猪生产节律的基本要求，至少提前 1 周应做好分娩母猪的接产准备，并对临近预产日期的母猪进行准确诊断，有效解决母猪预产日期与实际分娩日期存在的误差，为更好地保护母仔分娩安全提供保障。

母猪预产期推算方法有“三三三”法、计算法和查表法。

(1)“三三三”法　即根据母猪的配种妊娠开始的时间，按照母猪妊娠期 3 个月(90 d)＋

3 周(21 d)＋ 3 d,共计 114 d 进行推算即可。例如,一头母猪 2021 年 5 月 25 日配种妊娠,其预产日期为五月份 6 d＋六月份 30 d ＋ 七月份 31 d＋八月份 31 d＋九月份 16 d,即母猪的预产日期为 2021 年 9 月 16 日。

(2)计算法　计算口诀为月份加 4,日期减 6 再减大月数,过 2 月份加 2 d(闰年过 2 月份加 1 d)。例如,一头母猪 2022 年 3 月 18 日配种妊娠,其预产期等于月份加 4(3＋4＝7),日期减 6(18－6＝12),再减去 2 个大月数(3 月份、5 月份),即 12 － 2 ＝ 10,该头母猪的预产期是 2022 年 7 月 10 日。

(3)查表法　查表法推算母猪预产期见表 5-9。表中上行为配种月份,左侧第一列为配种日期,第 2～13 列的数字为预产月日,部分空格为一年四季大、小月份的实际天数所致,查表时可不予考虑。

例如,一头母猪于 2023 年 8 月 10 日配种妊娠,利用查表法可知,母猪的预产日期为 2024 年 12 月 1 日。

表 5-9　母猪预产期推算表

配种日期	配种月份											
	1	2	3	4	5	6	7	8	9	10	11	12
1	424	525	622	723	822	922	1022	1122	1223	122	222	324
2	425	526	623	724	823	923	1023	1123	1224	123	223	325
3	426	527	624	725	824	924	1024	1124	1225	124	224	326
4	427	528	625	726	825	925	1025	1125	1226	125	225	327
5	428	529	626	727	826	926	1026	1126	1227	126	226	328
6	429	530	627	728	827	927	1027	1127	1228	127	227	329
7	430	531	628	729	828	928	1028	1128	1229	128	228	330
8	501	601	629	730	829	929	1029	1129	1230	129	301	331
9	502	602	630	731	830	930	1030	1130	1231	130	302	401
10	503	603	701	801	831	101	1031	1201	101	131	303	402
11	504	604	702	802	901	102	1101	1202	102	201	304	403
12	505	605	703	803	902	103	1102	1203	103	202	305	404
13	506	606	704	804	903	104	1103	1204	104	203	306	405
14	507	607	705	805	904	105	1104	1205	105	204	307	406
15	508	608	706	806	905	106	1105	1206	106	205	308	407
16	509	609	707	807	906	107	1106	1207	107	206	309	408
17	510	610	708	808	907	108	1107	1208	108	207	310	409
18	511	611	709	809	908	109	1108	1209	109	208	311	410
19	512	612	710	810	909	1010	1109	1210	110	209	312	411
20	513	613	711	811	910	1011	1110	1211	111	210	313	412
21	514	614	712	812	911	1012	1111	1212	112	211	314	413
22	515	615	713	813	912	1013	1112	1213	113	212	315	414
23	516	616	714	814	913	1014	1113	1214	114	213	316	415

续表 5-9

配种日期	配种月份											
	1	2	3	4	5	6	7	8	9	10	11	12
24	517	617	715	815	914	1015	1114	1215	115	214	317	416
25	518	618	716	816	915	1016	1115	1216	116	215	318	417
26	519	619	717	817	916	1017	1116	1217	117	216	319	418
27	520	620	718	818	917	1018	1117	1218	118	217	320	419
28	521	621	719	819	918	1019	1118	1219	119	218	321	420
29	522		720	820	919	1020	1119	1220	120	219	322	421
30	523		721	821	920	1021	1120	1221	121	220	323	422
31	524		722		921		1121	1222		221		423

注:“三三三”法和计算法预产期与表中显示预产期存在一定误差(±3 d 左右)。

2. 早期妊娠诊断

母猪之所以进行早期妊娠诊断,主要是检查母猪发情配种后的受胎率,并对未妊娠的母猪及时安排第二次配种。规模化猪场以“周”为节奏的生产安排,每周都有 20～30 头的母猪进行人工授精,做好配种母猪的早期妊娠检查和补配工作,对于增加母猪的受胎率和年产仔窝数,提高生产效率,具有重要的经济意义。

(1)外部观察法　母猪配种后 21 d 左右,如不再发情、食欲旺盛、行动稳重、性情温顺、贪睡、阴户紧收、皮毛有光泽、有增膘现象,则表明已妊娠。如发情症状明显、行动不安、阴户红肿,则没有受胎,应及时补配。假发情的母猪,发情不明显,持续期短,虽稍有不安,但食欲不减,对公猪反应不明显,不接受公猪爬跨。

(2)激素诊断法　母猪配种后 16～18 d,注射雌性激素,未孕母猪一般经过 2～3 d 后出现明显发情征兆,已孕母猪则无反应。采用此法,时间必须准确,不能过早。

(3)超声波诊断法　用特制的超声波测定仪,在母猪配种后 20～29 d 进行超声波测定。其原理是利用超声波感应效果测定猪的胎儿心跳,从而进行早期妊娠诊断。实践证明,母猪配种后 20～29 d 妊娠诊断准确率为 80%,40 d 以后的准确率为 100%。超声波胎儿心跳测定仪,由主机和探触器组成,将探触器贴在母猪腹部(右侧倒数第二个乳头)发射超声波,根据心脏跳动感应信号或脐带多普勒信号音而判断母猪是否妊娠。

3. 分娩征兆预判

规模化养猪场在临产前 1 周,应根据母猪的分娩征兆,及时将其转入产房,并认真做好接产工作。一般情况下,母猪分娩征兆主要表现在以下几个方面。

(1)外阴变化　母猪产前 3～5 d,外阴逐渐变柔软,肿胀膨大,产前数小时骨盆韧带松弛,尾根两侧有凹陷,多数母猪阴户会流出少量黏液,侧卧时开始流出血红色胎液,即临产“见红”。

(2)乳房变化　母猪产前 15～20 d,乳房开始由后向前逐渐下垂膨大,呈两条带状,俗称“两张皮”,乳房发紧而红亮,两排乳头呈“八”字形向外侧张开;乳头从前向后渐渐能挤出奶汁,前面的乳头能挤出奶汁时约 24 h 内产仔,中间乳头能挤出奶汁时约 12 h 内产仔,最后一对乳头能挤出奶汁时在 4～6 h 产仔或即将产仔。据此可辅助确诊母猪分娩时间。

(3)行为变化　母猪产前 12 h,开始出现食欲减退、起卧频繁、排尿增多、衔草作窝等不安和筑巢行为，并寻到安静合适的分娩地点，备卧待产。当母猪四肢伸直，阵缩时间渐渐缩短，呼吸急促时，表明即将产仔。

4. 产前安排准备

母猪转入产房前 5～10 d，应备好仔猪箱、5%碘酊、0.1%高锰酸钾溶液、洁净毛巾或拭布、剪刀、凡士林油、结扎线、耳号钳、体重秤及产仔记录簿等；产房温度维持在 15～22 ℃范围，保持干净整洁、环境安静、阳光充足和空气新鲜，并用 2%烧碱溶液，对地面、墙壁、圈栏和相关的设施进行彻底消毒；分娩前 1 周母猪转入产房，进行环境适应和躯体卫生，特别是腹部、乳房、阴门周围的污物，不但要清理干净，而且要用温水擦拭干净，并用高锰酸钾、来苏尔等消毒处理。

5. 接产护仔技术

母猪分娩时，因仔猪由稳定的子宫内环境降生到变化多端的自然外环境，再加上体温调节、营养获取和免疫抵抗等能力明显不足，仔猪出生及生后 1 周的护理，就显得至关重要。另外产后的母猪有时会出现体力乏弱、胎位不正和胎衣滞留子宫等问题的发生，特殊情况下，还需重视母猪的护理和照顾。

(1)擦拭黏液　胎儿产出后用洁净的毛巾、拭布或软草迅速擦去仔猪鼻和口腔的黏液，防止仔猪窒息而死或吸入液体呛死，然后彻底擦干全身黏液。

(2)断开脐带　将仔猪脐带内血液向仔猪腹部方向挤压，在距离仔猪腹部 3～4 cm 处，用手指掐断脐带，并用碘酊消毒。出血较多时，用手指掐住断端，然后用线结扎。

(3)仔猪保温　仔猪生后因体小、皮薄、毛稀和体温调节能力差等原因，容易受到冬春季节的寒冷和炎热季节的“贼风”等侵袭，导致受凉感冒、拉稀和下痢等情况的发生。擦拭黏液和断开脐带后，应尽快放入备有红外线灯和电热毯的仔猪保温箱内，温度维持在 30～32 ℃。

(4)仔猪剪牙　仔猪上、下颌左右各有 2 枚犬齿，哺乳时容易咬伤奶头。另外，如果不做剪牙处理，长大后的后备猪和成年猪，若出现猪只之间的咬架和饲养人员管理不善等情况，有时会伤猪和伤人。因此，仔猪生后 1 周内，要用剪牙钳剪掉犬牙，并注意磨平。

(5)仔猪哺乳　仔猪出生后，若身体已干燥、行动稍灵活时，应尽早哺乳特别是初乳，对获得母源抗体、恢复仔猪体温、密切母仔关系均有较大益处。分娩安静的母猪，其仔猪可采用“随生随哺”的方法；分娩不安的母猪(多为初产母猪)，可把仔猪放入保温箱内，待全部仔猪产出后一同哺乳。

(6)仔猪假死急救　仔猪出生后全身发软、无呼吸，但有微弱心跳，即假死仔猪。此时，接产员用两手分别托住仔猪的头部和臀部，腹部向上，一屈一伸，促进其呼吸；或倒提仔猪两腿，拍打其胸背，使呼吸道畅通，刺激复活。

(7)仔猪编号称重　编号便于记载、鉴别，建立健全生产档案，提高管理水平。编号常有耳标(或称耳号牌)和剪耳编号。大规模养猪场多采用耳标法编号，耳标是一种标有特殊号码的特制塑料牌，钳在猪耳上即可。剪耳编号是用耳号钳在猪耳上打缺口，一个缺口代表一个数字(左大右小，上 1 下 3)，几个数字相加，即猪的耳号。

(8)母猪产后护理　在正常情况下，母猪分娩过程中会出现失水、失血和抵抗力下降等问题，应及时哺喂易消化的粥料、麸皮盐水和葡萄糖水等，促使母猪尽快恢复体力即可；若出现难产问题，助产人员可将指甲剪短、磨光，用肥皂洗干净手，再用 0.1%高锰酸钾或 2%来苏尔溶液消毒，然后在手和手臂上涂凡士林油，趁母猪努责间歇时，将手指并拢呈圆锥状，慢慢伸入产道，握住胎儿的适当部位，中指挂住胎齿，食指压住鼻突，随着母猪的努责，缓慢将胎儿拉出。助产过程中尽量避免产道损伤或感染，助产后给母猪注射抗生素药物，并及时观察胎衣的排出，以防感染。

思政关联

良种化养猪——引领质量主题

习近平总书记指出：“‘十四五’时期经济社会发展要以推动高质量发展为主题，这是根据我国发展阶段、发展环境、发展条件变化作出的科学判断。”这一重要论述，是以习近平同志为核心的党中央运用马克思主义基本原理分析我国经济社会发展现实的生动体现，是当前和今后明确发展思路、制订经济政策、实施宏观调控的基本依据。

我国的养猪业拥有丰富的地方猪种，它们具有诸多“外三元”猪没有的特殊优势。免疫力强、抗逆性好，耐粗饲、肉质好，产仔数多、繁殖力强，是世界诸多国家纷纷引进的明星猪种。如江苏太湖猪以单胎产活仔数最多，获得吉尼斯世界纪录；浙江金华猪以火腿品质优越而闻名于世，曾经作为礼物赠予法国、日本及泰国等。目前，我国的大多数规模化猪场，主要生产“外三元”商品猪，虽然体格大、生长快、瘦肉率高，但抗逆性差、要求条件高，肌纤维粗、适口性差，产仔数少、繁殖力弱。因此，我们一定要坚持利用我国种猪种质资源的质量优势，特别是高繁殖力、肉质细嫩、适口性好等性状的遗传保护，必须引起高度重视。

随着我国高质量时代的到来，无公害猪肉、绿色猪肉、有机猪肉已逐渐成为市场需求的主体，其中肉质安全、细嫩、口味好等，是人们对优质猪肉的第一选择。很显然，良种化养猪已成为高质量生猪产业核心竞争力的关键。近年来，我国生猪种业自主创新能力持续提高，良种供给能力不断增强，但与世界先进水平相比，我国部分优良猪种的发展利用还不完善，新技术应用总体滞后，育种体系和机制还不健全。2020 年 12 月 24 日，农业农村部《关于加快生猪种业高质量发展的通知》（农办种〔2020〕12 号）提出：要着力保障优良种猪供给，完善现代生猪良种繁育体系，提高良种供应能力，支持建设一批现代化高标准的商业化种公猪站，推广人工授精新技术及冷冻精液保存技术，加速优秀基因传递。它对于推进我国高质量养猪具有重要的现实意义，我们要深刻理解《关于加快生猪种业高质量发展的通知》的内涵和精神，结合《全国生猪遗传改良计划（2021—2035 年）》的实施，坚持“质量为先”，强化技术创新和产品创新，不断增强市场竞争力，为推进我国养猪业迈向良种化、生态化、健康化的高质量发展，作出自己的贡献。

实践训练

猪舍的环境条件评价与公猪的精液品质评定

一、实习目的

通过猪舍的环境条件评价和公猪精液品质的评定，学会猪舍环境因子检测和公猪精液品质评定的方法，并能比对猪舍环境和精液的达标要求，发现问题，解决问题，为更好地服务生产打好必要的基础。

二、实习地点

校内外养猪场和畜禽遗传繁育实训室。

三、实习内容

1. 猪舍的环境条件评价

主要检测猪舍的温度、湿度、有害气体、光照、尘埃、微生物等指标，并对照相关标准进行分析评价。

2. 公猪的精液品质评定

主要检测公猪精液的颜色、气味、密度、活率等指标，并对照相关标准进行分析评定。

四、实习组织

1. 猪舍的环境条件评价

教师带领学生观测猪舍，并提出评价意见。

(1)资料准备　教师给学生提前发放猪舍环境条件评价登记表、各类型猪舍的适宜环境标准和猪舍主要环境指标检测技术规范。

(2)仪器准备　教师给学生提前备好所用的环境检测仪器设备及耗材。主要包括温度、湿度、有害气体、粉尘和微生物等测定仪。

(3)现场测定　教师与猪场环保技术员配合，将学生分成若干小组，指导学生对各类猪舍的环境指标进行测定，并做好记录。

(4)讨论交流　教师结合学生的实操表现和测定结果，以提问部分学生和安排学生问询的方式，进行专项讨论和交流。

2. 公猪的精液品质评定

教师带领学生进入校外养猪场、种公猪站或者校内畜禽生产实训室，以鲜精或灌装精液为主，检查其形态、色泽、气味、密度、活率等指标，并提出评定意见。

(1)教师给学生提前发放公猪精子质量检查报告单、公猪精液品质检查技术规范和母猪人工输精技术规范。

(2)仪器准备　教师给学生提前备好全自动精液分析系统、精子密度仪、显微镜、猪精液及稀释液等检测仪器设备和耗材。

(3)检查评定　教师与猪场繁育技术员配合，将学生分成若干小组，指导学生对公猪精液各项关键指标进行检查，并做好记录。

(4)讨论交流　教师结合学生的实操表现和测定结果，以提问部分学生和安排学生问询的方式，进行专项讨论和交流。

五、实习总结

(1)学生撰写并提交猪舍环境条件评价报告和公猪精液评定报告。

(2)教师及时批阅修改，并反馈项目评定报告评价意见。

线上学习

（1）课件学习　养猪的环境控制与育种繁殖。

（2）标准学习　《规模猪场环境参数及环境管理》（GB/T 17824.3—2008）;《猪人工授精技术规程》（NY/T 636—2021）。

（3）相关链接　中国畜牧网、中国养猪网等官网。

（4）技术视频　以德康集团及大伟嘉集团生产技术视频为例，仅作为实际学习操作参考。

项目五养猪的环境控制与育种繁殖 PPT

《规模猪场环境参数及环境管理》(GB/T 17824.3—2008)

《猪人工授精技术规程》(NY/T 636—2021)

公猪采精实务精要

常规输精

深部输精

母猪妊娠检查精要

B 超检查

分娩判断及接产前准备工作

母猪上产房准备

上产床

接产

分娩舍接产及难产处理

建立高健康母猪群高效生产

如何提高后备母猪利用率(上)

如何提高后备母猪利用率(下)

考核评价

1. 理论测试

以养猪的环境控制和育种繁殖为主要内容，以校园网为共享平台，连接学生手机和教室智慧黑板，并要求其在规定的时间(30 min)内完成答题内容，并适时提交。教师通过智慧黑板考核窗口，适时发布学生的答题结果，并进行适当的点评(15 min)。成绩评定按照每空格 2 分，共计 50×2=100 分，其中 90 分及以上为优秀，80 分及以上为良好，60 分及以上为合格，59 分及以下为不合格。

(1)习近平总书记指出："'十四五'时期经济社会发展要以推动(　　　　)发展为主题，这是根据我国发展阶段、发展环境、发展条件变化作出的(　　　　)。"

(2)猪的环境控制就是以猪场大环境的(　　　　)、(　　　　)、(　　　　)和猪舍内环境的(　　　　)、(　　　　)、(　　　　)为要求，通过对舍外(　　　　)、(　　　　)、(　　　　)、绿植、人员、设施、设备、(　　　　)、(　　　　)、猪群、粪污等物流因素的控制和舍内(　　　　)、(　　　　)、光照、声音、(　　　　)、(　　　　)、尘埃、饲养密度、猪体卫生、病猪隔离、粪污清理等环境因子的适宜调节，为猪群创造理想的生活和生产条件。

(3)猪粪污的前端处理主要是采用(　　　　)、(　　　　)、(　　　　)等工艺，将其运至集中处理区，促使其(　　　　)，并做好粪便和污水的资源化利用。

(4)猪粪污的终端利用是将前端处理形成的(　　　　)、(　　　　)、(　　　　)和(　　　　)等资源，与(　　)、(　　)、(　　)、(　　)、(　　)、蔬、花、电等有机融合，构建凸显生态化养猪特色的经济循环产业。

(5)猪是多胎动物，(　　　　)发情，繁殖力强。发情周期平均为(　　)d，发情持续期(　　　　)d，每胎产仔(　　　　)头，妊娠期平均(　　)d，一般断奶后(　　　　)d 可再发情配种。

(6)我国猪的品种资源按照分布地区和育种来源分为(　　　　)品种、(　　　　)品种和(　　　　)品种三个类型；按照产肉特征和体躯结构又分为(　　　　)、(　　　　)和(　　　　)三个类型。

(7)评定猪生长发育的主要指标有(　　　　)、(　　　　)、(　　　　)、(　　　　)、胸深、(　　　　)等，要求达到或超过品种标准。

(8)精子活力是指原精液在(　　)℃条件下，(　　　　)运动的精子数占(　　　　)的比率，一般采用(　　　　)评分法评定。

2. 实践观测

以学生平时的实践训练表现和总结报告为观测点，按照 90 分及以上为优秀，80 分及以上为良好，60 分及以上为合格，59 分及以下为不合格，进行成绩评定。

3. 综合评价

通过"理论测试+实践观测"的方式进行，考核成绩=理论考核(50%)+实践考核(50%)。

项目五考核评价参考答案

项目六

养猪的生物安全和生产管理

教学目标

知识目标 了解猪的生物安全体系、生产类群划分、生产管理特点和生产经营成本，熟悉猪在配种、妊娠、分娩、保育、生长（或育成）、育肥（或后备）等生产车间的周转流程，知道规模化养猪场各车间的管理内容、工作目标和岗位职责，掌握猪场的卫生防疫、生产管理、兽医临床等常用技术操作规程。

技能目标 掌握搞好猪场生物安全的关键措施，学会猪群合理结构的控制方法，能够按照各类猪群的生产特点进行科学的生产管理和经济效益分析。

思政目标 了解产业化养猪对促进乡村振兴和农村经济发展的重要作用，培养以强农兴农为己任的知农爱农新型人才，为新时代的富民强国贡献力量。

学习任务

任务一 养猪的生物安全

猪的生物安全是指养猪过程中，通过理化学、生态学和生物学的方法，保护和提高猪群健康状况和生产性能的系统化管理工程，目的是预防影响猪群健康状况和生产安全的直接或间接污染因子进入养猪生产的各个区域和环节，从而实现养猪空间的立体式净化和生产过程的健康化管理。猪场的生物安全体系是指通过对基于办公区、生活区、生产区、隔离区及附属区等建筑设施的区划隔离，基于土壤、水体、空气、温度、湿度、光照、噪声、尘埃、微生物等内外环境的达标控制，基于人员、设备、饲料、精液、兽药、疫苗、畜体、粪污等物料流通的安全净化，基于消毒、卫生、防疫、检疫、驱虫、除污、灭鼠、病诊、用药、病治、尸焚、绿化、引种、入群、组群、周转、饲喂、饮水、配种、妊娠、分娩、接产、哺乳、保育、生长、育肥、销售等生产过程的绿色管理，最大限度地排除物流、环境和生产因子带给猪群的疫病和污染威胁，从而更好地为猪群创造一个洁净、健康、生态、安全、舒适的多维保护屏障。

猪场生物安全体系构建要素见图 6-1。

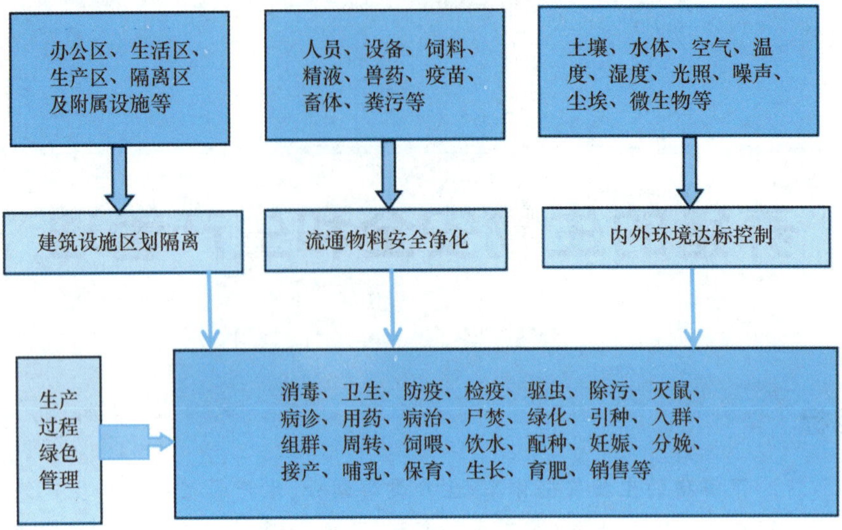

图 6-1　猪场生物安全体系构建要素

一、科学规划建场位置，消除水土空气的污染危害

选址建场是建立猪场生物安全体系的关键因素之一，消除周边物流载体携带病菌的感染源和潜在的水体、土壤、空气等污染源，是保护猪群免受疫病威胁和污染危害的首要条件。

（一）把握选址核心要素

猪场中心位置最好选在地势较高、地形开阔，空气清新、通风良好，水量充足、水质达标，土壤透气、没有污染的地区，场区四周最好具有1～3 km相对独立的空间距离和隔离带，设置围墙、防疫沟及防疫林带。周边适当远离城市、村镇、学校、交通要道和工矿企业，特别是养殖场、屠宰场、畜产品加工厂和生活垃圾处理厂等，尽可能避免工业三废、生活垃圾、畜禽产品和带菌物流等形成的污染危害。

（二）适时监测水土质量

猪场内外环境区域的水体、土壤和空气质量，是影响猪只外来疫病威胁的重要媒介之一，应结合当地水文地质部门定期监测，及时掌握其动态变化，以保证养猪生产处于最佳的地理环境和自然环境，为构建猪场的第一道生物安全屏障，奠定良好的基础。

二、合理布局建筑设施，严密占地区域的防疫控制

养猪的建筑设施主要包括办公大楼、职工宿舍、生产猪舍、饲料工厂、兽医站、肥料站、售猪站及附属设施。由于猪场行政、后勤、生产之间的相互依赖和联系，必然对猪群的生物安全产生直接或间接的影响。因此，合理布局这些设施，对于强化猪场的生物安全体系，预防猪群的疫情疫病发生，具有重要的保护作用。

（一）合理布局设施

猪场建筑设施的布局，应基于猪的生物安全，按照办公、生活、生产、隔离及对应的附属设

施，科学归类，分区建设。一般情况下，可分为办公区(行政、后勤、财务、人事等)、生活区(职工住宿、文化娱乐、健身运动等)、生产区(消毒室、更衣室、公猪站、运动场、配种舍、妊娠舍、分娩舍、保育舍、生长舍、育肥舍、引种舍等)和隔离区(饲料站、兽医站、肥料站、售猪站等)四个区。每区应相距 50 m 以上，形成既相互独立，又相互联系，且易于防疫管控的位置体系。其中办公区、生活区和隔离区，由于经营管理、技术活动、物资供应和产品输出等活动，与社会往来密切，物资流通频繁，污物和病原容易带入而影响猪的生物安全，生物安全防控需引起高度重视。

(二)严密防疫控制

生活区虽相对远离办公区、生产区和隔离区，但形成的生活垃圾、污水应尽可能独立收集和处理，同时要求职工家属不得随意进入生产区；办公区位于生产区的上风向，区内人员应保持自身和办公室卫生，定期消毒，垃圾在指定地点集中焚化，进入生产区须经过专用通道消毒；生产区是防疫管控的核心区域，与办公区设 50 m 及以上的隔离屏障，门口须设人员进出的更衣室、浴室和消毒室，区内的配种舍、妊娠舍、保育舍、生长舍、育肥舍、育成舍、后备舍、引种舍、装猪台建设，从上风向到下风向依次排列。舍与舍之间留出 10～15 m 的绿化带，确保每栋舍都能充分采光、通风和换气，并尽量避免舍内工作人员交叉串舍；隔离区的饲料站紧靠生产区两侧，且有专用的饲料供给净道，售猪站位于生产区之外，但靠近育肥舍并有隔墙分开。兽医站、肥料站置于生产区的下风向，门口设消毒池，内贮消毒液，供来往人员出入消毒，并尽量安排单向工作流程，避免病菌和粪污外溢威胁；规模猪场还可实行可视化管理，通过安装摄像头、传感器等设备，实时监控猪场各功能区的基本情况，及时发现问题和解决问题，提高生产效率和经营效益。

三、安全净化流通物资，避免带菌媒介的接触传播

养猪企业饲养规模大，进出的物料多，如人员与用品、器械与设备、饲料与精液、兽药与疫苗、宠物与蝇鼠、病猪与粪污等。在生产实践中，这些物料的相互流动性很大，若净化处理措施不到位，管理不规范，必然会给猪的生物安全带来很大的威胁。因此，针对不同类别的物料进出，特别是人员、车辆、设备、饲料、畜体、粪污等物料的隔离管控，是养猪生物安全体系不可或缺的重要内容。

(一)人员与用品

猪场的职工和外来人员，穿着的衣帽鞋裤、携带的日常物品等，若未经定时隔离和卫生消毒，可携带病原进行传播。为了降低人媒、物媒对猪场生物安全带来的隐患，猪场入口处可使用通信系统(如蜂鸣器、警报器或双向扬声器系统)提示访客到达，或张贴生物安全的相关信息标识，让进出人员了解猪场生物安全程序和制度；参观人员入场前要洗手或洗澡，经猪场批准后先行登记，并换上猪场提供的消毒服、消毒靴，经专用净化通道彻底消毒后入场参观；猪场员工必须严格遵守消毒、洗澡、更衣等生物安全流程，进出有序，原则上不允许接触其他猪群。如果与其他养猪场或猪群有过接触，入场前须隔离一段时间，并提前 3 d 履行消毒净化程序；猪场职工要注重生物安全知识的培训，外来参观人员一般不允许将随身物品(如食物、衣物、宠物等)随意携带进入工作场区，并尽量少串舍或不串舍。

(二)器械与设备

猪场内常用的器械与设备,主要包括日常办公、饲料检验、环境检测、选种鉴定、人工授精、饲喂饮水、消毒防疫、兽医诊疗、粪污处理、水暖维修、电气维护等方面的配套器械和办公服务车、清洗消毒车、生产运输车、自动料线、自动水线、饲料加工线、智能环控线、肥料生产线、自动饲喂站、人工授精站、兽医诊疗站、肉猪销售站等方面的组合式配套设备。这些器械和设备往往通过人媒、物媒的接触而携带病菌,在生产实践中应高度重视器械混用、车辆进出、设备引进和安装维护等潜在病菌传播的生物风险。其中运输车辆的生物安全防护尤其重要,如办公车辆、饲料车辆等在进场前须进行彻底的喷淋消毒;清洗消毒车、生产运输车等须维护自身的洁净且严格遵守进场车辆的消毒清洗制度;拜访车、购猪车尽量禁止入场。另外,器械设备的引进、安装、维护和使用,也需要强调净化消毒的生物安全操作程序,尽可能减少与场外接触带来的生物安全风险。

(三)饲料与精液

猪的饲料采购、分析、加工、配合、入库、出库、饲喂与猪的精液采集、检查、保存、输精等生产环节,能否保持规范管理和卫生质量,既是提高猪群生产性能的关键措施,更是建立养猪生物安全体系的重要内容。

1. 饲料生物安全管理

为了规范饲料的生物安全管理,做到饲料生产全过程的安全监控和卫生控制,保障种猪的健康生产和出栏肉猪的质量,猪场应科学建立饲料的生物安全管理体系,科学配制猪的全价日粮。要保证对各种原料、添加剂、预混料、浓缩料和全价料等存在的生物危害进行检测控制;对饲料原料的采购、贮藏、加工、混配、包装、入库、出库、饲喂等生产环节进行过程净化,免受病菌感染和威胁,并谨慎使用动物性饲料;外购饲料进场前,要对外包装进行消毒,并在指定区域存放,包装破损的不得进场;同时,要求外来运料车、内部拉料车、贮料塔、饲喂车、食槽等,保持良好的消毒卫生。

2. 精液生物安全管理

猪的人工授精是将公猪的精液采集出来,经品检、保存、输精等环节,促使母猪受孕的配种方法。猪的精液采集、检查、保存利用和适时输精等都在体外进行,自然存在人工、环境、技术、猪体和精液运输等因素,对母猪甚至仔猪形成的生物安全风险。为了防患于未然,首先要保证种公猪和繁殖母猪的健康质量,确保从公猪体内采出的精液和输入母猪体内的精液优质安全;其次要做到采精、品检、保存、运输、输精等过程性环节,在无细菌无污染的条件下完成操作;再次严格精液购买和运送流程,做到购买精液前,了解供精猪的健康状况和精液的卫生质量,力求与精液包装、贮运、输精等接触的人员、设备、物品和用具,如猪精液 17 ℃恒温箱、母猪输精架、显微检查仪等,使用稳定且杀菌消毒。特别是制作的袋装精液要双层包装,以避免运输和使用当中发生潜在污染。

(四)兽药和疫苗

猪场常用的兽药包括抗菌药、抗寄生虫药、消毒防腐药、饲料药物添加剂和针对特定传染病开发的各类疫苗制剂等，主要用于猪病的预防、诊断和治疗，是猪场构建生物安全体系的关键物料，并发挥至关重要的作用。

1. 兽药使用

猪场所购兽药必须来自有《兽药生产许可证》和产品批准文号的生产企业，或者具有《进口兽药许可证》的供应商；兽药的包装必须贴有标签，注明“兽用”字样并附有说明书，标签或说明书必须注明商标、兽药名称、规格、企业名称、产品批号和批准文号，写明兽药的主要成分、含量、作用、用途、用法、用量、有效期和注意事项等。未经国家行业部门批准或已经淘汰的兽药严禁采购使用，如盐酸克伦特罗、β-兴奋剂、镇静剂、激素类、砷制剂等；兽药的库存应根据不同兽药、同一兽药的不同批次分别存放，并登记造册，包括兽药名称、生产厂家、购入日期、有效期、包装规格等，保存环境应符合其规定的保存条件，并在保存过程中随时检查药品的有效期及药品的感观变化，发现问题及时处理；兽药的领用须依据兽医开具的诊断处方单，严格按照药品所规定的用法、用量领用，并严格遵循无公害食品生猪饲养兽药使用准则。兽药使用后要建立保存上报的用药记录，其中治疗用药记录包括生猪编号、发病时间及症状、治疗用药名称（商品名及有效成分）、给药途径、给药剂量、疗程、治疗时间等。预防给药包括药品名称（商品名及有效成分）、给药剂量及疗程等。猪群在使用抗生素和抗寄生虫药后，按规定时间执行相应的休药期，一般不少于 28 d。

2. 疫苗使用

疫苗使用应遵守国家关于生物安全方面的规定，使用来自合法渠道的优质疫苗产品，不使用实验产品或中试产品。要求采购、运输、保存、稀释、注射等环节的操作，符合生物安全的基本要求。使用前，仔细阅读疫苗说明书，了解疫苗的适用范围、注意事项等信息，检查包装是否完好无损，疫苗品质是否安全可靠；使用时，仔细检查疫苗的质量、封装、有效期情况，严格按场内制订的免疫程序，规范操作规程（保存、运输、稀释、注射等），严格消毒，防止带毒或交叉感染，保证人员和猪体的安全；使用后，认真做好疫苗的详细记录和定期归档，记录内容包括使用日期、疫苗种类、批号、使用数量、注射部位、使用人员等，并及时提交给兽医统计分析和定期归档，为更好地开展疫情监测和制订防疫措施提供参考；疫苗保存建立出入库制度，贮存室、冰箱、恒温箱等洁净安全，确保疫苗的有效性。由冰箱内取出的疫苗，要求在 1 h 内注射完成或用冰块保存好，冻干苗现配现用，对未用完的疫苗密封好，并及时放入冰箱保存；废弃的疫苗及包装物不得乱丢乱弃，应按照国家规定的原则和办法进行无害化处理。

（五）宠物和蝇鼠

猪场通过动物媒介如猫、犬、苍蝇、老鼠、蚊子、飞禽等，会给猪群带来很多种疾病。因此，防治犬猫进场、进舍和实施灭蝇、灭蚊、灭鼠及驱除飞禽鸟类等措施，是猪场制订生物媒介控制方案、构建生物安全体系的重要组成部分。主要内容包括：妥善维护猪场、猪舍的外围墙栏和门、窗、顶棚等设施设备，以防野生动物进入。对猫、犬、鸡等动物，需要有固定的围墙进行隔离，并做好管护；对于蝇、蚊、鼠等动物，则需要通过药物驱除，特别是啮齿动物，要检查建筑物和饲料贮存区是否存在粪便和巢穴，据此应及时切断其食物来源，捣毁巢穴、堵住漏洞，防止其反复进场；对于飞禽类要仔细确定，检查其是否在猪场内出现筑巢、栖息和排粪等现象，是否有进入料房、猪舍和场区活动的迹象，然后根据结果采取相应控制措施，如安装防鸟屏障、播放鸟类驱离声音，安装反光镜等。必要时，可按照季度原则，定期监测生猪的饲料、粪便和水体等，观察是否存在动物引起的虫害污染，从而更好地完善灭虫、灭鼠和驱离飞禽鸟类等工作；在生产实践中，还要及时清除猪场、猪舍内外的垃圾、杂物、废料、病尸、积水、粪污等，控制场舍内外的杂草生长，做好绿植草坪的修剪维护，以保持环境的清洁整齐，可有效减少虫害的发生。

（六）病猪与粪污

现代养猪生产的饲养规模大、粪污排泄多，需要高度重视非正常出现的病死猪和粪污的无害化处理，避免病菌的扩散和对环境的污染，这是猪场建立生物安全体系的关键措施。

1. 病猪处理

病猪处理按照国家的法律法规和猪场的生物安全管理制度执行，严格遵守隔离、消毒、冲洗、检疫、登记、运输和处理等规定要求。对于猪场内的普通病猪，需要及时将病猪转到隔离栏进行治疗，康复后仍需细致的检疫，确认达标方可入群；对于患有重大传染病和未及时治疗形成的病死猪，不得随意乱扔和堆放，应按照猪场的生物安全规定，通过专用车辆运至指定地点，进行隔离、消毒、冲洗和处理。常用的方法为土壤深埋法、化学制剂腐蚀和焚尸炉焚烧等，处理完毕后，应对其所在区域进行彻底的清洁和消毒。

2. 粪污处理

猪场的粪污基于生物安全体系的建立，既要转为资源利用，又要防止病原传播，还要实现生态环保。首先应做到收集、运输和储存干净无污染，如干清粪、水泡粪、水冲粪等工艺；其次应做到粪水分离、除臭除污和生物净化，如粪便净化生产有机肥、污水净化生产灌溉水、粪污发酵生产沼气能源等；最后应做到粪污与种植、养殖、林果、水产、蔬菜、花卉和绿植草地等产业的有机融合，进而达到农牧循环利用的目的。

四、切实加强消毒卫生，打造洁净舒适的养殖环境

猪场的生物安全体系对环境的依赖性很高，如何基于消毒、卫生、绿化、清污等措施和保持适宜温度、湿度、通风、光照、噪声、粉尘、微生物等条件的环境治理，是养猪生产构建高效生物安全体系的核心内容和关键措施。在养猪生产实践中，应在搞好场舍内外清洁卫生的基础上，制订严格的消毒卫生制度和打造洁净舒适的养殖环境，确保猪群的健康生活和高效生产。

（一）消毒卫生管理

消毒卫生是猪场消灭病原微生物、防止疫情发生的重要措施，对于打造洁净、无污、环保的生态养猪环境，具有重要的支撑和保障作用。因此，养猪场必须制订详细的消毒卫生制度，强化厂区卫生管理。许多猪场由于缺乏严格的消毒卫生制度，造成病原微生物在场内的感染和传播，给猪的健康生产带来很大的危害，生产中需引起高度重视。

1. 消毒制度

猪场要制订常态化的猪舍周消毒制度、厂区内环境的月消毒制度、场区外环境的季消毒制度和临时性的紧急消毒制度，并责任到位，严格落实。

2. 消毒区域

实施人、车、物、料在猪场门口、生产区门口、猪舍门口的三级进出消毒程序，设置符合防疫

规定的消毒池,并认真做好舍内墙壁、顶棚、地面、粪沟、设备、工具、猪体、饲料、饮水的卫生消毒工作。特别是舍内外的一些重点位置,如引种舍、病猪隔离舍、装猪台、赶猪道、粪尿沟、堆粪场、污水池等要消毒到位,保证安全。

3. 消毒制剂

选用合理的消毒制剂,主要包括洗涤剂、次氯酸盐、戊二醛、福尔马林、碱消毒剂、酚基消毒剂等。要求消毒时间足够,消毒物体与消毒剂接触时间足够,消毒液最好交替使用。例如,0.8% 氢氧化钠对病菌和寄生虫卵有较好的杀灭作用,可用作猪场猪舍门口处的消毒池液;再如,按每立方米空间用高锰酸钾 16 g、福尔马林 32 mL、常水 16 mL 的比例配制消毒液,放在瓷质器皿中混合即会产生蒸汽进行熏蒸消毒。熏蒸消毒需要房舍密闭,时间 10～12 h,温度 20 ℃ 左右,且相对湿度以 60%～80%为宜。

4. 消毒方法

养猪常用的消毒方法主要包括喷雾、浸泡、喷淋、熏蒸、紫外、臭氧、高温等。不同的区域,要选择不同的消毒方式,以保证消毒药剂发挥最大的效力。例如,喷雾消毒、喷淋消毒速度快,可以很快将要消毒的区域或者消毒的物体完全覆盖,适合对猪舍内部进行空栏消毒或者带猪体消毒,以及人和车辆等运动体的进场消毒;再如,浸泡消毒、浸渍消毒以新洁尔灭、来苏尔等温和型消毒剂为宜,洗干净的小型金属器械、注射器和衣物、鞋帽等,都可以采用浸泡消毒,这种方法不宜使用强酸、强碱消毒剂。

(二)创造洁净环境

猪场的环境控制是结合当地气候环境条件和适宜的养猪环境参数(国标),以舍内空间、场内区域和场区周边控制为主要治理目标,通过水土净化、卫生清洁、绿植栽培、粪污处理和猪舍小气候环境调节等措施,为猪群的生长、生产提供舒适、健康、安全的生产条件。

1. 实施定期卫生清洁制度

基于水土无害、空气新鲜、物料卫生、粪污利用、空间绿化、卫生整洁的环境控制目标,培养职工树立"环境、饲养、管理"都是生物安全的理念,实施场区内外以周、月、季为时段的定期卫生清洁制度。

2. 建立粪污生态处理系统

结合猪场生产条件,对猪的粪便尿液、生产垃圾和人们的生活垃圾等污物,建立基于生态环保的净化处理系统(详见项目五任务一养猪的环境控制)。

3. 创造健康舒适生活环境

猪舍环境实施以温度、湿度、通风、光照、噪声、粉尘、微生物等为重点因子的适时监测和达标制度。其中温度、湿度根据不同季节的气候变化,以不同类别猪群的适宜参数(详见表 5-1)为标准进行相应的调节;空气质量根据氨气、硫化氢、二氧化碳为主要指标的监测结果,依据标准参数(详见表 5-2)进行通风换气的调节;微生物和粉尘以猪舍每立方米空气中所含的细菌总数和尘埃微粒数(详见表 5-2)为标准,通过强化猪舍内外环境的消毒、加大空间环境的湿度、改进饲料喂饲状态、增加绿植林草面积和减少人员机器活动等措施,进行合理的调节;光照根据猪舍的建筑类型和结构特点,以自然光照和人工光照条件下的适宜参数(详见表 5-4)为标准，进行光照时间和强度的调节；噪声根据猪舍内外生产活动和周边环境的外部声音强度，以不超过 80 dB 为标准进行调节。保持安静的环境，可减少猪的应激反应，有利于猪的健康生产。

五、严格规范引种销售，防止外来疫病的感染风险

猪的引种和销售是猪场与外界发生频繁联系和病原潜在进入的风险环节，不管是引入的种猪，还是销售的肉猪，都存在着受地区、人员、设备、车辆、装猪、卸猪、隔离、检疫、入群等众多因素传播疫病的可能性，如细菌、病毒、真菌、支原体、皮肤和内寄生虫等病原体，都会随引入的种猪和出售的肉猪一起带入猪场或特定区域，特别是引入无临床症状的带毒种猪，无疑会给生产造成巨大的损失。因此，猪场应在坚持自繁自养的基础上，严格规范引种和销售的程序、方法及要求，切实做到计划周密，过程安全，为完善猪的生物安全体系，提供坚实的保障。

（一）种猪引入

现代养猪为了更新猪的品种、血缘和维持合理的结构，适时引入种公猪和后备母猪，已成为生产实践中的必需活动之一。

1. 引种计划制订

引种开始前，要制订合理可行的计划和实施方案，明确目标、品种、数量、时间、地点、人员、车辆和途中管护、落地隔离及入群饲养等实施内容；需要引入种猪时，做好产地疫情调查，索要引种企业的种猪系谱卡、合格证和《种畜禽生产经营许可证》等，并在确认引种区无疫病流行的情况下，方可安排时间，适时引入。

2. 引种地点选猪

引种地点选猪时，要求供猪者必须出示原猪场的饲养管理、疫苗接种、驱虫保健、疾病检测和生产资料等信息。引种技术人员要聚焦健康状况、品种特征、体形外貌、生产档案等方面的优劣表现，严格挑选符合育种要求的种猪，并结合当地疫病的流行特征，采取血清或其他样本进行相应的病原检测，确认为阴性不带毒（菌）者，方可考虑引入。

3. 运猪途中看护

运猪路途中要做好猪的饲养管理、防暑防热、防寒防冷和应激预防。例如，途中出现停留时间过长，中途应停车休息和检查；猪群出现应激反应，可用生理盐水、葡萄糖、维生素 C 等进行肌内注射或补喂补饮。

4. 种猪入场隔离

引入种猪进场时，要安排进入专门的隔离舍饲养，时间 30～60 d，其间全封闭管理，专人看管。要求具有独立的饲养空间、饲料供应、饲喂饮水和严密的消毒卫生及防疫体系，禁止与其他猪群、家畜和野生动物等接触，防疫间隔保持在 2～3 km 及以上。

5. 入舍过渡管理

引入种猪进场后，应安排独立的圈舍进行饲养管理，要求环境保持干净、干燥和舒适，并有自己专用的粪便处理设施。其中入舍期初的 1 周之内，按原猪场猪群的免疫计划进行相应疫苗的免疫，并执行相同的饲养管理方案。要求饲料类型、饲喂时间、饮水次数和圈舍环境等条

件，尽量与原猪场保持一致；入舍隔离 1 周之后，逐渐过渡并对接引入场猪的饲养管理方法，即原猪场和引入场在环境条件、饲料类型、饲喂方法、饮水模式、兽医保健等方面的渐进式融合。

6. 入群检测达标

每天密切观察隔离猪的健康情况，并在隔离 14 d、30 d 和混群前各进行 1 次采血检测。检测结果经兽医确认合格，并在猪群的饲料、饲喂、饮水、消毒、防疫等条件达标后，方可混群饲养。

7. 外购精液检查

猪场外购的精液不仅要保证精液密度、精子活力和精液感官指标的达标要求，更需要进行各类病原的检测，如非洲猪瘟、蓝耳病、圆环病、口蹄疫等，待检测结果确认合格，确定没有特定病原（包括外包装和泡沫箱等容器）之后方可使用。

（二）肉猪销售

一般情况下，规模化养猪企业饲养规模大，生产工艺先进，每年出栏的肉猪数量很多。如饲养 500～600 头基础母猪的规模化猪场，若按照工厂化运营模式，连续而均衡的进行肉猪的生产，每周出栏肉猪数可达 200 头左右，每年出栏肉猪数一般会达到 10 000 头及以上。因此，规范肉猪的销售环节，避免疫病感染，对于猪场的生物安全具有决定性作用。

1. 售猪区的基本建设

为了防疫安全，需在猪场外围靠近生产区育肥舍的下风处，设立专门的售猪区，要求与场区围墙之间保持不小于 50 m 的防疫间隔距离。售猪区修建专门的装猪台，其面积大小、高度、宽度与装猪车厢的底部规格一致，装猪台与场区之间修建两侧带有金属栅栏的赶猪专用道，并与场区围墙内的赶猪通道相连。围墙连接处设可活动的金属栅栏，方便肉猪从场内赶猪道进入场外赶猪道直至装猪台。装猪台衔接赶猪道一侧设为斜坡式混凝土粗糙面，方便肉猪从赶猪通道进入装猪台直至车内。

2. 售猪区的消毒卫生

一般情况下，购猪车辆、人员、设备等严禁与场内接触，以防止造成疫病的传播危害。内用车辆、设备须经清扫、冲洗、消毒等程序后，方可进入售猪区。售猪区装猪完毕后，应全方位对售猪区域进行卫生清理、消毒和冲洗，污水须经专门的排水沟排到场外。

六、正确安排猪群周转，保证生产运行的生物安全

近年来，随着集约化、工厂化养猪生产的发展，猪群不断周转和循环带来的疫病传播问题日益凸显。在生产实践中，应根据各类猪群的生产安排，科学设计饲养工艺，做到既要合理控制相对独立的工艺时段，又要精准精细安排猪的饲养管理，更要高效保障猪的生物安全，这是生产中健康、安全养猪的重要环节。

（一）猪栏交替接续的生物安全

养猪生产基于配种、妊娠、分娩、保育、生长（或育成）、育肥（或后备）的生产工艺，安排猪群执行“分期分批、全进全出”的周转制度。其中种猪的周转安排是配种车间→妊娠车间→分娩车间→配种车间的循环生产；仔猪的周转安排是分娩车间→保育车间→生长（或育成）车间→

育肥(或后备)车间的批量生产。为了确保工厂化养猪“分期分批、全进全出”工艺的生物安全,每个车间除了配置用于正常饲养猪群的栏位外,还需备置专门用于猪群进出交替接续的一组空栏单元。各车间的转群猪栏单元,需要经过彻底的卫生消毒,以防猪群在周转过程中,造成生产流水线上病原微生物的相互传播与危害。

(二)猪群周转管理的生物安全

养猪生产的运行,猪群的周转次数频繁、接触工艺环节较多。如果车间内的设施、设备、饲料、饮水、猪体、粪污及其他物料等,存在消毒不周、卫生不良、病原感染等问题,必然会引起猪场内部生产过程的循环污染。因此,养猪生产运行的生物安全,首先是基于配种、妊娠、分娩、保育、生长(或育成)、育肥(或后备)等生产岗位,将猪群划分为种公猪、空怀母猪、妊娠母猪、分娩母猪、哺乳仔猪、保育仔猪、生长(或育成)猪、育肥猪和后备猪等类群,精准供给安全卫生的饲料饮水,为猪的生物安全提供饲养管理保障;其次是强化对各车间人员、设施、设备、饲料、饮水、粪污等物料的卫生净化、粪污处理和全方位消毒,为猪的生物安全提供环境控制保障;然后是严格执行配种、妊娠、分娩、保育、生长(或育成)、育肥(或后备)等岗位的技术操作规程,为猪的生物安全提供日常管理保障。采取这些措施的目的,就是保障猪群既能合理地周转运行,又能健康有序地完成各车间的生产任务。

七、高度重视疾病防治,做好各类猪群的健康照护

养猪生产必须牢固树立“疫病预防重于治疗、疫病风险大于市场风险”和“人员、物资、设施、设备、环境、卫生、育种、繁殖、饲养、管理、兽医、保健及粪污处理、生态绿化、产品销售”等生物安全控制因子的生产新理念,从养猪的源头、过程、空间和产品等多角度出发,全方位、立体化开展猪的疾病防治和健康照护。

(一)猪的疾病防治

猪的疾病防治主要包括传染病、寄生虫病的防制和普通病的诊断及治疗,这是做好猪病防治的基础和关键。实践中应根据当地疫病流行情况,在做好消毒卫生、环境控制和饲养管理的基础上,制订合理的免疫计划,及时注射疫苗和定期开展疫病监测,以更好地预防猪群传染病和寄生虫病的发生。同时要做好猪普通病诊疗和病死猪的无害化处理,从而有效地促进猪群的健康生产。

1. 猪的免疫接种

免疫接种的目的可分为预防和控制两种。对于大多数猪的疫病来说,免疫接种旨在预防猪体免受感染;在本地区不存在某些传染病时,是否接种应视被传播的危险性而定,有良好的免疫程序是预防疫病暴发的一种保证。猪场应根据本地区或本场疫病的流行规律、流行病史和猪的品种、日龄、母源抗体水平、饲养管理条件等因素,制订科学合理的免疫程序。所制订的免疫程序,还应根据疫情变化、疫病流行、猪群生产等动态情况,及时进行修正和补充。

2. 猪的疫病检测

猪场需定期做好猪的疫病检测工作,以便对猪场的疫病发生、免疫质量、净化水平等进行

合理监控和评价，帮助猪场及时采取或更新猪病防制措施，切实保障猪群的健康生长和生产。例如，在生产实践中，常常采用标准试剂盒每3个月对规模猪场的猪只采集血清，进行口蹄疫、猪瘟、猪蓝耳病等病种的抗体检测，以更好地维持猪群健康或修订免疫程序。

3. 猪的疾病诊治

猪场的猪群发生疾病，应及时隔离、诊断和治疗，发现病猪及时做好标记，初步诊断病因或咨询兽医问诊，并根据严重程度，决定是否转至隔离栏或隔离舍，由兽医人员专门治疗。治疗时，选择安全有效的药物，按照说明书正确使用。若使用针剂，尽量做到一针一猪或一针一窝。治疗结束后，病死猪、针剂瓶、注射器、针头及废弃的杂物，应及时焚烧或掩埋处理。

（二）猪的健康照护

猪的优质饲料供应、适宜环境控制、科学饲养管理，保持健壮体质、提高抗病能力和生产优质产品，是猪日常健康管理的基本目标。

1. 猪的健康观测

在生产实践中应围绕猪的饲料、环境、饲养、卫生、防疫、驱虫、检疫等要素，结合本地区、本猪场生产实际特点，制订翔实的猪群健康实施计划，每天通过望、闻、问、切等方法，观测并记录猪的精神状态、日常行为、环境指标及采食、饮水、卧息、被毛、皮肤、粪便、尿液等方面的变化，发现病猪及时做好标记、即时上报或隔离治疗。猪群超过5%的猪只发病时，应对全群采取有效措施进行处理。

2. 猪的药物保健

根据猪只不同生长阶段疫病发生的特点与规律，通过饲料或饮水添加细胞因子产品、抗病毒中药和高效抗菌药物等进行猪的保健，可有效提高机体的免疫力和抗病力，减少疾病的发生与流行。选用药物保健的原则是：药物对猪体没有毒副作用，不产生药物残留，不产生耐药性，并具有抗病毒、抗细菌、抗应激，以及提高免疫力的功能。目前，在兽医临床上常使用氟苯尼考、芪黄素、金黄素、银黄素、灵芝多糖、黄芪多糖、猪苓多糖以及干扰素、抗菌肽、溶菌酶等，用于猪的药物保健，在生产实践中，已受到很多养猪场（户）的青睐。

健康的养猪生产是基于全过程、立体化控制的生物安全体系，通过选址的科学规划、设施的合理布局、物资的流通净化、环境的消毒卫生、人畜的隔离管控、粪污的资源利用、饲料的合理供给、技术的规范操作、猪群的周转安排、日常的健康护理、疫病的检测免疫、疾病的诊断治疗、药物的正确保健、生产的静净控制、科学的饲养管理和营销的安全保障等关键性措施，建立防止病原入侵和污物危害的多层屏障，为猪群的生长和生产搭建“无形”的生物安全保护网，以更好地促进养猪生产高质量发展。

任务二　养猪的生产管理

养猪的生产管理主要是根据猪群饲养车间的目标、任务和技术规程，合理安排猪的配种、妊娠、分娩、哺乳、保育、生长（或育成）和育肥（或后备）等岗位工作内容，主要包括猪的发情、授精、孕检、接产、哺乳、断奶、育成、后备、鉴定、分群、调群、整群、饲喂、饮水、运动，免疫、检疫、驱虫、选种、选配、杂交、鉴定、体测、引种、留种、销售、隔离、消毒、卫生，防暑、保温、通风、防鼠、灭蝇、清粪等众多生产环节，并将其相互联系起来，严格按照先进、标准和符合实际要求的岗位操作规程，落实到养猪的全过程，为高质量、高效益的组织养猪生产奠定基础。

一、猪的生产类群与结构控制

猪的生产类群是指基于引种、繁殖和选育而形成的种公猪群、空怀母猪群、妊娠母猪群、分娩母猪群、哺乳仔猪群、保育仔猪群、育成猪群(非留种为生长猪群)、后备猪群(非留种为育肥猪群)和鉴定猪群，鉴定猪培育合格者即转为基础公猪或基础母猪。不同的生产类群在群体结构中所占的比例，直接决定着猪群是否能保持高水平的生产效益和可持续发展的潜力。在生产实践中，应根据猪的饲养规模高度重视群体生产结构的合理性和科学性。

(一)生产类群构建

猪的生产类群是指基于种猪从配种、妊娠、分娩、泌乳、干奶、发情，再到配种的循环生产工艺和仔猪从出生、哺乳、断奶、保育、生长(留种为育成)、育肥(留种为后备)，直至出栏的批次生产工艺，依据年龄划分和周转安排，而形成的处在不同生产时段和承担不同生产任务的猪群。

1. 生产年龄划分

一般情况下，猪的生产类群划分是依据种猪和肉猪的生产工艺，将仔猪(出生至 2 月龄)分哺乳(1 月龄)和保育(2 月龄)两个阶段饲养，即形成哺乳仔猪群和保育仔猪群，其中保育仔猪期满通过系谱检查、外貌鉴定、体重称测和健康观测等措施，建立合格的生长(或育成)猪群(3 月龄)；生长(或育成)猪期满不留种即形成育肥猪群(4～6 月龄)，若留种则分后备(4～7 月龄)、鉴定(8 月龄至 1.5 岁)二个阶段培育，即形成后备猪群和鉴定猪群，鉴定猪经鉴定合格转入种猪群，其中种母猪(1.5～5 岁)按照种质优劣和等级要求，分为基础母猪群和核心母猪群(为基础母猪群数量 25%)。种公猪独立组群，并与基础母猪保持 1∶(20～30)的性别比例，即形成种公猪群。一般情况下，猪的生产类群主要是以母猪的生产年龄和仔猪的生长发育过程为依据，进行合理的划分而定。

猪的生产类群划分见图 6-2。

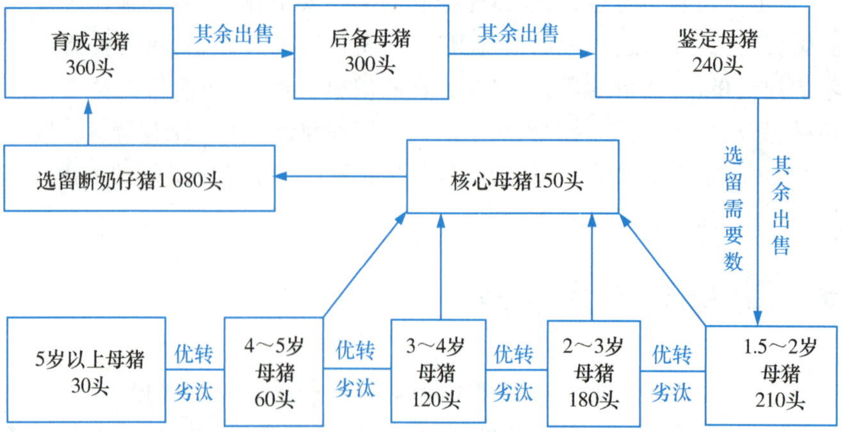

图 6-2　猪的生产类群划分

2. 生产周转安排

现代养猪以合理的生产类群、数量结构、车间配置（以猪舍为基础的生产单元）、饲养规程和工艺设计为基础，按照配种、妊娠、分娩、保育、生长（留种即为育成）、育肥（留种即为后备）的流水式生产工艺，以"周"为单位，安排猪群在每个车间的规定时限内，完成特定的工序任务，之后转入下一个车间，以此类推，有序组织生产。

猪的生产周转安排见图 6-3。

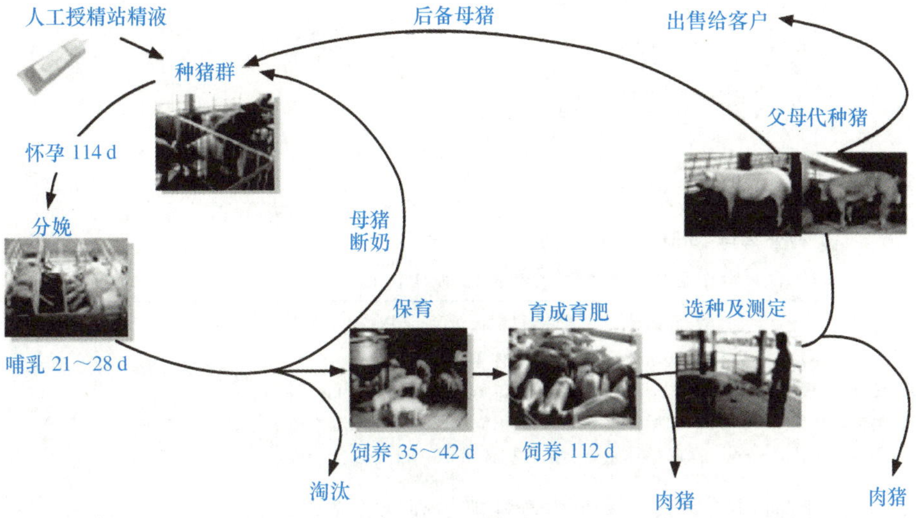

图 6-3　猪的生产周转安排

一般情况下，猪的生产类群周转安排有两种模式。

（1）母猪的生产周转安排　配种→妊娠→分娩→泌乳→干奶→发情→配种。即充分利用母猪的繁殖年龄和生殖规律，最大限度地安排母猪连续而紧密的循环产仔，增加总产窝数。

（2）仔猪的生产周转安排　基于种用和肉用两个生产方向安排。其中，用于种猪培育的周转安排为哺乳→保育→育成→后备→鉴定→留种→补充种群；用于肉猪生产的周转安排为哺乳→保育→生长→育肥→出栏销售。即充分利用猪的生长发育规律，按照生长期（25～50 kg）、育肥前期（50～75 kg）、育肥中期（75～100 kg）和育肥后期（100～120 kg）四个时期分段饲养。商品肉猪可在体重达 100～120 kg 时，适时出栏销售，并形成批次循环生产；后备猪经选种鉴定合格后，补充基础种猪群或作为商品种猪销售处理。

在生产实践中，应将母猪和仔猪的生产周转安排有机地连接和融合起来，共同构建基于种猪和肉猪生产的工艺流水线，这是现代养猪以"工厂化"生产模式运行的生产基础。

（二）生产结构控制

一般情况下，猪群的生产结构主要由哺乳猪群、保育猪群、生长猪群（留种为育成）、育肥猪群（留种为后备）、鉴定猪群（鉴定母猪、鉴定公猪）、基础猪群（种公猪、繁殖母猪）、核心猪群等组成，各自所占的比例称为猪群的生产结构。

猪群生产结构的适宜比例见表 6-1。

表 6-1 猪群生产结构的适宜比例

猪群类别	年龄	占基础母猪比例/%	基础母猪/头					
			100	200	300	400	500	600
育成母猪	2～3 月龄	60	60	120	180	240	300	360
后备母猪	3～8 月龄	50	50	100	150	200	250	300
鉴定母猪	8 月龄至 1.5 岁	40	40	80	120	160	200	240
基础母猪	1.5～2 岁	35	35	70	105	140	175	210
	2～3 岁	30	30	60	90	120	150	180
	3～4 岁	20	20	40	60	80	100	120
	4～5 岁	10	10	20	30	40	50	60
	5 岁以上	5	5	10	15	20	25	30
核心母猪	基础群中挑选	25	25	50	75	100	125	150
种公猪	①种公猪与基础母猪的比例为 1∶(20～30)。 ②保育猪群中选留育成猪群的数量比例为 3∶1。							

注:①哺乳猪。年龄 0～1 月龄,起始体重 1.5 kg,目标体重 8 kg 及以上。
②保育猪。年龄 1～2 月龄,起始体重 8 kg,目标体重 25 kg 及以上。
③生长(或育成)猪。年龄 2～3 月龄,起始体重 25 kg,目标体重 50 kg 及以上。
④育肥猪。生龄 3～6 月龄,起始体重 50 kg,目标体重 120 kg 及以上出栏。
⑤后备猪。年龄 3～8 月龄,起始体重 50 kg,目标体重 130 kg 及以上初配。

猪在不同年龄阶段的繁殖效率与生产性能的高低关系密切,如 2～4 岁的壮龄猪往往处在繁殖能力的高峰期,5 岁以上的老年猪繁殖能力明显下降。同时,猪的生产类群还因年龄老化、疾病死亡和种质不达标等,需要不断地更新和淘汰。在生产实践中,为了维持理想的猪群生产结构,应时刻掌握其在繁殖年龄和更新淘汰等方面的动态变化,做到既要控制猪群高效繁殖的年龄结构,又要随时做好个体的更新、补充或淘汰,进而为保证理想的猪群生产结构和更好地高效繁殖,奠定良好的基础。

二、猪的高效饲养与科学管理

猪的高效饲养与科学管理是养猪生产的重要组成部分,体现于配种、妊娠、分娩、泌乳、哺乳、断奶、保育、育成、后备、生长、育肥及人员、岗位、设施、设备、饲料、环境、猪群、粪污、卫生、消毒、防疫、肥料等生产的全过程。随着我国规模化、工厂化、产业化、健康化和智慧化养猪步伐的加快,科技化的技术、工艺和方法,专业化的规程、规范和标准,优质化的无公害、绿色和有机猪肉等生产新模式,将赋予养猪全过程精准、精细、生态和智慧的新发展理念,这是新时代高质量养猪的必走之道。

(一)哺乳仔猪的饲养管理

哺乳仔猪是指自出生之日起,哺乳至 28 日龄或 35 日龄、目标体重达 8 kg 及以上时的猪只。这个时期仔猪的主要生理和生长特点:一是消化器官不发达,消化机能不完善;二是体温调节能力差,容易受凉发病;三是缺乏先天免疫力,抗病能力弱;四是相对增重快,神经、骨骼发育强烈,肌肉、脂肪发育较缓;五是胎盘构造特殊,生后仔猪易发生贫血等问题;六是仔猪对体外环境的适应能力和乳汁饲料的自主摄取能力较差，需要人为地给予精心照护。在生产实践中，应根据仔猪的这些特点，有针对性地采取措施，提高仔猪的培育质量。

1. 精准饲养

根据哺乳仔猪的生理和生长特点，在搞好接产护理的基础上，利用母乳、开食料和全价料实施补喂，精准供给营养，促进仔猪的生长发育。

(1)合理供给营养　根据 GB/T 39325—2020《猪营养需要量》得知，3～8 kg 的哺乳仔猪每千克饲粮的营养水平为消化能 14.95 MJ、粗蛋白 21.00%、总钙 0.90%、有效磷 0.57%、赖氨酸 1.42%、蛋氨酸+半胱氨酸 0.78%、食盐 0.25%。在生产实践中，应按照饲养标准，依靠母乳和补喂的全价料，充分满足仔猪的生长发育。

(2)保证母乳喂养　母乳是仔猪生后 21 d 之内甚至断奶前的主要营养来源。要求母猪哺乳期产奶充足，仔猪吃乳充分，特别是生后 2 h 内应保证仔猪早吃初乳，提高抗病能力。由于母猪的放乳属于反射性泌乳，看护人员要为仔猪吃乳提供安静舒适的环境和充足的时间，随时帮助仔猪特别是弱小的个体吃上乳汁，满足其营养需求。另外，初生仔猪因存有抢占多奶乳头、并固定为己有的习性，为了使一窝仔猪发育整齐，可按照弱小仔猪固定在前部乳头、强壮仔猪固定在中后部乳头、其他仔猪自寻乳头的方式处理。

(3)及时开食补料　哺乳仔猪的相对生长增重很快，尤其是神经、骨骼等体组织发育迅速，对营养物质的需求也与日俱增。而母猪的泌乳量在分娩后 3 周达到高峰，之后逐渐下降，很难全程满足仔猪的营养物质需求。据报道，3 周龄仔猪摄入的母乳能满足其总营养物质的 97%，4 周龄 84%，5 周龄 50%，7 周龄 37%，8 周龄 27%。如不及时补料，会影响仔猪的生长发育。及早补料不但可以促使仔猪的消化器官的发育，还可防止仔猪下痢，为安全断奶奠定基础。这一时期仔猪的平均日采食量为 0.29 kg，平均日增重为 220 g，料重比为 1.32。

①开食用料。应使用加有甜味剂、奶香味的诱食料或焙炒后带有香味的玉米粒、高粱粒、小麦粒及营养全价的颗粒料等。近年来，对早期断奶仔猪饲粮的研究表明，适当添加复合酶、有机酸(延胡索酸、柠檬酸等)、调味剂(奶香味调味剂)、乳清粉、香味剂、微生态制剂(乳酸杆菌、双歧杆菌)等，可提高饲粮补饲效果，并能预防下痢。

②开食日龄。仔猪开食一般在 6～7 日龄进行，因为仔猪生后 6～7 日龄牙床开始发痒，喜欢啃咬硬物或拱掘地面。仔猪对这种行为有很大的模仿性，只要一头猪开始拱咬东西，别的仔猪很快也来模仿。因此，可以利用仔猪的这种习性和行为，通过诱导补饲和强制补饲等方法训练仔猪采食。

③开食方法。主要采用诱导补饲和强制补饲两种方法。诱导补饲是利用仔猪喜爱香、甜味物质及模仿母猪采食的习性，在仔猪补饲栏中放入加有调味剂(如乳猪香)的乳猪料，或者炒香的高粱、玉米、黄豆或麦粒等，任仔猪自由舔食；也可将粉料调成粥状，取少许抹在仔猪嘴上或在哺乳时涂在母猪乳头上，让仔猪随乳汁一起吃进，每天 3～4 次，连续 3 d，直到仔猪对饲料感兴趣为止。强制补饲是仔猪达 7 日龄时，每天将母仔分开，定时哺乳，造成仔猪饥饿和被迫采食饲料的欲望，然后强制性地将饲料喂进仔猪口中。仔猪一旦对所补饲料的味道熟悉后，就会形成条件反射，闻到饲料味就会走过去吃料，这是补料成功的重要标志。

④饲料过渡。仔猪开食后，应先在补饲栏内放入全价料，再在上面撒上一层诱食料，仔猪在吃进诱食料的同时，可将全价料同时吃进，然后逐渐过渡到全价料。补料应遵循少喂勤添的原则，要求 10～15 日龄每天 2 次，以后每增加 5 d，增补 1 次，及时清除剩料，定期清洗料槽即

可。一般经过 7 d 的训练，15 日龄后仔猪即能大量采食饲料，20 日龄以后随着消化机能的渐趋完善和体重的迅速增加，食量大增，并进入旺食阶段，此时应加强补料。补料的同时注意补水，最好安装自动饮水器。

(4)适时安排补铁　铁是造血原料，刚出生的仔猪体内铁储备少，只有 30～50 mg。由于仔猪每天从母乳中获得的铁只有 1 mg 左右，而仔猪正常生长每天每头需要铁 7～8 mg，如不及时补铁，仔猪就会患缺铁性贫血症；铜是猪必需的微量元素，铜的缺乏会减少仔猪对铁的吸收和血红素的形成，同样会发生贫血。高铜对仔猪生长和饲料利用率有促进作用，但过量添加会导致中毒。另外，初生仔猪缺硒会引起拉稀、肝坏死和白肌病等。仔猪补铁常用的方法是生后 2～3 日龄肌内注射 100～150 mg 牲血素或者富血来等，2 周龄再注射 1 次即可；也可用红黏土补铁，在圈内放一堆红黏土，任其舔食。

2. 科学管理

哺乳仔猪的科学管理，应充分利用分娩床母仔相对独立的生活空间，在立足通过哺乳、补料、补铁等供给营养的基础上，重点做好保温与防压、寄养与并窝、防病与治病、断奶与转群等工作。

(1)保温与防压　哺乳仔猪生后适宜的环境温度为 1～3 日龄，32～35 ℃；4～7 日龄，28～30 ℃；以后每周下降 1～2 ℃。要求温度随日龄的增加逐渐过渡，尽可能保持恒定与渐变，防止突然过高或过低。产房内温度应控制在 18～20 ℃，设置仔猪保温箱，在保温箱顶端悬挂 150～250 W 的红外线灯，悬挂高度视需要调节，照射时间视温度随时调整；还可用电热板等办法加温，条件差的可用热水袋、输液瓶灌上热水来保持箱内温度，既经济又实用，可大大减少仔猪着凉、受潮和下痢的机会，从而提高仔猪成活率。另外，仔猪出生后，行动不灵活，神经反应迟钝，常因母猪起卧不当而压死仔猪。所以，栏内除安装护仔栏外，还应建立昼夜值班制度，做好检查护理工作。

(2)寄养和并窝　母猪产仔常会出现一些意外情况，如母猪产后患病、死亡或产后无奶、产活仔猪数超过母猪的有效乳头数，这时就需给仔猪找个“奶妈”，即仔猪的寄养；如果多头母猪同时出现产仔不多的情况，可进行并窝，以利于母猪早干奶、早发情、早配种和早产仔。不管是寄养还是并窝的母猪，要求产期相差不超过 3 d，个体母性强、性情温顺和护仔性好。具体操作时，应针对母猪嗅觉发达的特性，将要寄养或并窝的仔猪预先混味，在仔猪身上涂抹“奶妈”的乳汁或用喷药法麻痹母猪的嗅觉。条件可行时，最好在夜间进行。

(3)防病与治病　仔猪的哺乳期一般为 28～35 d，其间生长发育快、抵抗力差，特别是出生后 1 周左右或断奶时，应激因素多，发病率往往会很高。例如，仔猪红痢病是由 C 型产气荚膜梭菌引起的，以 3 日龄内仔猪多发。急性的发病快，不见拉稀便死亡，病程稍长的可见到拉灰黄和灰绿色稀便，后拉红色糊状粪便，发病快，死亡率高。再如，仔猪黄痢病是由大肠杆菌引起的急性肠道传染病，多发生在 3 日龄左右，临床表现是仔猪突然拉黄色或灰黄色稀薄如水的粪便，有气泡和腥臭味，死亡率高。还有，仔猪白痢病是由大肠杆菌引起的胃肠炎，多发生在 10～20 日龄，表现为拉乳白色、灰白色或淡黄色的粥状粪便，有腥臭味，在圈舍阴冷潮湿的环境或气候突然改变的情况下易发，虽然死亡率较低，但影响仔猪增重，延长饲养期。另外，哺乳期的仔猪也会因饲粮营养不当、饲粮突然改变、环境卫生条件差、仔猪初生重小、各种应激和气候变化等因素，引起非病原性下痢。

因此，仔猪的管护，一定要在加强营养供给和卫生消毒的基础上，切实做好疾病的综合防治工作。一是供给仔猪全价饲粮，保持饲粮相对稳定，定时饲喂，注意哺乳、饲料和饮水卫生；二是加强妊娠和泌乳母猪的饲养管理，提高仔猪初生重，增加母猪泌乳量，改善体质体况；三是搞好产房卫生与消毒，防止围产期感染，保持圈舍适宜的温度和湿度，控制通风和有害气体含量，定期消毒，减少仔猪染病的机会；四是加强免疫注射和药物保健，预防常见疫病的发生，尤其是仔猪的下痢（俗称拉稀）。例如，给妊娠后期的母猪注射 K88K89 双价基因工程苗或 K88 K89 K987P 三价灭活苗，使母猪产生抗体，抗体再通过初乳或乳汁供给仔猪，可有效预防仔猪大肠杆菌病的发生；再如，仔猪出生后吃初乳前口腔滴服增效磺胺甲氧嗪注射液 0.5 mL，或口腔滴服硫酸庆大霉素注射液 1 万 IU，每天 2 次，连服 3 d，如有发病继续投药，可有效预防仔猪腹泻病的发生。

（4）断奶与转群　仔猪断奶时间的确定应根据猪场性质、仔猪体况及用途、母猪的利用强度和仔猪的饲养条件而定。目前，我国的大部分猪场安排 28～35 日龄断奶，一般不宜早于 21 日龄。一是安排一次性断奶，即断奶前 3 天减少母猪喂量，到断奶的预定日龄，断然将母仔分开。由于仔猪生存环境突然改变，会引起母猪和仔猪暂时性的精神不安、消化不良、生长发育受阻，应加强母猪和仔猪的护理。此法的优点是简单易行，便于操作，但母仔应激大，规模化猪场在仔猪体重达到 8 kg 及以上时 1 次性断奶。二是安排分批次断奶，即按预定断奶时间，将一窝仔猪中体质好、食量高、做育肥用的个体先断奶，留种和其余的继续哺乳一段时间再断奶。此法虽对弱小仔猪生长发育有利，但延长了断奶时间，降低了母猪年产仔窝数。三是安排逐渐性断奶，即在预定断奶前的 4～6 d，逐渐减少哺乳次数，第 1 天 4 次，第 2 天 3 次，第 3 天 2 次，第 4 天 1 次，第 5 天断奶。此法虽然麻烦，但可减少母仔应激，对母猪和仔猪都比较安全，所以又称安全断奶法。四是断奶前后，分娩舍与保育舍工作人员应保持密切联系，正确安排仔猪饲料类型、饲养方式、环境条件的逐渐过渡，努力做到同窝同步转群和同窝同栏饲养，尽可能降低断奶应激对仔猪造成的危害。

（二）保育仔猪的饲养管理

保育仔猪一般是指自断奶之日起，转入保育舍饲养 35 日龄或 42 日龄、目标体重达 25 kg 及以上时的猪只。这个时期仔猪的主要生理和生长特点：一是骨骼生长发育强烈，增速快且呈明显的上升态势，并在体重 25 kg 左右时达到高峰；二是肌肉的增速快于脂肪，二者的生长虽呈上升态势，但增速水平都不高；三是消化器官发育、体温调节能力、抗病适应能力等仍然较差，需要不断地完善；四是仔猪由哺乳过渡到保育，饲料、环境、饲养等发生较大变化，应激因素明显增加；五是采食能力得到一定的加强，饲料报酬高，体形发育可塑性大，有利于定向培育。

1. 精准饲养

保育期的仔猪离乳后，生长发育迅速，不但所需营养完全依靠饲料获取，而且还面临转舍转群带来的较多应激影响。在生产实践中，应聚焦满足快速生长和减少应激发生的目标，精准安排保育仔猪的饲养。

（1）合理供给营养　根据 GB/T 39325—2020《猪营养需要量》得知，8～25 kg 的保育仔猪每千克饲粮的营养水平为消化能 14.43 MJ、粗蛋白 18.50%、总钙 0.74%、有效磷 0.37%、赖氨酸 1.22%、蛋氨酸＋半胱氨酸 0.67%、食盐 0.15%。在生产实践中，应按照饲养标准，依靠营养全价的颗粒料，以自由采食的方式，充分满足仔猪快速增重和骨骼快速发育的营养需要，为培育合格的生长（或育成）猪奠定良好的基础。

（2）执行日喂标准　一般情况下，仔猪断奶后第1周最好以乳猪料限量饲喂为主；之后逐渐换料，过渡到以保育料为主，让仔猪自由采食和自由饮水；由于保育期仔猪受到的应激因素多，条件允许时，可在饲料中适量添加抗生素、维生素和氨基酸等添加剂，以减轻应激造成的危害。这一时期保育仔猪的平均日采食量一般为0.84 kg，平均日增重500 g，料重比1.67。

（3）采用网床饲养　仔猪断奶后由分娩舍产床转入保育舍，可继续采用高床培育的方法。目前，大、中型猪场采用的保育猪栏，主要由金属网、围栏、自动食槽和自动饮水器等结构组成，并通过支架设在粪沟上或水泥地面上。其中，网床离地面约35 cm，笼底用钢筋编织，部分面积也可放置木板，便于仔猪的休息。个别保育床还设活动保育箱，以便冬季保暖。网床饲养的优点在于：一是仔猪不与湿冷地面接触，减少了冬季地面的传导散热损失，有利于保暖；二是粪污水可随时通过漏粪地板漏到粪尿沟内，减少了仔猪直接接触的机会，降低了腹泻病的发生。

2. 科学管理

仔猪断奶后由于生活条件的突然改变，往往表现出精神不安，食欲不振，抵抗力下降，甚至发生疾病等众多问题。这一时期的管理重点：应是在保证良好饲养的基础上，重点做好应激预防、环境控制、定位调教和健康照护等工作，确保仔猪的正常生长和良好发育。

（1）同栏转群饲养　仔猪断奶后将同一窝仔猪转移到保育舍同栏饲养，尽可能不分群或不调群，饲养期满再转入生长舍（育肥方向）或育成舍（留种方向）分群饲养，可以有效降低仔猪的应激危害。

（2）逐渐过渡饲养　仔猪断奶后转入保育舍，可采取饲料、环境和饲养方式的逐渐过渡，主要内容包括乳猪料和保育料的过渡、乳猪保温箱和保育舍生活环境的过渡、仔猪营养由乳料双线供给到饲料单线供给的过渡等，这是降低仔猪应激危害和预防疾病的重要手段。

（3）三点定位调教　仔猪断奶转群后，要训练采食、躺卧和排泄三点定位的习惯，既可保持圈内清洁，又便于清扫。具体做法是：保持采食、卧息和排泄的相对区划和卫生清洁，重点是利用仔猪的嗅觉特性，在早晨、饲喂前后及睡觉前，将仔猪赶到规定排泄区的地方，停留3～5 min，经过1周左右的训练就可养成定点排泄的习惯。

（4）加强健康照护　根据当地疫病流行情况，认真制订仔猪的免疫程序，做好预防注射；保持猪舍适宜的温度、湿度和通风条件，及时清除粪污；每周对圈舍、用具等进行1～2次的消毒和卫生清洁，随时观察仔猪的采食、饮水、精神及粪便等，发现问题及时处理。

（三）育成猪和后备猪的饲养管理

育成猪（种用方向）一般是指自保育仔猪培育期满（体重达25 kg左右）之日起，经第一次选种鉴定（2月龄）而确定转入育成舍饲养35日龄或42日龄、目标体重达50 kg时的猪只；后备猪（种用方向）是指自育成猪培育期满之日起，经第二次选种鉴定（4月龄）而确定转入后备舍饲养120日龄左右、目标体重达130 kg时的猪只。

育成猪在生长发育期间，肌肉、骨骼、脂肪等体组织呈现的增长规律为：一是相较保育期的仔猪，骨骼生长发育仍很强烈，只是由高峰期逐渐回落且呈明显的下降态势，但增量水平仍然很高；二是肌肉、脂肪的生长不断加快，虽然肌肉的上升态势高于脂肪，但二者的增量水平也在提高；三是骨骼和肌肉的生长在体重50 kg左右首次出现拐点，即肌肉的生长速度快于骨骼的生长速度。后备猪在生长发育期间呈现的增长规律为：一是相较育成猪，骨骼生长发育下降态势明显，增量水平也不断降低，并在体重达110 kg左右时逐渐停止；二是肌肉、脂肪的生长发育明显加快，特别是肌肉的增速和增量水平显著提高，并在体重 75 kg 左右达到高峰，之后缓慢下降，直至体重达 130 kg 左右逐渐停止；三是脂肪的生长速度虽然低于肌肉的生长速度，但伴随着肌肉增量的明显加快和骨骼增量的显著下降，脂肪的增速和增量也在明显提升，并在体重 100 kg 左右达到高峰，之后缓慢下降，直至体重达 150 kg 左右逐渐停止。处于育成和后备阶段的猪只，对饲料的消化能力、环境的适应能力和疾病的抵抗能力等大幅改进，其饲料采食量、利用率和平均日增重等明显提高，特别是脂肪组织的沉积，若不加控制，对后备猪体形会产生不利影响。

根据猪的生长发育特点，保育期满留种的仔猪，应按照育成、后备两个阶段体组织的增重变化规律，制订个性化的饲养方案，定向培育，促使其体形、体重、体质等指标，趋向良好的种用方向发展。

猪的骨骼、肌肉、脂肪等体组织的生长变化与体重的相互关联规律见图 6-4。

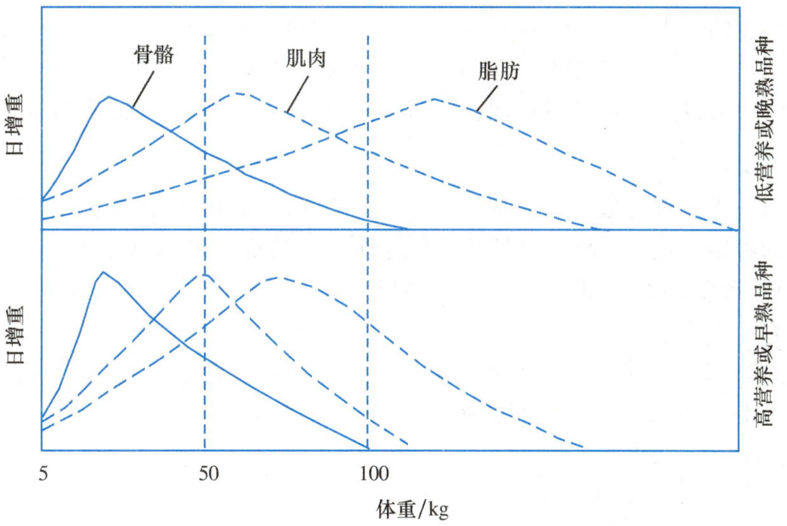

图 6-4 猪的骨骼、肌肉、脂肪等体组织的生长变化与体重的相互关联规律

1. 精准饲养

保育期满的仔猪基于种用方向的发展，将其生长发育历程划分为育成期（20～50 kg）、后备期（前期 50～75 kg 、后期 75～130 kg）两个阶段，目的是后备期满，经鉴定用于种猪生产群的补充，这是现代养猪企业种猪生产链的核心环节，直接关系到种群的结构和可持续利用，在实践中需引起高度的重视。

（1）合理供给营养　根据 GB/T 39325—2020《猪营养需要量》得知，25～50 kg 的育成猪（参考生长猪）每千克饲粮的营养水平为消化能 14.20 MJ、粗蛋白 16.00％、总钙 0.63％、有效磷 0.27％、赖氨酸 0.97％、蛋氨酸＋半胱氨酸 0.55％、食盐 0.12％；50～75 kg 的后备母猪每千克饲粮的营养水平为消化能 14.30 MJ、粗蛋白 16.00％、总钙 0.75％、有效磷 0.40％、赖氨酸 0.84％、蛋氨酸＋半胱氨酸 0.50％、食盐 0.20％；75～130 kg 的后备母猪每千克饲粮的营养水平为消化能 14.02 MJ、粗蛋白 15.00％、总钙 0.70％、有效磷 0.35％、赖氨酸 0.74％、蛋氨酸＋半胱氨酸 0.45％、食盐 0.20％；50～75 kg 的后备公猪每千克饲粮的营养水平为消化能 14.31 MJ、粗蛋白 17.00％、总钙 0.75％、有效磷 0.21％、赖氨酸 0.82％、蛋氨酸＋半胱氨酸

0.55%、食盐 0.20%;75～130 kg 的后备公猪每千克饲粮的营养水平为消化能 14.31 MJ、粗蛋白 16.00%、总钙 0.75%、有效磷 0.21%、赖氨酸 0.80%、蛋氨酸+半胱氨酸 0.55%、食盐 0.20%。在生产实践中,应按照饲养标准,依靠营养全价的配合料,充分满足育成猪和后备猪生长发育的营养需要,促使其形成良好的体形、结实的体质和达到适宜的初配体重。

(2)执行日喂标准　育成猪采用不限量饲喂的方式,自由采食,自由饮水;后备猪采用限量饲喂的方式,控制喂量,自由饮水。一般情况下,可根据 GB/T 39235—2020《猪营养需要量》确定喂量,25～50 kg 的育成猪(参考生长猪)平均日采食量 1.60 kg,平均日增重 750 g,料重比 2.13;50～75 kg 的后备母猪平均日采食量 1.95 kg,平均日增重 695 g,料重比 2.81;75～130 kg 的后备母猪平均日采食量 2.18 kg,平均日增重 725 g,料重比 3.01;50～75 kg 的后备公猪平均日采食量 2.10 kg,平均日增重 850 g,料重比 2.47;75～130 kg 的后备公猪平均日采食量 2.37 kg,平均日增重 920 g,料重比 2.58。后备猪的平均日采食量为 2.15 kg。

(3)适时短期优饲　为了保证后备猪初配时自身生长发育和配种生产的双重营养需要,可对初配前体况较差的公母猪,采用短期优饲的方法。即后备猪配种前 2～3 周,在原饲粮的基础上适当增加 15%～20%饲料喂量,配种结束后,恢复到正常饲喂量即可。有条件时,可让猪在圈外活动,并提供青绿饲料。这种方法可提高后备猪的初配效果,增加猪的繁殖效益。

2. 科学管理

育成猪和后备猪培育的最终目标是获得体质结实、四肢健壮、体躯较长、骨骼和肌肉发达、配种性能优良的种猪。这一时期的管理重点应是在保证精准饲养的基础上,紧紧围绕培育目标做好公母分群、种质检测、习惯调教、健康照护及饲喂、饮水、消毒、卫生、环境等工作,确保猪的正常生长发育。

(1)公母分群饲养　公母猪达 3～4 月龄即进入性成熟年龄阶段,自此开始应按品种、性别、体重、月龄等分群和调群饲养。体重 50 kg 之前每栏饲养 8～10 头为宜,体重 50～75 kg 以每栏饲养 4～6 头为宜,体重 75～130 kg 以每栏饲养 2～3 头为宜。育成猪和后备猪随年龄增加和生产转段安排,应适时调群、整群,并实施小群饲养。

(2)种质性能检测　育成猪和后备猪应基于种质鉴定为目的,适时开展体形外貌鉴定和体重、体尺、日增重、料重比、活体背膘厚等指标的称测,检查其体形发育和生长性能是否符合要求,以便及时调整饲养。同时,根据公母猪的繁殖行为和表现规律,及时检查初配母猪的发情周期、发情持续期、发情征兆和初配公猪的性欲表现、精液品质等是否正常,以便更好地做好留种和配种前的准备工作。

(3)良好习惯调教　育成猪和后备猪一定要在加强采食、卧息、排泄三点定位调教的基础上,通过触摸、刷拭、口令等,训练其良好的性格和生活习惯,促使人与猪建立良好的亲和关系,为以后安全顺利的采精、配种、接产、饲喂和治病等,打下良好的基础。

(4)加强健康照护　根据当地疫病流行情况,认真制订育成猪和后备猪的免疫程序,做好预防注射;通过减小饲养密度、增加运动空间或将猪驱赶到运动场加强运动;保持猪舍适宜的温度、湿度和通风条件,及时清除粪污;每周对圈舍、用具等进行 1～2 次的消毒卫生,随时观察猪的采食、饮水、精神及粪便等,发现问题及时处理。

(5)稳定饲养制度　育成猪和后备猪应建立稳定的生活和生产管理制度,如猪的饲喂、饮水、消毒、卫生、运动、称测、免疫等环节,要求时间稳定、操作规范和质量可靠,避免因安排紊乱而影响猪的正常生长发育和饲养效果。

(四)生长猪和育肥猪的饲养管理

生长猪(肉用方向)一般是指自保育仔猪培育期满(体重 25 kg 左右)之日起，确定用于肉猪生产而转入生长舍饲养 35 日龄或 42 日龄、目标体重达 50 kg 时的猪只；育肥猪(肉用方向)是指自生长期满之日起，转入育肥舍饲养 56～63 日龄、目标体重达 120 kg 出栏销售的肉猪。在实践中，生长猪和育肥猪的饲养，常常按照哺乳仔猪 30 d 左右体重达 8～10 kg、保育仔猪 30 d 左右体重达 20～25 kg、生长育肥猪 3 个月左右体重达 120 kg 的“三三三”制经营目标组织生产。因此，高效肉猪生产应根据生长育肥猪的体组织变化规律(详见图 6-4)，设计科学的饲养管理方案，保证骨骼、肌肉的快速生长和脂肪的适量沉积，力争做到既不降低增重速度，又可提高胴体瘦肉率，还能节省饲料和降低生产成本，进而为肉猪的适时出栏创造有利条件。

1. 精准饲养

生长猪和育肥猪的饲养应充分利用其小猪(25～50 kg)长骨、中猪(50～75 kg)增肉、大猪(75～100 kg 和 100～120 kg)沉脂的体组织变化规律(详见图 6-4)，在小猪(生长期)和中猪(育肥前期)阶段，通过给予高能量、高蛋白且富含矿物质和氨基酸的全价日粮，让猪自由采食、自由饮水，保证骨骼和肌肉最大限度地生长；在大猪(育肥中、后期)阶段通过控制能量水平、调整饲料结构和适当限饲等措施，提高胴体瘦肉率，减少脂肪沉积，生产优质猪肉。

(1)合理供给营养　根据 GB/T 39325—2020《猪营养需要量》得知，25～50 kg 的生长猪每千克饲粮的营养水平为消化能 14.20 MJ、粗蛋白 16.00%、总钙 0.63%、有效磷 0.27%、赖氨酸 0.97%、蛋氨酸+半胱氨酸 0.55%、食盐 0.12%；50～75 kg 的育肥猪每千克饲粮的营养水平为消化能 14.12 MJ、粗蛋白 15.00%、总钙 0.59%、有效磷 0.22%、赖氨酸 0.81%、蛋氨酸+半胱氨酸 0.47%、食盐 0.10%；75～100 kg 的育肥猪每千克饲粮的营养水平为消化能 14.02 MJ、粗蛋白 13.50%、总钙 0.56%、有效磷 0.19%、赖氨酸 0.70%、蛋氨酸+半胱氨酸 0.40%、食盐 0.10%；100～120 kg 的育肥猪每千克饲粮的营养水平为消化能 13.81 MJ，粗蛋白 11.30%、总钙 0.54%、有效磷 0.17%、赖氨酸 0.60%、蛋氨酸+半胱氨酸 0.35%、食盐 0.10%。在生产实践中，应按照饲养标准，依靠营养全价的配合料，充分满足猪的营养需要，保证其快速增重和生产优质猪肉。

(2)执行日喂标准　生长猪和育肥猪的饲喂可按照小猪(生长期)、中猪(育肥前期)和大猪(育肥中、后期)三个阶段，采用“前高后低” 和“直线育肥”的饲养方式进行安排。其中“前高后低”的饲养方式是指小猪(生长期)、中猪(育肥前期)阶段采用不限量饲喂的方式，自由采食，自由饮水，而大猪(育肥中、后期)阶段采用限制饲喂的方式，控制喂量，自由饮水。目的是在肉猪生长速度影响不大的情况下，以提高胴体瘦肉率为主要目标组织生产。而“直线育肥”的饲养方式是指小猪(生长期)、中猪(育肥前期)和大猪(育肥中、后期)阶段，将不限量饲喂的方式，落实到整个生长育肥期，自由采食，自由饮水，直至出栏销售。目的是在肉猪胴体瘦肉率影响不大的情况下，以最大限度提高生长速度为主要目标组织生产。一般情况下，可根据 GB/T 39235—2020《猪营养需要量》确定饲喂量，25～50 kg 生长猪的平均日采食量 1.60 kg，平均日增重 750 g，料重比 2.13；50～75 kg 育肥前期猪的平均日采食量 2.25 kg，平均日增重 880 g，料重比 2.56；75～100 kg 育肥中期猪的平均日采食量 2.71 kg，平均日增重 900 g，料重比 3.01；100～120 kg 育肥后期猪的平均日采食量 2.90 kg，平均日增重 860 g，料重比 3.37；50～120 kg 阶段育肥猪的平均日采食量为 2.62 kg。

2. 科学管理

传统养猪一般在生长育肥猪体重达 100 kg 左右时出栏销售，而现代养猪一般在生长育肥猪体重达 120 kg 左右时出栏销售，这是肉猪产品的最终体现形式。在生产实践中，为了促使生长育肥猪尽早出栏和取得良好的经济效益，不但要求猪的增重速度快、饲料报酬高和胴体品质好，而且要求成活率高和生产无公害、绿色及有机猪肉。因此，这一时期的管理重点应是在保证精准饲养的基础上，紧紧围绕猪的快速增重、成活率提升和优质猪肉的生产，做好合理分群整群、稳定饲养制度、定位调教训练、加强健康照护、定期称测检查、适时出栏销售等工作。

(1)合理分群整群　生长猪和育肥猪的饲养，应根据其体格大小、圈舍面积、日常管理和生产时段等因素，按照小猪(生长期)、中猪(育肥前期)和大猪(育肥中、后期)三个阶段的月龄大小和转段饲养，合理控制猪栏内的饲养密度，适时分群整群，以免给猪的采食、饮水、卧息、运动和自由活动等带来不利影响，进而造成生长发育受阻。一般情况下，体重 20～50 kg 的小猪(生长期)，每栏以 15～20 头为宜；体重 50～75 kg 的中猪(育肥前期)，每栏以 8～10 头为宜；体重 75～100 kg 或 100～120 kg 的大猪(育肥中、后期)，每栏以 4～6 头为宜。

(2)稳定饲养制度　生长猪和育肥猪的饲养，应建立稳定的生活和生产管理制度。一般情况下，要求猪的饲喂、饮水、消毒、卫生、运动、称测、免疫等环节，时间稳定、饲养规范和技术到位，避免因安排紊乱而引发更多应激因素，进而影响猪的正常生长和育肥效果。

(3)定位调教训练　生长猪和育肥猪的日常管理，应认真做好采食、卧息、排泄三点定位的调教训练，特别是粪尿的定点排泄至关重要。若圈舍内猪的粪污排泄混乱，不但会造成地面和空气的卫生不良，而且还会造成对饲料、饮水及相关设备器具的污染。因此，训练生长猪和育肥猪养成良好的卫生习惯，对于保持圈舍的卫生洁净、减少猪病的发生和提高其生长速度，具有重要的促进作用。

(4)加强健康照护　生长猪和育肥猪的饲养，应在选择杂交猪苗、供给优质饲料、搞好圈舍卫生等工作的基础上，随时观察猪只的采食、饮水、精神及粪便等情况变化，发现问题及时解决；每周进行 1～2 次的消毒，及时清除圈舍内的粪污及杂物，并保持适宜的温度、湿度和通风条件；要根据当地疫病流行情况，认真制订符合本场实际的免疫程序，并做好常见传染病、寄生虫病、普通病的预防和治疗，为猪的快速生长提供良好的管理条件。

(5)定期称测检查　生长猪和育肥猪应基于增重检测、屠宰测定为手段，定期开展猪的体重、体长、体高、胸围、腿臀围、日增重、料重比、活体背膘厚、胴体品质等指标的测定工作，以便根据其生长快慢、饲料报酬和肉质优劣等表现，及时调整饲养方案，为更好地促进猪的生长发育和提供优质猪肉，做好生产保障。

(6)适时出栏销售　生长育肥猪适时出栏销售的主要依据是增重高峰是否得到了充分利用，饲料报酬是否实现了最大收益，出栏时间是否对接了市场需求，胴体品质是否匹配了最佳体重。在生产实践中，生长育肥猪的出栏体重并不是越大越好，而是选择日增重得到最大限度发挥、料重比得到最大效益、胴体品质得到最大优化、市场需求得到最佳匹配的时机，进行出栏或屠宰销售。根据各地的研究结果和经验总结，我国小型地方猪种，适宜的屠宰和销售体重为 70～80 kg；我国培育猪种，适宜的屠宰和销售体重为 90～100 kg；我国引入的瘦肉型猪种及杂交猪种，适宜的屠宰和销售体重为 110～120 kg。

(五)种公猪的饲养管理

种公猪质量的好坏直接影响整个猪群生产水平的高低，农谚道："母猪好好一窝，公猪好好一坡"，由此可见，加强公猪的饲养管理，提高公猪的配种效率，对提高猪群的生产性能和综合品质，具有十分重要的意义。

1. 精准饲养

种公猪的生产任务是产生优良品质的精液，保证母猪受精、妊娠和产仔目标的实现。因此，种公猪应视其体重大小、体况膘情和配种强度等因素，按照配种期和非配种期两个时段，进行精准化和精细化的饲养。

(1)合理供给营养　根据 GB/T 39325—2020《猪营养需要量》得知，100～130 kg 的鉴定公猪每千克饲粮的营养水平为消化能 14.31 MJ、粗蛋白 15.00%、总钙 0.75%、有效磷 0.21%、赖氨酸 0.75%、蛋氨酸＋半胱氨酸 0.51%、食盐 0.20%；130～170 kg 的种公猪每千克饲粮的营养水平为消化能 14.31 MJ、粗蛋白 15.00%、总钙 0.75%、有效磷 0.21%、赖氨酸 0.57%、蛋氨酸＋半胱氨酸 0.28%、食盐 0.15%；170～300 kg 种公猪每千克饲粮的营养水平为消化能 14.31 MJ、粗蛋白 15.00%、总钙 0.75%、有效磷 0.21%、赖氨酸 0.50%、蛋氨酸＋半胱氨酸 0.25%、食盐 0.15%。在生产实践中，应按照饲养标准，精准配合饲料，充分满足种公猪的配种需要，为母猪的顺利受精和妊娠奠定基础。

(2)执行日喂标准　种公猪适宜的配种体况是保持健壮的体质、充沛的精力、旺盛的性欲和不肥不瘦的适宜膘情。为了满足这一要求，种公猪多以生湿拌料、干粉料或颗粒料为主，采用限量饲喂、自由饮水的饲养方式，并要求定时、定量和定质，严禁使用发霉变质的饲料和不清洁的饮水；饲粮供应除严格遵循饲养标准外，还需根据品种类型、体重大小、季节变化以及配种期、非配种期等因素，灵活调整，合理安排。一般情况下，可根据 GB/T39235—2020《猪营养需要量》确定喂量：100～130 kg 阶段鉴定公猪的日采食量 2.56 kg，130～170 kg 阶段种公猪的日采食量 2.35 kg，170～300 kg 阶段种公猪的日采食量 2.65 kg；100～300 kg 阶段种公猪的日平均采食量为 2.52 kg。

2. 科学管理

种公猪的管理应在精准饲养的基础上，围绕保持适宜膘情、健壮体质和提供优质精液等任务的完成，重点做好稳定饲养制度、实施单栏饲养、驱赶公猪运动、定期刷拭修蹄、开展精液抽检、防止自淫现象，加强健康照护等工作。

(1)稳定饲养制度　种公猪的饲喂、饮水、运动、采精、刷拭、按摩、消毒、防疫、驱虫、卫生、清粪、观检等管理环节，应尽可能做到时间稳定、饲养规范和技术到位，避免因安排紊乱而引发更多的应激因素，进而影响猪的配种效率和饲养质量。

(2)实施单栏饲养　种公猪体格较大、性情活泼、性行为特征明显，管理上适于以单栏喂养的方式严密控制，这样可减少因猪的相互争斗、爬墙、爬栏或外逃等造成不必要的损伤。

(3)驱赶公猪运动　种公猪的运动是保持其健壮体质、旺盛性欲和优质精液的重要影响因素。一般情况下，种公猪舍向阳温暖的一侧应设专门的运动场，每天安排 1～1.5 h 的驱赶运动。

(4)定期刷拭修蹄　种公猪的刷拭和修蹄，不但促使其保持健康的皮肤和结实的肢蹄，而且还能使其性情温顺，听从管教和便于采精。一般情况下，若发现猪的体表粗糙不卫生、皮屑脱毛较多、蹄部角质物过长、趾间不洁或硬物堵塞结块等问题，应及时刷拭和修蹄。

(5)开展精液抽检　种公猪应定期称测体重和膘情，防止出现体况过肥或过瘦而影响精液品质。并在此基础上，定期抽检种公猪的精液品质，特别是炎热季节更应重视，以便及时发现问题和解决问题。

(6)防止自淫现象　种公猪性欲旺盛，若出现生活不规律、身体不舒适和利用不合理等问题，如皮肤病引发的蹭痒、硬物的爬跨和靠近母猪舍等，容易形成自淫(非正常射精)恶癖。在生产中，若能做到种公猪的生活规律、身体健康、喂养独立、使用合理、运动到位和配种点远离，可有效防止自淫现象的发生。

(7)加强健康照护　种公猪的饲养应在保持健壮体质、供给优质营养的基础上，随时观察猪的采食、饮水、精神及粪便等情况变化，发现问题及时解决；每周对圈舍、用具等进行1～2次的消毒卫生，及时清除圈舍内的粪污及杂物，并保持适宜的温度、湿度和通风条件；要根据当地的疫病流行情况，认真制订符合本场实际的免疫程序，并做好常见传染病、寄生虫病、普通病的预防和治疗，为种公猪的健康利用提供良好的管理条件。

(六)空怀母猪的饲养管理

配种车间饲养的是由后备车间补充入群的初配母猪和分娩车间转来的经产母猪。饲养管理的主要任务是让母猪保持适宜的膘情，按时发情、排卵和接受配种，顺利实现受胎妊娠的生产目标。

1. 精准饲养

空怀期的母猪应按照初配和经产的不同生产要求，进行精准化和精细化的饲养，以保证母猪维持适宜的膘情和体况，按时发情与配种。

(1)合理供给营养　初配母猪的营养供应既要满足其发情、配种和受胎的需要，还要兼顾自身生长发育的需要；经产母猪的营养供应要充分考虑仔猪哺乳造成的体况损失，以维持良好的膘情参加配种和妊娠。根据GB/T 39325—2020《猪营养需要量》得知，配种阶段的空怀母猪(参考100～130 kg阶段的鉴定母猪)每千克饲粮的营养水平为消化能13.81 MJ、粗蛋白13.00%、总钙0.70%、有效磷0.35%、赖氨酸0.62%、蛋氨酸+半胱氨酸0.39%、食盐0.20%。

(2)执行日喂标准　初配母猪采用短期优饲的方法，即配种前2～3周，在原饲粮的基础上增加15%～20%的饲料喂量，直至转入妊娠舍时结束，之后恢复到妊娠母猪的饲喂标准即可；经产母猪以膘情恢复、尽快干奶和促进发情为主要目的，设计科学的饲养方法。

经产母猪空怀期的饲养方法见图6-5。

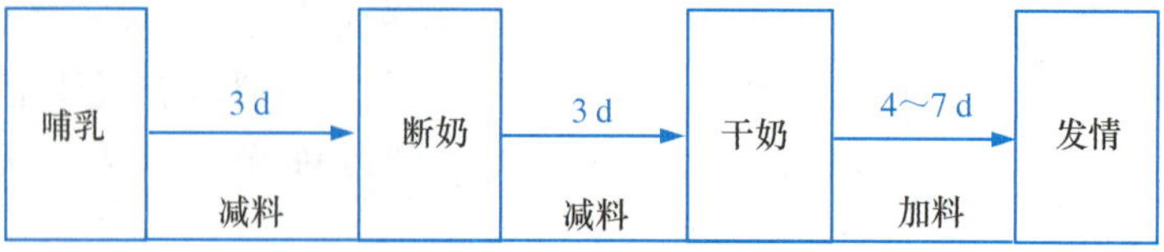

图6-5　经产母猪空怀期的饲养方法

经产母猪从断奶到再配这一段时期，称为空怀期，应保持7～8成的膘情体况，以确保断奶后3～10 d再次发情配种，开始进入下一个繁殖周期。一般情况下，可根据GB/T 39325—2020《猪营养需要量》确定喂量，参考100～130 kg阶段的鉴定母猪饲喂标准，空怀母猪的平均日采食量为2.35 kg。

2. 科学管理

空怀母猪的管理应在搞好精准饲养的基础上，围绕促发情、早妊娠、保受胎等任务的完成，重点做好稳定饲养制度、适时配种组织、控制合理膘情、加强健康照护等工作。

（1）稳定饲养制度　空怀母猪的饲喂、饮水、运动、干奶、配种、孕检、消毒、防疫、驱虫、转群、卫生、清粪等环节，要求时间稳定、饲养规范和技术到位，避免因安排紊乱而影响母猪发情与配种。

（2）适时组织配种　空怀母猪应适时做好发情鉴定、输精配种、早期妊娠诊断及异常发情问题的处理。若母猪不发情或发情不好，可采取公猪刺激、按摩乳房、加强运动、激素催情、中药催情或将不发情母猪与发情母猪并栏饲养等方式，诱导母猪发情。必要时用小群（2～3头）饲养的方式，在饲喂全价料的基础上，增喂青绿饲料和多汁饲料，加强光照，以促发情。

（3）控制合理膘情　断奶后的母猪如果出现膘情过肥或过瘦等现象，都会导致其发情推迟、排卵减少、不发情或乏情等问题的出现。在生产实践中，应视其体况好坏科学饲养，控制合理膘情，促使正常的发情与配种。

空怀母猪的膘情鉴定见图6-6。

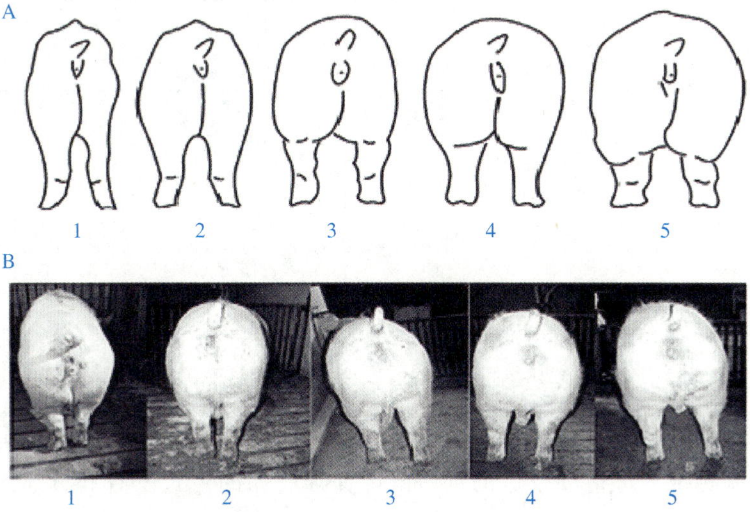

1.过瘦　2.较瘦　3.适中　4.较肥　5.过肥

图6-6　空怀母猪的膘情鉴定

一是针对体况消瘦的母猪，特别是泌乳力高的个体，泌乳期间营养消耗多，减重大，到断奶前已经相当消瘦，奶量不多。断奶时可不减料，干奶后适当增喂营养丰富的易消化饲料，以尽快恢复体力，促使其尽早发情与配种。二是过于肥胖的空怀母猪，往往贪吃、贪睡，发情不正常，要少喂精料，多喂青绿饲料，加强运动，促使其尽快恢复适度膘情，以便及时发情配种。

（4）加强健康照护　空怀母猪的饲养应在供给优质营养、保持健壮体质、控制合理膘情的基础上，随时观察猪的采食、饮水、精神及粪便等情况变化，发现问题及时解决；每周对圈舍、用具等进行1～2次的消毒卫生，及时清除圈舍内的粪污及杂物，并保持适宜的温度、湿度和通风条件；要根据当地疫病流行情况，认真制订符合本场实际的免疫程序，并做好常见传染病、寄生虫病、普通病的预防和治疗，为空怀母猪的发情与配种，提供良好的管理条件。

(七)妊娠母猪的饲养管理

妊娠车间饲养的是由配种车间完成自然交配或人工输精，并经早期妊娠诊断(配种后20～30 d)确认受胎而转来的母猪。饲养管理的主要任务是让母猪维持利于妊娠的中上等膘情，确保胎儿在子宫内的良好生长发育和促进母猪的泌乳储备，从而顺利实现母猪安全妊娠和优质产仔的生产目标。

1. 精准饲养

妊娠期的母猪应充分考虑胎儿的生长发育和母猪的泌乳储备等生产要求，进行精准化和精细化的饲养。

(1)合理供给营养　母猪妊娠后因胎儿的生长发育、子宫的容积扩张和母体的营养储备(妊娠合成代谢)等原因，膘情迅速改善，体重不断增加。因此，需要基于饲养标准为母猪提供合理的营养。根据GB/T 39325—2020《猪营养需要量》得知妊娠母猪每千克饲粮的营养水平(表6-2)。

表6-2　妊娠母猪每千克饲粮的营养水平

项目	妊娠天数/d							
	1胎		2胎		3胎		4+胎	
	<90	≥90	<90	≥90	<90	≥90	<90	≥90
消化能/(MJ/kg)	13.93	14.37	13.93	14.37	13.93	14.37	13.93	14.37
粗蛋白/%	13.1	16.0	11.6	14.0	10.8	12.9	9.6	11.4
总钙/%	0.63	0.78	0.61	0.72	0.53	0.68	0.52	0.68
有效磷/%	0.28	0.34	0.27	0.31	0.23	0.29	0.22	0.30
赖氨酸/%	0.55	0.74	0.45	0.63	0.40	0.55	0.32	0.43
蛋氨酸+半胱氨酸/%	0.36	0.48	0.30	0.41	0.28	0.37	0.23	0.31
食盐/%	0.23	0.23	0.23	0.23	0.23	0.23	0.23	0.23

(2)执行日喂标准　母猪怀孕后的饲喂既要保证胎儿的生长发育和母体的“妊娠合成代谢”正常，还要维持母猪适宜的妊娠体况与产后泌乳能力的提升。研究表明，母猪“妊娠合成代谢”控制不合理，会导致孕后采食量不断增加，并在体内贮积大量的营养物质，进而造成产前的肥胖体况。这种肥胖体况容易造成胎儿发育受限、仔猪分娩难产或产后母猪食欲不振、奶水不足等现象的发生。因此，妊娠母猪宜采用限制饲养的方式，这样既可以节约饲料，还有利于分娩和泌乳。一般情况下，可根据GB/T 39325—2020《猪营养需要量》确定妊娠母猪的日采食量标准(表6-3)。

表 6-3　妊娠母猪的日采食量标准

项目	妊娠天数/d							
	1胎		2胎		3胎		4+胎	
	<90	≥90	<90	≥90	<90	≥90	<90	≥90
配种体重/kg	135		160		180		200	
孕期增重/kg	63		60		55		45	
窝产仔数/头	11		12		13		13	
采食量/(kg/d)	2.14	2.58	2.24	2.67	2.27	2.69	2.26	2.65
日增重/(g/d)	533	607	500	600	457	554	380	435

(3)适度调整喂量　妊娠母猪的饲料喂量，应在遵循标准和限制饲养的基础上，根据其膘情的优劣、胎儿的生长和饲料的类型等适度调整。要充分考虑母猪妊娠前期、中期、后期的生理特点和胚胎的生长发育规律，灵活而适度的调整喂量。

①“高低高”饲喂。适用于配种前膘情较差的经产母猪。具体做法是：配种前 10 d 和配种后 20 d 的 1 个月内，提高营养水平，日平均采食量在饲养标准的基础上增加 15%～20%，有利于母猪的体况恢复和胚胎发育。体况恢复后改为妊娠期的饲养标准，妊娠 80 d 后再次提高营养水平，即日平均采食量在饲养标准的基础上增加 25%～30%。即“高→低→高”的饲喂方式。

②步步登高饲喂。适用于初产母猪和带仔数多的经产母猪。具体做法是根据胎儿体重的增加，按照母猪妊娠前期、中期、后期三个阶段，以饲养标准喂量为基础，逐渐提高日饲喂量，到分娩前 1 个月达到高峰，分娩前 1 周左右减料饲养。

③前粗后精饲喂。适用于配种前体况较好的经产母猪。具体做法是调整日粮结构：妊娠初期适当减少精料，占比用粗料替换；妊娠中期维持精料标准喂量；妊娠后期胎儿发育迅速，应适当增加精料喂量，提高营养水平，但不能造成母猪过肥的体况发生。

2. 科学管理

妊娠母猪的管理应在搞好精准饲养的基础上，围绕适宜体况、保胎促长、安全分娩等任务的完成，重点做好稳定饲养制度、控制合理膘情、防止胎儿流产、加强健康照护、完善临产准备等工作。

(1)稳定饲养制度　妊娠母猪的饲喂、饮水、运动、胎检、产检、按摩(乳房)、消毒、防疫、驱虫、转群、卫生、清粪等管理环节，应尽可能做到时间稳定、饲养规范和技术到位，避免因安排紊乱和操作不当，而引发更多的应激因素，进而影响猪的受胎质量。

(2)控制合理膘情　妊娠母猪如果出现膘情过肥或过瘦的现象，都会影响胎儿的生长发育，应根据其体况好坏，科学饲养，控制中等或中等以上的膘情。特别是过于肥胖的妊娠母猪，往往贪吃、贪睡，应适时调整饲料喂量，增加运动时间，使其尽快恢复适度膘情，确保胎儿的正常生长发育。

(3)防止胎儿流产　妊娠母猪适于单栏或小群(2～3 头为宜)饲养，严禁饲喂霉变、腐败、冰冻、有毒有害的饲料；饲养员对待妊娠母猪应态度温和，不能使其受到惊吓、抓踢、拥挤和损伤等刺激，避免咬斗和生病，并经常抚摸母猪和按摩乳房，为将来接产提供方便。

(4)加强健康照护　妊娠母猪的饲养应在供给优质营养、保持健壮体质、控制合理膘情的基础上，随时观察猪的采食、饮水、精神及粪便等情况变化，发现问题及时解决；每周对圈舍、用具等进行1～2次的消毒卫生，及时清除圈舍内的粪污及杂物，并保持适宜的温度、湿度和通风条件；要根据当地疫病流行情况，制订符合本场实际的免疫程序，并做好常见传染病、寄生虫病、普通病的预防和治疗，为妊娠母猪的安全孕胎提供良好管理条件。

(5)完善临产准备　临产母猪应根据配种日期认真做好预产期的推算，做好接产准备，并在预产日期临近的1～2周内，适时按摩、擦拭、消毒乳房及外阴部；要认真观测母猪的乳房下垂、乳头直立和骨盆韧带松弛等临产症状的出现，及时将其送入产房，并做好记录。

(八)泌乳母猪的饲养管理

分娩车间饲养的是由妊娠车间所转来的完成怀孕护理，并经临产判定确认1周之内分娩的产仔母猪和所生仔猪(哺乳仔猪的饲养管理前面章节已述)。其中泌乳母猪饲养管理的主要任务是让其顺利地分娩、高效地产奶和安全地干奶，并为下一轮次母猪的配种做好准备，进而实现多产仔、多泌乳和多育仔的生产目标。

1. 精准饲养

泌乳期的母猪应充分考虑泌乳期间的营养供给和体况膘情的最低减重等生产要求，进行精准化和精细化的饲养。

(1)合理供给营养　泌乳期的母猪因泌乳量多，体力消耗大，体重下降快，掉膘很明显。一般认为，母猪泌乳期体重的下降幅度控制在15%～20%比较理想，若体重下降幅度过大，且不足以维持7～8成膘情，常会推迟断奶后的发情与配种时间，往往给生产带来损失。因此，泌乳期的母猪应以满足泌乳需要和减轻体重损失为原则，实行科学饲养管理。根据GB/T 39325—2020《猪营养需要量》得知泌乳母猪每千克饲粮的营养水平(表6-4)。

表6-4　泌乳母猪每千克饲粮的营养水平

项目	仔猪平均日增重/(g/d)								
	1胎			2胎			3+胎		
	180	220	260	180	220	260	180	220	260
消化能/(MJ/kg)	15.27	15.27	15.27	15.27	15.27	15.27	15.27	15.27	15.27
粗蛋白/%	16.5	17.0	18.0	17.0	17.0	18.0	17.0	17.0	18.0
总钙/%	0.65	0.74	0.84	0.62	0.70	0.78	0.63	0.70	0.79
有效磷/%	0.33	0.37	0.42	0.31	0.35	0.39	0.31	0.35	0.39
赖氨酸/%	0.76	0.82	0.87	0.79	0.80	0.85	0.79	0.80	0.85
蛋氨酸+半胱氨酸/%	0.40	0.43	0.46	0.42	0.42	0.45	0.42	0.42	0.45
食盐/%	0.30	0.30	0.30	0.30	0.30	0.30	0.30	0.30	0.30

(2)执行日喂标准　分娩期的母猪因泌乳营养消耗大，即使充分饲养，也会带来体重和体况的损耗。因此，为了保证母猪既能保持良好的产乳性能，又能维持干奶后的适宜发情体况，生产中常以标准喂量为基础，通过增加饲喂次数或自由采食的方式进行饲养。一般情况下，根据GB/T 39325—2020《猪营养需要量》确定喂量，泌乳母猪的日采食量标准，见表6-5。

表 6-5　泌乳母猪的日采食量标准

项目		1胎			2胎			3+胎	
产后体重/kg		170			190			210	
窝产仔数/头		10			11			12	
泌乳天数/d		21			21			21	
采食量/(kg/d)		4.71			5.66			6.13	
仔猪平均日增重/(g/d)	180	220	260	180	220	260	180	220	260
母猪体重变化/kg	−0.2	−11.3	−22.3	+6.6	−4.9	−15.8	+6.9	−5.7	−17.5

(3)正确安排饲喂　母猪分娩前、后的 2～3 d 内，采食能力和消化机能不足，可适当减少日粮喂量；分娩当日只喂一些稀粥料，并提供少量的麸皮盐水或红糖水；2～3 d 后，改喂湿拌料，并逐渐增加；5～7 d 后，达到饲养标准规定的饲喂量。另外，母猪产前、产后 1 周的日粮中，加入 0.75%～1.50%的电解质、轻泻剂(维力康、小苏打或芒硝)，可预防产后便秘、消化不良、食欲不振等。

2. 科学管理

泌乳母猪的管理应在搞好精准饲养、接产护仔的基础上，围绕促产乳、抓哺乳(仔猪)、控膘情和断奶后早发情等任务的完成，重点做好稳定饲养制度、促进母猪泌乳、抓好仔猪哺乳、加强健康照护、适时断奶干奶等工作。

(1)稳定饲养制度　泌乳母猪的饲喂、饮水、运动、按摩(乳房)、放乳、哺乳、消毒、防疫、驱虫、转群、卫生、清粪等管理环节，应尽可能做到时间稳定、饲养规范和技术到位，避免因安排紊乱和操作不当，而引发更多的应激因素，进而影响猪的泌乳质量。

(2)促进母猪泌乳　泌乳母猪的产奶量受多种因素的影响，如营养水平、管理、带仔数、胎次、品种等。为了提高母猪的泌乳量，要求在充分满足母猪泌乳营养需要的基础上，让其多吃料、多饮水，并让母猪和仔猪配合高质量完成放乳与哺乳。若在确认无病、无饲养管理过失，但仍出现泌乳量不足的情况时，可用下列方法进行催乳。

①将胎衣洗净煮沸 20～30 min，去掉血腥味，然后切碎，连同其汤一起拌在饲料中，分 2～3 次饲喂无乳或乳量不足的母猪，严禁生吃，以免出现消化不良。

②产后 2～3 d 内无乳或乳量不足，可给母猪肌内注射催产素，剂量为每 100 kg 体重 10 IU。

③用淡水鱼或猪内脏、猪蹄、白条鸡等煎汤拌在饲料中饲喂。

④适当饲喂一些青绿多汁饲料，可以避免母猪无乳或乳量不足。

⑤中药催乳法。王不留行 36 g、漏芦 25 g、天花粉 36 g、僵蚕 18 g、猪蹄 2 对，水煎分 2 次拌在饲料中喂饲。

(3)抓好仔猪哺乳　仔猪的哺乳与母猪的母性、泌乳量和放乳信号、方式等有着密切的关系。母猪放乳时会向仔猪发出唤奶的信号声，仔猪听到唤奶声，又会寻找到自己已定位的乳头进行拱揉刺激。要想母猪放乳多，需要给母仔提供安静的环境和充分的刺激，才能保证母猪有足够的时间放乳，刺激越充分，放乳也就越多，这是保证仔猪吃乳充足的重要条件。另外，母猪乳腺的发育与仔猪吮吸有关，特别是初产母猪一定要均匀利用所有的乳头，并训练交替躺卧哺乳仔猪的良好习惯。同时还要注意乳房、乳头的卫生和安全保护，防止仔猪咬伤和机械性损伤。

(4)加强健康照护　泌乳母猪的饲养应在供给优质营养、保持优质产乳、提高哺乳效率的基础上，随时观察猪的采食、饮水、泌乳、精神及粪便等情况变化，发现问题及时解决；每周对圈舍、用具等进行1～2次的消毒卫生，及时清除圈舍内的粪污及杂物，并保持适宜的温湿度和通风条件；要根据当地疫病流行情况，制订符合本场实际的免疫程序，并做好预防注射，为母猪高效产奶和带好仔猪，提供良好的管理条件。

(5)适时干奶断奶　泌乳母猪何时断奶，要根据母猪泌乳期的失重情况、断奶后的配种时间和年产仔窝数的安排等因素确定。通常情况下，泌乳母猪在仔猪28～35日龄断奶是比较理想的选择。另外，母猪断奶时的适时干奶与其膘情控制、发情配种有着很大的关联。一般要求母猪断奶前、后的3 d，应逐渐减少精饲料的喂量，特别是减少多汁饲料和饮水次数，以利于尽快干奶。同时，还应根据母猪断奶时的体况好坏，通过减料、加料等措施，控制合适的膘情，以促进母猪断奶后尽早发情和配种。

三、猪的生产车间与工序安排

养猪生产基于工厂化模式，设置既相对独立又相互联系的配种、妊娠、分娩、保育、生长(或育成)、育肥(或后备)等生产车间。各车间要求依据管理目标的达成，严格遵循生产岗位的技术操作规程，科学进行猪的饲养管理，适时完成配种、妊娠、分娩、保育、生长(或育成)和育肥(或后备)等各车间的工序任务，并做好猪的发情鉴定、人工授精、妊娠诊断、接产哺乳、开食补料、断奶转群、应激预防、直线育肥、限制饲养、留种鉴定、更新淘汰和出栏销售等岗位技术和日常管理工作。

(一)生产车间规划

养猪生产按照猪的配种、妊娠、分娩、保育、生长(或育成)和育肥(或后备)等工艺环节，合理设置与饲养规模、工序任务相适应的生产车间，并做到每个车间的饲养猪数与猪舍结构、栏位数量、设施设备等相匹配。例如，猪的配种、妊娠、分娩、保育、生长(或育成)和育肥(或后备)等生产车间，不仅需要配套能满足特定工艺运行所需的既定猪群规模、猪舍栋数和猪栏数量，而且还要配备便于生产组织的生物安全、自动喂料、自动饮水、环境控制、粪污处理、配种接产、环境监测、兽医保健和办公、财务、后勤、销售等设施设备。这不仅有利于猪群饲养条件的改善和生产性能的发挥，而且可有效提高养猪生产的劳动效率和猪的生产性能。

1.配种与妊娠车间

种公猪站采集公猪的精液，经品质检查和袋装、瓶装精液的生产等工艺，将低温冷藏或常温贮藏的合格精液，送至配种车间。配种车间通过对母猪的发情鉴定和最佳配种时间的确定，采用人工方法给母猪进行输精，经20～30 d的时间，对母猪进行早期妊娠诊断，并根据鉴定结果将初始产品(怀孕母猪)，转移至妊娠车间；妊娠车间通过胚胎养育、妊娠护理和临产检查等工序，最终将打磨的产品(临产母猪)，转移至分娩车间，做好接产护仔准备。在生产中，只有组建类别和数量达标的种公猪群、配种母猪群、妊娠母猪群和临产母猪群，才能保证生产工艺的顺利开展。

2. 分娩与保育车间

分娩车间接收到的临产母猪群，经产前准备、临产确定等工序及时进行接产。一般通过对出生仔猪实施黏液擦拭、脐带断裂、哺乳保温、称重编号、剪牙断尾、补铁补料、健康护理、早期断奶等工序和母猪的产后护理，将打磨好的产品（断奶仔猪），转移至保育车间，干奶母猪再次返回到配种车间开始下一轮次的配种产仔；保育车间再通过对仔猪的高床培育及留种鉴定等工序，将打磨好的产品（保育仔猪），转移至生长车间（非留种）或育成车间（留种）。在生产中，只有组建类别和数量达标的哺乳仔猪群和保育仔猪群，才能保证生产工艺的顺利开展。

3. 育成与后备车间

育成车间接收到留种用的保育仔猪群，经整群分栏、应激过渡、自由采食、自由饮水、定位调教、健康护理、体重称测、地面或高床培育等工序，将打磨好的产品（育成猪），转移至后备车间（后备猪）；后备车间通过限制饲养、自由饮水、运动锻炼、定位调教、健康护理、体重称测、地面或高床饲养等工序，将打磨好的产品（后备猪），经选种测定（鉴定猪）更新补充繁殖猪群，进而平衡种猪群的生产结构。在生产中，只有组建类别和数量达标的育成猪群、后备猪群和鉴定猪群，才能保证种猪生产工艺的顺利开展。

4. 生长与育肥车间

生长车间接收到非留种用的育成猪群，通过整群分栏、应激过渡、自由采食、自由饮水、定位调教、健康护理、体重称测、地面或高床培育等工序，将打磨好的产品（生长猪），转移至育肥车间（育肥猪）；育肥车间按照前高后低或直线育肥的方式，通过科学饲喂、自由饮水、定位调教、健康护理、体重称测、地面或高床培育等工序，最终将打磨好的产品（体重和肉质达标的育肥猪）推向市场销售，实现商品猪的规模化和标准化生产。在生产中，只有组建类别和数量达标的生长猪群、育肥猪群，才能保证商品猪生产工艺的顺利开展。

（二）生产工序安排

猪的配种、妊娠、分娩、保育、生长、育成、后备和育肥车间及种公猪站，是工厂化养猪流水式生产的基础平台。不同类别的猪群基于各个车间的工作目标和各自的工序安排，有序的连接在一起，实施流水化运行的全进全出制度，保证了商品猪生产的连续性和均衡性，显著提高了现代养猪的组织水平和经济效益。

工厂化养猪生产车间的工序安排与管理目标见表 6-6。

表 6-6　工厂化养猪生产车间的工序安排与管理目标

车间	饲养猪群	工序安排	管理目标
配种车间	初配母猪 断奶母猪	初配母猪、断奶母猪的饲养管理、防疫卫生及猪的调教、发情鉴定、妊娠诊断、人工授精、运动、转群等。	母猪膘情良好，配种妊娠率 90%及以上；母猪断奶后 7～14 d 完成配种，配种后 21 d 经早期妊娠诊断转群饲养。

续表 6-6

车间	饲养猪群	工序安排	管理目标
妊娠车间	妊娠母猪	妊娠母猪的饲养管理、防疫卫生及妊娠诊断、保胎护理、临产检查、膘情控制、运动、预产期推算、转群等。	母猪膘情好，妊娠分娩率 98%及以上；胎儿发育正常，初生重 1.5 kg 及以上；经 93 d 保胎护理，临产前 5 d 转群饲养。
分娩车间	泌乳母猪 哺乳仔猪	泌乳母猪、哺乳仔猪的饲养管理、防疫卫生及接产、哺乳、保温、剪牙、断尾、编号、开食、补料、断奶、转群等。	母猪泌乳好，每窝均产活仔数 10 头及以上，哺乳期 28～35 d；断奶仔猪成活率 92%及以上，体重 8 kg 及以上；泌乳母猪断奶前 5 d 减料减饮，转群饲养。
保育车间	保育猪群	保育仔猪的饲养管理、防疫卫生及断奶应激预防、饲料类型过渡、环境条件过渡、分群 、调群、转群等。	仔猪生长发育良好，保育期 35～42 d，成活率 94%及以上；期满体重 25 kg 及以上，转群饲养。
育成后备车间	育成猪群 后备猪群 二者 分段饲养	育成猪、后备猪的饲养管理、防疫卫生及育成阶段猪的自由采食及种质鉴定、后备阶段猪的限制饲养及种质鉴定、运动、调教、分群、调群、转群和后备猪的初配等。	育成猪(3 月龄、25～50 kg)维持骨骼、肌肉快速增长，成活率 96%及以上；后备猪前期(4～5 月龄、50～100 kg 及以上)，骨骼增长虽然减缓，但要维持肌肉较快增长，适度控制脂肪沉积；后备猪后期(6～7 月龄、100～130 kg 及以上)，肌肉增长减缓，严格控制脂肪过渡沉积；后备母猪 8～10 月龄、后备公猪 10～12 月龄，体重达成年猪的 70%及以上，经鉴定合格，转入种猪群初配使用，成活率 98%及以上。
生长育肥车间	生长猪群 育肥猪群 二者 分段饲养	生长猪、育肥猪的饲养管理、防疫卫生及生长检测、直线育肥、前高后低育肥、分群、调群、转群和出栏销售等。	生长猪(3 月龄、25～50 kg)维持骨骼、肌肉快速增长，成活率 96%及以上；育肥猪前期(4 月龄、50～75 kg)骨骼增长虽然减缓，但要维持肌肉快速增长，适度控制脂肪沉积；育肥猪中、后期(5～6 月龄、75～100 kg、100～120 kg 及以上)维持肌肉正常增长，严格控制脂肪过渡沉积；期满体重 120 kg 及以上时出栏销售，成活率 98%及以上。
种公猪站	初配公猪 成年公猪	初配公猪、成年公猪的饲养管理、防疫卫生及猪的采精、调教、精液检查、精液贮运、人工授精、运动、转群等。	种公猪年更新率 30%，体质健壮，体力充沛、性欲旺盛，能产生出良好品质的精液，满足配种要求。

现代养猪以生产车间为纽带，采取了分期分批、全进全出的流水化运行模式，做到了工序任务清晰、岗位分工明确，操作规范标准，产品加工有序，关联控制严密，实现了全年商品猪生产的连续性、均衡性和循环性，为工厂化的养猪生产提供了有力的支撑。

四、猪的生产岗位与操作规程

猪的生产岗位和操作规程，是搞好企业经营管理、提高养猪经济效益的工作平台和技术保障。现代养猪场都是以行政、生产、后勤等为主要管理机构，依据养猪全过程的关键生产要素，如饲料、设备、环境、配种、妊娠、分娩、保育、生长、育肥、兽医、销售等，确立生产岗位，并辅以操作规程，以更好地组织养猪生产。

(一)生产岗位设置

为了搞好猪场的经营管理，大多数猪场都是以完成养猪生产任务所需要的职位和人才支撑为目标，以猪的饲养规模、工艺类型、养殖模式和产业体系为基础，以选址规划建场、设施设备维护、饲料配合加工、猪群饲养管理、环境条件控制、兽医卫生防疫、粪污净化处理和产品市场销售等为环节，以猪场的行政管理、后勤服务和生产组织为机构，设立党务、场务、财务、人事、保卫等行政岗位；伙食、水电、车辆、绿化等后勤岗位；公猪站、设备厂、饲料厂、肥料厂、配种车间、妊娠车间、分娩车间、保育车间、生长车间、育肥车间、育成车间、后备车间、环保站、兽医站、销售部等生产岗位，以保证养猪全过程管理到位、技术到位和服务到位，为高质量、高水平和高效益地组织养猪生产，奠定良好的可持续发展基础。

1. 生产岗位职责

各生产机构和工作单位应以层层管理、分工协作的原则，明确岗位职责、落实承包责任制，做到既有分工、又有合作，下级服从上级，高效率完成工作任务。

(1)猪场场长　全面负责猪场的行政、后勤和生产等工作，及时协调各部门之间的工作关系，落实和完成企业的各项工作任务；负责做好全场员工的政治思想工作，了解员工的生活和工作动态，出现问题及时解决；负责制订和完善本场的管理规章制度和技术操作规程，监控本场的生产情况、人员工作情况和卫生防疫情况，及时解决出现的问题；负责编排全场的经营生产计划、物资需求计划和全场的生产报表，并督促做好月结工作、周上报工作；负责全场成本费用的监控与管理，落实和完成公司下达的各项经济指标；负责直接管辖生产线主管和员工的技术培训工作，每周或每月主持召开生产例会。

(2)生产科长　负责生产线的日常管理，协助场长做好其他工作；负责落实猪的生产技术操作规程、兽医卫生防疫制度和生产线的有关规章制度；负责猪的兽医保健、防疫检疫和疾病诊治等工作；负责生产线的饲料、兽药、水电等直接或间接成本费用的监控与管理；负责落实和完成场长下达的各项任务，直接管辖组长，通过组长管理一线员工；负责生产线的资料整理和数据报表工作，随时解决问题。

(3)生产组长　负责班组的生产管理工作，严格按照生产车间管理制度和猪群饲养管理规范，安排落实岗位工序任务，明确每周、每天的工作内容，发现问题及时解决。

①配种妊娠舍组长。负责组织本组人员严格按《饲养管理技术操作规程》和每周工作日程进行生产；负责本组饲料、药品、工具的使用计划与领取及盘点工作，服从生产线主管的领导，完成生产线主管下达的各项生产任务；负责本组猪舍的消毒卫生及猪群的饲养管理、周转组织、免疫注射、人工授精与妊娠诊断等工作，保证生产线工艺流程正常运行；负责整理和统计车间的人员值班、生产日报表和周报表等工作，及时反映出现的生产和工作问题，并及时解决。

②分娩保育舍组长。负责组织本组人员严格按《饲养管理技术操作规程》和每周工作日程进行生产；负责本组饲料、药品、工具的使用计划与领取及盘点工作，服从生产线主管的领导，完成生产线主管下达的各项生产任务；负责本组猪舍的消毒卫生及猪群的饲养管理、周转组织、免疫注射、分娩接产、仔猪哺乳与断奶培育等工作，保证生产线工艺流程正常运行；负责整理和统计车间的人员值班、生产日报表和周报表等工作，及时反映出现的生产和工作问题，并

及时解决。

③生长育肥舍组长。负责组织本组人员严格按《饲养管理技术操作规程》和每周工作日程进行生产；负责本组饲料、药品、工具的使用计划与领取及盘点工作，服从生产线主管的领导，完成生产线主管下达的各项生产任务；负责本组猪舍的消毒卫生及猪群的饲养管理、周转组织、免疫注射、生长测定、育成留种和出栏销售等工作，保证生产线工艺流程正常运行；负责整理和统计车间的人员值班、生产日报表和周报表等工作，及时反映出现的生产和工作问题，并及时解决。

(4)饲养员　主要负责猪群的饲喂、饮水、运动、消毒、防疫、卫生、隔离和转群等日常管理等工作。

①种公猪站饲养员。协助站长做好公猪的饲料供给、饲养方案制订、人工采精、精液检查、精液加工、精液冷藏、精液配送及公猪的免疫注射、调教训练和运动等工作；负责种公猪的日常饲养管理工作。

②配种母猪饲养员。协助组长做好母猪的饲料供给、饲养方案制订、发情鉴定、适时配种、早期妊娠诊断、免疫注射、转栏和调整等工作；负责配种母猪的日常饲养管理工作。

③妊娠母猪饲养员。协助组长做好妊娠母猪的饲料供给、饲养方案制订、临产鉴定、免疫注射、转群和调整等工作；负责妊娠母猪的日常饲养管理工作。

④分娩母猪饲养员。协助组长做好产仔母猪的分娩接产、仔猪哺乳断奶及母仔的饲料供给、免疫注射、转群与调整等工作；负责泌乳母猪和哺乳仔猪的日常饲养管理工作。

⑤保育仔猪饲养员。协助组长做好保育猪的饲料供给、饲养方案制订、应激预防、免疫注射、转群和调整等工作；负责保育仔猪的日常饲养管理工作。

⑥生长育肥猪饲养员。协助组长做好生长猪(或育成猪)、育肥猪(或后备猪)的饲料供给、饲养方案制订、免疫注射、转群和调整等工作；负责生长育肥猪的日常饲养管理工作。

⑦夜班人员。每天工作时间为午间 11:30—14:00，晚间 17:30 至次日早上 7:30；两夜班轮流值守，负责猪群的防寒、保温、防暑、通风、防火、防盗等工作，并做好值班记录。

2. 生产人员配备

猪场的生产人员应基于企业的机构和岗位设置而配备。一般要求以场长、副场长、生产科长(生产线主管)、班组长、饲养员等岗位的人员配备为主，组建以生产为中心的企业管理和生产管理团队，为企业的高质量发展，提供良好的人力资源支撑。

现提供我国万头规模化猪场的岗位与人员的配备情况，供参考。

(1)行政后勤　主要是指养猪企业的管理和保障服务工作。一般设场长 1 人、行政副场长 1 人、生产副场长 1 人、后勤副场长 1 人，并成立相应的行政、生产和后勤等科室。其中行政科(党务、场务、人事、财务和安全等)科长 1 人，职员 4 人；后勤科(伙食、水电、车辆、绿化等)科长 1 人，职员 6 人；生产科(以饲养猪群为主，配备班组长和饲养员即可)科长 1 人。猪场管理人员共计 17 人。

(2)生产管理　主要是指养猪企业的猪群饲养劳务工作。一般设有种公猪站、饲料生产组、设备养护组、兽医保健组、配种妊娠组、分娩接产组、断奶保育组、生长育肥组、产品销售组和肥料生产组等生产组别，并配备班组长和饲养员。其中种公猪站设站长 1 人、班组长 1 人、饲养员 1 人，小计 3 人；配种妊娠组、分娩接产组、断奶保育组和生长育肥组，每组设班组长 1 人、饲养员 1 人，小计 8 人；饲料生产组、设备养护组、兽医保健组、产品销售组和肥料生产组，每组设班组长 1 人、保障员 1 人，小计 10 人。猪群饲养劳务人员合计 21 人。饲养员或保障员不足时，可临时从市场聘用务工人员。

养猪生产的岗位设置见图 6-7。

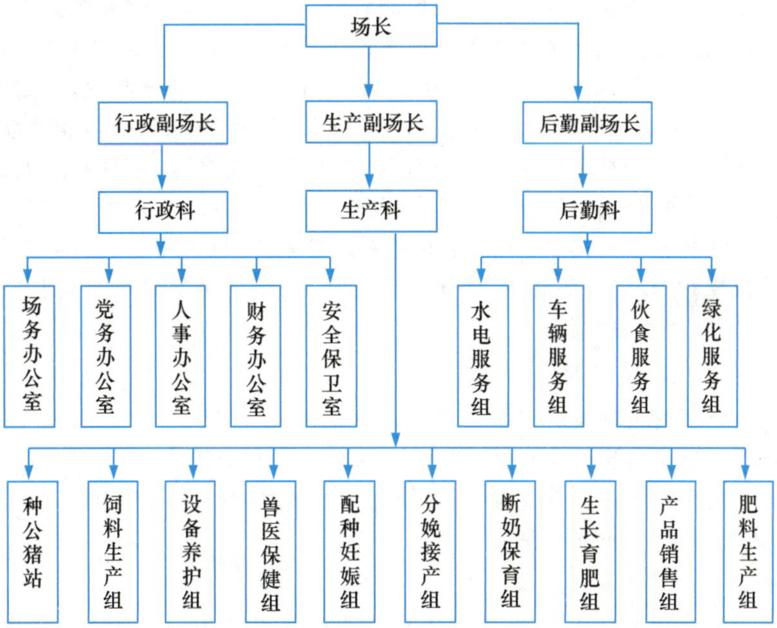

图 6-7　养猪生产的岗位设置

(二)操作规程制订

养猪生产以“车间”为单元，科学制订各类猪群的生产管理制度和技术操作规程，对于高效组织养猪生产具有重要的意义。就企业来讲，规程是准绳，岗位是平台，人才是支撑，管理是关键。其中规程制订是否科学，岗位匹配是否合理，人员素质是否过硬，管理制度是否落实，事关生产目标、任务和效益的充分体现。因此，基于养猪车间和生产岗位，制订合理的规程、标准和制度，是确保养猪生产工序任务高效完成和管理目标顺利实现的内在保障。

下面介绍宁夏某猪场的操作规程以供参考。

1　猪的兽医卫生保健管理规程

1.1　猪场生活区防疫制度

1.1.1　生活区大门应设消毒门岗，职工及外来人员进入生活区时，均应通过消毒门岗，消毒池每周更换 2 次消毒液。生活区内外应搞好绿化工作。

1.1.2　每月初对生活区及其环境进行 1 次彻底的清洁、消毒、灭鼠、灭蝇等活动；任何职工及其家属都不得在场内饲养其他禽畜和猫、犬等动物。

1.1.3　饲养员要在场内宿舍居住，不得随便外出；场内技术人员不得对外出诊，或去其他养猪场(户)和屠宰场(户)逗留。

1.1.4　员工休假回场或新招员工，要在生活区隔离 3 d 后方可进入生产区工作。

1.2 猪场生产线防疫制度

1.2.1 猪场生产线的防疫控制主要包括配种妊娠、分娩保育、生长育肥等生产区和饲料供给、兽医保健、污水处理、肉猪销售等辅助区的人员进出、隔离管控和消毒卫生。

1.2.2 生产线员工必须经更衣室更衣、换鞋，脚踏消毒池、手浸消毒盆后，方可进入生产线。消毒池每周更换2次消毒液，更衣室保持人员进出全天候自动喷雾消毒状态。

1.2.3 生产线内工作人员不得带私人物品入内、相互离岗窜舍，并保持良好的清洁卫生状态。要通过学习和培训，切实提高员工做好猪群疫病防患的思想意识。

1.2.4 生产线每栋猪舍的门口、产房各单元的门口等处，设消毒池、盆，并定期更换消毒液，保持有效浓度；制订完善的猪舍、猪体消毒制度；杜绝使用发霉变质饲料，及时做好猪常见病的免疫和药物预防工作。

1.3 猪场车辆卫生防疫制度

1.3.1 进入生产区附近的运料车辆要彻底消毒。

1.3.2 生产线运猪车辆出入生产区、隔离舍、装猪台要彻底消毒。

1.3.3 上述车辆司机不许离开驾驶室，与场内人员接触；外来车辆不得入内，随车装卸工要同生产区人员一样，更衣换鞋消毒。

1.4 猪场购销猪的防疫制度

1.4.1 外地购入种猪须经检疫，并在场内隔离舍饲养观察40 d。确认无病健康猪，经消毒、冲洗干净后，方可进入生产线。

1.4.2 出售猪只需经兽医临床检查无病的方可出场，并要求单向流动，如质量不合格退回时，应淘汰处理，不得返回生产线。

1.4.3 出入隔离舍、售猪室、装猪台的人员，须严格更衣、换鞋和消毒，不得与外人接触。

1.5 猪的疫苗和预防用药制度

1.5.1 猪的各种疫苗和预防用药，应按要求进行贮藏，凡是过期、变质、失效的疫苗和药品，一律禁止使用。

1.5.2 免疫接种和预防用药，必须严格执行符合本场实际的免疫程序和用药办法，做好免疫和用药记录。

1.5.3 各种药物应视猪群情况、药物性能、用药对象等灵活掌握。

1.5.4 猪免疫程序和保健用药参考建议见表6-7、表6-8。

表6-7 猪的免疫程序

群别	日龄	免疫品种	剂量	使用方法
后备公猪和后备母猪	100日龄	口蹄疫	3 mL	耳后根肌内注射
	150日龄	乙脑	2 mL	配专用稀释液耳后根肌内注射
	160日龄	口蹄疫	2 mL	耳后根肌内注射
	170日龄	伪狂犬病	2头份	耳后根肌内注射
		猪瘟	4头份	配专用稀释液耳后根肌内注射
	180日龄	乙脑	2 mL	配专用稀释液耳后根肌内注射
		细小病毒病	2 mL	耳后根肌内注射

续表 6-7

群别	日龄	免疫品种	剂量	使用方法
	每年 3—4 月份（180 日龄以上）	乙脑苗加强免疫	2 mL	配专用稀释液耳根肌内注射（若 180 日龄接种离本次接种时间不超过 2 个月，则本次不需加强免疫）接种 2 周以后才能配种
经产母猪	妊娠 85 d	大肠四价	1 头份	配生理盐水稀释液，耳后根肌内注射
	妊娠 93 d	伪狂犬病	2 头份	耳后根肌内注射
	妊娠 100 d	口蹄疫	3 mL	耳后根肌内注射
	产后 23 d	腹泻二联	3 mL	耳后根肌内注射
		猪瘟	4 头份	配生理盐水稀释液，耳后根肌内注射
		链球菌	4 头份	配生理盐水稀释液，耳后根肌内注射
仔猪	23 日龄	猪瘟	2 头份	配生理盐水稀释液，耳后根肌内注射
		链球菌	2 头份	配生理盐水稀释液，耳后根肌内注射
	40 日龄	口蹄疫	1 mL	耳后根肌内注射
	60 日龄	口蹄疫	2 mL	耳后根肌内注射
	70 日龄	猪瘟	3 头份	配生理盐水稀释液，耳后根肌内注射
		肺疫 A	3 头份	配生理盐水稀释液，耳后根肌内注射
种公猪	每年 3、9 月份	猪瘟（4 头份）、肺疫 A（4 头份）、伪狂犬病（2 头份）		
	每年 2、7、11 月份	口蹄疫（3 mL）		
	每年 3、9 月份	乙脑（2 mL）		
繁殖母猪	每年 3、9 月份	猪肺疫 A（4 头份）		

注：每个季度内对空怀或超期未配的母猪集中进行一次口蹄疫苗（3 mL）和猪瘟苗（4 头份）的注射。

表 6-8　猪的保健用药

预防病名	预防药名	用药对象	用药方法
仔猪贫血	富来血	初生仔猪	1 mL/头肌内注射 1 次
仔猪白肌病	亚硒酸钠维生素 E	初生仔猪	0.5 mL/头肌内注射 1 次
仔猪黄痢	庆大霉素	初生仔猪	2 mL/头口服 1 次
开食应激	开食补盐	5～7 日龄	2 包/100 kg，饮水 3 d
仔猪白痢	土霉素粉	2 周和 4 周龄	1 包/100 kg，饮水 3 d
断奶应激	开食补盐	4 周龄	2 包/100 kg，饮水 3 d
寄生虫病	左旋咪唑	断奶后 1 周	4 片/（头·次）拌料 2 次
母猪产后感染	青霉素、链霉素	产后母猪	子宫内用药
	律胎素	产后母猪	1 mL/（头·次）肌内注射 1 次

续表 6-8

预防病名	预防药名	用药对象	用药方法
母猪产后便秘及消化不良	小苏打或芒硝	产后母猪	拌料连用药 1 周
其他猪病	抗生素	后备猪	每隔 2 周用药 1 周
	抗生素	妊娠猪	妊娠前后期各用药 1 周
	抗生素	种公猪	每月用药 1 周

说明：除上述用药外，饲养员不得另外擅自使用预防药物；其他临时预防用药，由技术人员根据猪群具体情况另行通知；本规程不包括治疗用药；同一猪群使用预防药物抗生素时，注意每次更换品种以防产生耐药性；本规程中"抗生素"没有具体指定部分，由技术人员根据具体情况选择确定；预防用药部分只供参考，暂时试用要根据猪群情况、药品库存情况和新药品灵活调整。

1.6 猪场消毒制度

1.6.1 办公区和生活区所属办公室、食堂、宿舍及其周围环境每月大消毒 1 次。

1.6.2 售猪周转区所属周转猪舍、装猪台、磅秤及周围环境每售一批猪后大消毒 1 次。

1.6.3 生产区正门消毒池每周至少更换池水、池药 2 次，保持消毒液有效浓度。

1.6.4 车辆进入生产区必须彻底消毒，随车人员消毒方法同生产人员一样。

1.6.5 更衣室每周末消毒 1 次，工作服清洗时消毒。

1.6.6 舍间空地、道路及两侧 5 m 范围内，每月至少消毒 2 次。

1.6.7 各栋猪舍门口的消毒池，每周更换消毒药至少 2 次，保持消毒液有效浓度。

1.6.8 配种妊娠舍每周至少消毒 1 次，分娩保育舍、生长育肥舍每周至少消毒 2 次。

1.6.9 进入猪舍人员必须脚踏消毒池，手洗消毒盆消毒。

1.6.10 常用消毒药的使用方法（参考）见表 6-9。

表 6-9 常用消毒药的使用方法

消毒药种类	消毒对象及适用范围	配制浓度
烧碱	大门消毒池、道路、环境	3%
	猪舍空栏	2%
生石灰	道路、环境、猪舍墙壁、空栏	直接使用调制石灰乳
过氧乙酸	猪舍门口消毒池、赶猪道、道路、环境	1∶200
28 消毒药	食堂、办公室、宿舍、更衣室	1∶2 000
	猪舍门口消毒池、猪舍内带猪体消毒	1∶1 000
68 消毒剂	食堂、办公室、宿舍、更衣室	1∶1 000
	猪舍门口消毒池、猪舍内带猪体消毒	1∶500
百毒灭	食堂、办公室、宿舍、更衣室	1∶2 000
	猪舍门口消毒池	1∶1 000

续表 6-9

消毒药种类	消毒对象及适用范围	配制浓度
消毒灵	食堂、办公室、宿舍、更衣室、猪舍门口消毒池、猪舍内带猪体消毒	1∶200
消毒威	食堂、办公室、宿舍、更衣室、猪舍门口消毒池、猪舍内带猪体消毒	1∶2 000
菌毒灭	食堂、办公室、宿舍、更衣室、猪舍门口消毒池	1∶300

1.7　猪的驱虫程序

1.7.1　后备猪 6 月龄或配种前驱除体内外寄生虫 1 次，成年猪每半年驱除体内外寄生虫 1 次。

1.7.2　繁殖母猪的驱虫在临产前或妊娠后期进行；生长育肥猪在 11 周龄时驱除体内外寄生虫 1 次。

1.7.3　引入种猪使用前驱除体内外寄生虫 1 次。

1.7.4　每月对种猪和育肥中、大猪带体消毒，并驱除体外寄生虫 1 次，临产母猪上产床前带栏消毒，并驱除体外寄生虫 1 次。

1.7.5　每月开展灭鼠、灭蝇和舍内防鸟筑巢 1 次。

2　配种妊娠车间生产管理规程

2.1　工作目标

2.1.1　按计划完成每周配种任务，保证全年均衡生产。

2.1.2　保证配种妊娠率 90%及以上，妊娠分娩率 98%及以上。

2.1.3　保证窝均产活仔数在 10 头及以上。

2.1.4　保证后备母猪合格率 98%及以上(转入基础群为准)。

2.2　工作内容

2.2.1　每日配种、发情检查及妊娠检查。

2.2.2　安排断奶母猪进入配种区，并合理分群。

2.2.3　将确定妊娠的母猪转入定位栏，并按顺序排列。

2.2.4　产前 1 周母猪转入产房。

2.2.5　安排后备猪参加配种。

2.2.6　观察猪群健康情况，有病及时隔离并给予治疗。

2.2.7　及时提供新鲜饲料和饮水。

2.2.8　按时清理猪粪，对设备进行常规维修和保养。

2.2.9　生产线组织的其他工作。

2.3　工作日程

上午 7∶30—11∶30，下午 14∶00—17∶30。工作时间随季节变化，工作日程作相应的前移或后移。

7∶30—9∶00　配种、发情检查(采精、输精等)

9:00—9:30　喂饲
9:30—10:30　观察猪群、治疗
10:30—11:30　清理卫生、其他工作
14:00—15:30　冲洗猪栏、猪体，其他工作
15:30—17:00　配种、发情检查（采精、输精等）
17:00—17:30　喂饲

2.4　技术操作规程

2.4.1　发情鉴定。

2.4.1.1　发情鉴定的最佳方法是：当母猪喂料后半小时表现平静时进行，每天进行 2 次发情鉴定，上午、下午各 1 次。检查采用人工查情与公猪试情相结合的方法，配种员所有工作时间的 1/3 应放在母猪发情鉴定上。

2.4.1.2　母猪的发情表现有：阴门红肿，阴道内有黏液性分泌物；在圈内来回走动，频频排尿；神经质，食欲差；压背静立不动；互相爬跨，接受公猪爬跨；也有发情不明显的，发情检查最有效方法是每日用试情公猪对待配母猪进行试情。

2.4.2　配种安排。

2.4.2.1　配种程序。先配断奶母猪和返情母猪，然后根据满负荷配种计划有选择地配后备母猪。返情母猪和后备母猪多采用“1＋2”配种方式，即第 1 次本交，第 2 次、第 3 次人工授精；断奶后正常发情的经产母猪，采用“全人工授精”方式配种 3 次。

2.4.2.2　配种间隔。经产母猪上午发情，下午配第 1 次，次日上午、下午配第 2 次、第 3 次；下午发情，次日早配第 1 次，第 3 天上午、下午配第 2 次、第 3 次，经产母猪 2 d 内配完。断奶后发情较迟（7 d 以上）的母猪及复发情的母猪，要早配（发情即配）；初产母猪当日发情，次日起配第 1 次，随后每间隔 8～12 h 配第 2 次、第 3 次，一般来说，2 d 内配完，个别的 3 d 内配完。

2.4.2.3　配种辅助。选择大小合适的公猪，把公母猪赶到圈内宽敞处，要防止地面打滑，一旦公猪开始爬跨，立即给予帮助。必要时，配种员用腿顶住交配的公母猪，防止公猪抽动过猛，使母猪承受不住而中止交配；正常情况下，配种员应站在公猪的侧后方，辅助阴茎插入阴道，方法是使用消毒手套，将公猪阴茎对准母猪阴门，使其插入，注意不要让阴茎打弯，整个配种过程配种员不准离开，配完一头再配下一头；观察交配过程，保证配种质量，射精要充分（射精的基本表现是公猪尾根下方肛门扩张肌有节律地收缩，力量充分）；公猪每次交配需射精 2～3 次，有些副性腺液体从阴道流出；整个交配过程不得人为干扰或粗暴对待公母猪；配种后母猪赶回原圈，填写配种卡。

2.4.2.4　配种注意。配种时公母猪大小比例要合理，有些第一次配种的母猪不愿接受爬跨，利用性欲较强的公猪，可有利于完成交配；参照“老配早，少配晚，不老不少配中间”的原则，胎次较高的母猪发情后，第一次适当早配。胎次较低的母猪发情后，第一次适当晚配；高温季节配种宜在上午 8 时前或下午 5 时后进行，最好饲前空腹配种；做好发情检查及配种记录，发现发情母猪，及时登记耳号、栏号及发情时间；配种安排为上午发现下午首配，下午发现次日早上首配，连配 3 次，并做好配种记录，配种记录每周上报 1 次；公猪配后不宜马上洗浴和剧烈运动，也不宜饮水，若喂饲后配种必须间隔半小时以上。

2.4.3 公猪的饲养管理。

2.4.3.1 饲养原则。提供所需的营养以使精液的品质最佳,数量最多;为了交配方便,延长使用年限,公猪不应太大,这就要求限制饲养。一般选用公猪配种料,日喂 2 次,每头每天喂 2.5～3.0 kg,配种期每天补喂 1 枚鸡蛋,于喂料前进行。每餐不要喂得过饱,以免猪饱食贪睡,不愿运动造成过肥。

2.4.3.2 单栏管理。要求单栏饲养,保持圈舍与猪体清洁,合理运动,每周可安排 2～3 次驱赶运动。

2.4.3.3 调教公猪。后备公猪达 8 月龄,体重达 120 kg,膘情良好即可开始调教。将后备公猪放在配种能力较强的种公猪隔离栏观摩和学习配种方法;第 1 次配种时,公、母猪大小比例要合理,母猪发情状态要好,以免影响公猪配种的主动性;正在交配时不能推公猪,更不能粗暴对待公猪,并注意工作安全;工作时保持与公猪适当的距离,不背对公猪;用公猪试情时,需要将正在爬跨的公猪从母猪背上拉下来,这时要小心,不推其肩、头部,以防遭受攻击。

2.4.3.4 公猪使用。后备公猪 10 月龄开始使用,使用前先进行配种调教和精液质量检查,初配体重应达到 130 kg 及以上;10～12 月龄公猪每周配种 1～2 次,1 岁以上的公猪,每周配种 3～4 次;健康公猪休息时间不得超过 2 周,以免发生配种障碍;若公猪患病,1 个月内不准使用;公猪每月须检查精液品质 1 次,夏季每月 2 次,若连续 3 次精检不合格,且伴有睾丸肿大、萎缩、性欲低下、跛行等疾病时,必须淘汰。天气炎热时,做好公猪的防暑降温工作,防止热应激,配种应选择在早晚较凉爽时进行,并适当减少使用次数;经常刷拭修蹄,及时驱除体外寄生虫;性欲低下的公猪,每天补喂多维添加剂或注射丙酸睾酮,有病及时治疗。

2.4.4 断奶母猪的饲养管理。

2.4.4.1 断奶母猪的膘情至关重要,要做好哺乳后期的饲养管理,使其断奶时保持较好的膘情。

2.4.4.2 哺乳后期不要过多削减母猪喂料量,应抓好仔猪补饲和控制仔猪哺乳,尽量减少母猪营养消耗,适当提前断奶。

2.4.4.3 断奶前后 1 周内适当减少仔猪的哺乳次数,控制喂料量,以防发生乳腺炎。

2.4.4.4 有计划地淘汰 7 胎以上或生产性能低下的母猪。确定淘汰猪最好在母猪断奶时进行。

2.4.4.5 母猪一般在断奶后 3～10 d 发情,此时,应注意做好发情鉴定和试情工作。确认母猪发情稳定后,方可配种,不得强配。

2.4.4.6 断奶母猪喂空怀料,日喂 2 次,日喂量 2.5～3 kg,推迟发情的断奶母猪优饲,日喂量 3～4 kg。

2.4.5 空怀母猪饲养管理。

2.4.5.1 参照断奶母猪的饲养管理执行,但对长期病弱,或 3 个情期没有配上的母猪,应及时淘汰。

2.4.5.2 配种后 21 d 左右,用公猪对母猪做返情检查,以后每月做 1 次妊娠诊断。

2.4.5.3 返情母猪放在观察区,及时复配。空怀母猪转入配种区要重新建立母猪卡。
2.4.5.4 空怀母猪喂断奶料,每头每日 3 kg 左右,日喂 2 次。
2.4.6 不发情母猪的饲养管理。
2.4.6.1 饲养与空怀母猪相同,营养管理上采取综合措施。
2.4.6.2 对体况健康、正常的不发情母猪,可选用激素治疗。
2.4.6.3 超过 7 月龄仍然不发情的后备母猪要集中饲养,每天放公猪进栏追逐 10 min,观察发情情况。超期 2 个月不发情的母猪应及时淘汰。
2.4.6.4 不发情或屡配不孕的母猪,可对症使用 PMSG、血促性素、绒促性素、排卵素、氯前列烯醇等外源性激素。
2.4.7 妊娠母猪的饲养管理。
2.4.7.1 所有母猪配种后,按配种时间(周次)在妊娠定位栏编组排列。选择对应的妊娠料,分阶段按标准饲喂。
2.4.7.2 每次投放饲料要准、快,以减少应激。要给每头猪足够的时间吃料,不要过早放水进食槽,以免造成浪费。实践中应根据母猪的膘情分级状况,灵活调整投料量。
母猪的膘情分级标准如下。
过瘦级:尖脊、削肩,不用压力可辨脊柱,膘薄,大腿少肌肉。
瘦弱级:脊柱、腰角、肋骨非常明显,脊椎历历可数。
稍瘦级:脊柱尖,稍有背膘(配种最低条件)。
标准级:身体稍圆,肩部丰满有力(配种理想条件)。
稍肥级:平背圆膘、胸肉饱满,肋部丰厚(分娩前理想状态)。
肥胖级:太肥,背膘厚、体形宽深。
2.4.7.3 不喂发霉变质饲料,防止中毒。
2.4.7.4 减少应激,防流保胎。
2.4.7.5 妊娠诊断。正常情况下,母猪配种后 21 d 左右不再发情即可确定妊娠,其表现为:贪睡、食欲旺、易上膘、皮毛光、性温顺、行动稳、阴门下裂缝向上缩成一条线等。母猪配种后 18～65 d 内做好复发情检查工作。
2.4.7.6 分段喂料。对妊娠母猪定期进行评估,按妊娠阶段分三段区进行饲喂和管理。妊娠第 1 个月内的喂料量为 1.8～2.2 kg/(d·头);妊娠中间第 2 个月内的喂料量为 2.0～2.5 kg/(d·头);妊娠最后 1 个月内的喂料量为 2.8～3.5 kg/(d·头);产前 1 周开始喂对应哺乳料,并适当减料。
2.4.7.7 按《免疫程序》做好各种疫苗的免疫接种工作,预防传染病的发生,预防中暑和机械性流产等疾病。
2.4.7.8 妊娠母猪临产前 1 周转入产房,转入前冲洗消毒,并同时驱除体内外寄生虫。
2.4.8 人工授精技术操作规程。猪的人工授精是指用器械采集公猪的精液,经过检查、处理和保存,再用器械将精液输入发情母猪的生殖道内以代替自然交配的一种配种方法。
2.4.8.1 采精公猪的调教。方法是先清洗公猪的腹部及包皮部,挤出包皮积尿,按摩公猪的包皮部。然后用发情母猪的尿或阴道分泌物涂在假台猪上，同时模仿母猪叫声，诱发公猪的爬跨欲。若这些措施不奏效，可赶来一头发情母猪，让公猪空爬几次，在公猪很兴奋时赶走发情母猪，再行引导公猪爬跨假台猪，公猪爬上假台猪后，即可进行采精；调教成功的公猪每周内每隔 1 d 采精 1 次，巩固其记忆，以形成条件反射；对于难以调教的公猪，可实行多次短暂训练，每周 4～5 次，每次至多 15～20 min。如果公猪表现任何厌烦、受挫或失去兴趣，应立即停止调教训练；后备公猪一般在 8 月龄开始采精调教，采精栏应设有安全角，公猪很兴奋时，采精员应注意自己和公猪的安全；无论哪种调教方法，公猪爬跨后，一定要进行采精，以免造成公猪对爬跨假台猪失去兴趣；调教时，不能让 2 头及以上的公猪聚在一起，以防公猪打架而影响调教效果；为了利用好采精公猪，饲养员还应通过触摸、按摩、口令、饲喂等措施，做好公猪温顺性格的调教。

2.4.8.2　采精。备好采精杯，杯口覆四层脱脂纱布，用橡皮筋固定，制好后放在 37 ℃恒温箱备用；采精之前先剪去公猪包皮上的被毛，防止干扰采精及细菌污染；将采精公猪赶至采精栏，用 0.1% $KMnO_4$ 溶液清洗腹部及包皮，再用清水洗净抹干；挤出包皮积尿，按摩公猪的包皮部，待公猪爬上假台猪后，手握紧伸出的龟头，顺公猪前冲时将阴茎的“S”状弯曲拉直，握紧阴茎螺旋部的第一和第二褶，允许阴茎自然伸展；充分伸展后，阴茎将停止推进，达到强直“锁定”状态，开始射精；射精时收集浓份精液，直至公猪射精完毕时放手，射精过程中不要松手，否则压力减轻将导致射精中断；采精过程中注意不要触碰阴茎体，防止包皮部液体或其他杂物等进入采精杯；采精结束后清洗采精栏；成年公猪每周采精 2 次，青年公猪每周采精 1 次。

2.4.8.3　精液品质检查。本交公猪的精检原则是所有在用的公猪每月必须普查精液品质 1 次；人工授精的公猪，随具体安排定期开展精检登记。精检不合格的公猪绝对不可利用，后备公猪应在精液品质检查合格后，方可安排配种。

2.4.8.4　输精。初用人工授精的母猪，多采用 1 次本交、2 次人工授精的做法，并逐渐过渡到全部人工授精。输精前必须检查精子活力，低于 0.6 的精液严格弃用。输精的具体操作程序：准备好输精栏、0.1% $KMnO_4$ 消毒水、精液、剪刀、针头、毛巾等；先用消毒水清洁母猪外阴周围，再用温和清水洗去消毒水，抹干外阴；将试情公猪赶至待配母猪栏前，使母猪在输精时与公猪有口鼻接触，输完几头母猪更换一头公猪，以提高公母猪的兴奋度；从密封袋中取出无污染的一次性输精管（手不准触其前 2/3 部），在前端涂上对精子无毒的润滑油，将输精管斜向上插入母猪的生殖道内，当感觉到有阻力时再稍用一点力，直到感觉其前端被子宫颈锁定为止（轻轻回拉不动）；从贮存箱中取出精液，确认标签正确，剪去瓶嘴，将精液瓶接上输精管，开始输精；轻压输精瓶，确认精液能流出，按摩母猪外阴或压背，使子宫产生负压将精液吸纳，不允许将精液挤入母猪的阴道内；通过调节输精瓶的高低，控制输精时间，一般 3～5 min 输完，最快不要低于 3 min，防止吸得快，倒流得也快；输完后在防止空气进入母猪生殖道的情况下，将输精管后端折起让其慢慢滑落，并收好输精管，冲洗输精栏。

3 分娩产仔车间生产管理规程

3.1 工作目标

3.1.1 按计划完成母猪分娩产仔任务。

3.1.2 仔猪哺乳期成活率92%及以上。

3.1.3 仔猪4周龄断奶平均体重不少于8 kg,5周龄断奶平均体重不少于10 kg。

3.2 工作内容

3.2.1 产房彻底冲洗消毒,做好接收临产母猪的一切准备。

3.2.2 从妊娠舍接收临产母猪,并按预产期顺序在产房定位。

3.2.3 给母猪、仔猪提供新鲜清洁的饮水,定期检查饮水器,保证饮水。

3.2.4 提供新鲜清洁的饲料,仔猪5~7日龄开始补料,坚决不用发霉变质饲料,及时清理料槽内剩余饲料。

3.2.5 保证仔猪有一个温暖、干燥、无风的环境,及时调整保温灯,创造保温箱内合适的小气候;注意天气变化,防止贼风侵入;舍内尽可能减少冲洗次数和冲洗用水量,降低室内湿度;注意门窗的开、关,采用合理的通风措施。

3.2.6 维持产房内的防疫制度,尽可能减少人员出入,做到人员定舍定岗;每个单元执行全进全出制,定期消毒,及时处理每天的垃圾、胎衣、死胎、木乃伊和病死仔猪等;保证各单元门口消毒池的消毒液有效浓度,按《免疫程序》定期进行预防接种。

3.2.7 抓好母猪和仔猪的防病治疗工作。每天仔细观察猪群,发现病猪,及时治疗;对腹泻的仔猪,发现一头,治疗一窝,并做好追踪治疗和病志记录。

3.2.8 规范完成仔猪的编号、剪牙、断尾、补铁、去势等工作。根据实际情况对仔猪进行寄养和并窝。一般在吃过初乳后36~48 h进行,同时做好记录。

3.2.9 执行合理的断奶程序。仔猪平均4~5周龄断奶,根据哺乳成绩、体况和年龄,评价每批断奶母猪,分别转入配种区或做好不良个体的更新淘汰;断奶前对母猪、仔猪注射猪瘟、链球菌等疫苗。

3.2.10 及时检查维修饮水器、产栏、保温箱等有关设备。

3.2.11 准确、及时做好各种记录,及时上报日报表、周报表。

3.3 工作日程

7:30—8:30 母猪、仔猪喂饲

8:30—9:30 治疗、打耳号、剪牙、断尾、补铁等工作

9:30—11:30 清理卫生及其他工作

14:30—16:00 清理卫生及其他工作

16:00—17:00 治疗、报表

17:00—17:30 母猪、仔猪喂饲

3.4 操作规程

3.4.1 产前准备。

3.4.1.1 检修产房设备,空栏彻底清洗,之后用消毒药连续消毒2次,晾干后备用。第2次消毒最好采用火焰消毒或熏蒸消毒。

3.4.1.2　产房温度最好控制在 25 ℃左右，湿度在 65%～75%，产栏安装滴水装置，夏季头颈部滴水降温。

3.4.1.3　检查预产期，母猪的妊娠期平均为 114 d。

3.4.1.4　产前产后 3 d 减料，以后自由采食。产前 3 d 开始投喂小苏打，连喂 1 周；分娩前检查乳房是否有乳汁流出，以便做好接产。

3.4.1.5　准备好 5%碘酊、0.1% $KMnO_4$ 消毒水、抗菌素、催产素、保温箱等药品和工具。

3.4.1.6　分娩前用 0.1% $KMnO_4$ 消毒水清洗母猪的外阴和乳房。

3.4.1.7　临产母猪提前 1 周上产床，上产床前清洗消毒，驱除体内外寄生虫 1 次。

3.4.2　判断分娩。阴道红肿，频频排尿、乳房有光泽、两侧乳房外胀，用手挤压有乳汁排出，初乳出现后 12～24 h 内分娩。

3.4.3　接产安排。

3.4.3.1　要求专人看管，接产时每次离开时间不得超过半小时。

3.4.3.2　仔猪出生后，应立即将其口鼻黏液清除、擦净，用抹布将猪体擦干；发现假死猪及时抢救，产后检查胎衣是否全部排出；如胎衣不下或胎衣不全，可肌内注射催产素。

3.4.3.3　断脐用 5%碘酊消毒。

3.4.3.4　把初生仔猪放入保温箱，保持箱内温度 30 ℃及以上。

3.4.3.5　帮助仔猪吃上初乳，固定乳头，初生重小的放在前面，大的放在后面。仔猪吃初乳前，每个乳头的最初几滴奶要挤掉。

3.4.3.6　有羊水排出、强烈努责后 1 h 仍无仔猪排出或产仔间隔超过 1 h，即视为难产，需要人工助产。

3.4.4　难产处理。

3.4.4.1　有难产史的母猪临产前 1 d 肌内注射律胎素或氯前列烯醇，或预产期当日注射缩宫素。

3.4.4.2　临产母猪子宫收缩无力或产仔间隔超过半小时者，可注射缩宫素，但要注意在子宫颈口开张时使用。

3.4.4.3　注射催产素仍无效，或由于胎儿过大、胎位不正、骨盆狭窄等原因造成难产的，应立即人工助产。

3.4.4.4　人工助产时，要剪平指甲，润滑手、臂并消毒，然后随着子宫收缩节律慢慢伸入阴道内，手掌心向上，五指并拢；抓好仔猪的两前肢或下颌部，随母猪子宫扩张时，开始向外拉仔猪，努责收缩时停下，动作要轻；拉出仔猪后，应帮助仔猪呼吸（假死仔猪的处理：将其前后躯以肺部为轴向内侧并拢、放开反复数次）；产后阴道内注入抗生素，同时肌内注射抗生素 1 次，以防发生子宫炎或阴道炎。

3.4.4.5　对难产的母猪，应在母猪卡上注明发生难产的原因，作为下一胎次的正确处理或淘汰母猪鉴定的依据。

3.4.5　母猪护理。

3.4.5.1　泌乳母猪选用产乳料，每天喂 2～3 次，产前 3 d 开始减料，渐减至日常量的 1/2～1/3，产后 3 d 恢复正常，自由采食直至断奶前 3 d；喂料时若母猪不愿站立吃料，应赶起；产前产后日粮中添加0.75%～1.5%的轻泻剂（小苏打或芒硝），以防产后便秘。夏季日粮中添加1.2%的碳酸氢钠，可提高采食量。

3.4.5.2　产仔期内注意环境安静、圈舍清洁、干燥，做到冬暖夏凉；要随时观察母猪的采食量和泌乳量的变化，以针对具体情况采取相应措施。

3.4.5.3　产房适宜温度为18～22 ℃。

3.4.5.4　哺乳期因失重过多而瘦弱的母猪，要适当提前断奶，断奶前3 d需适当限料。

3.4.6　仔猪护理。

3.4.6.1　仔猪初生后2 h内注射“富来血”铁剂1 mL，预防贫血；口服抗生素，如庆大霉素2 mL，以预防下痢；注射亚硒酸钠维生素E 0.5 mL，以预防白肌病，同时提高仔猪对疾病的抵抗力；如果猪场呼吸道疫病流行严重时，鼻腔喷雾卡那霉素加以预防；无乳母猪用催乳中药拌料或口服。

3.4.6.2　新生仔猪要在24 h内称重、打耳号、剪牙、断尾。断脐以留下3 cm为宜，断端用5%碘酊消毒；有必要打耳号时，尽量避开血管处，缺口用5%碘酊消毒；剪牙钳用5%碘酊消毒后，剪掉上、下颌两侧犬齿，弱仔不剪牙；断尾钳用5%碘酊消毒后，尾根部留下3 cm处剪断，并用5%碘酊消毒。

3.4.6.3　仔猪吃过初乳后，根据实际情况进行寄养或并窝，尽量使仔猪数与母猪的有效乳头数相等，防止未使用的乳头萎缩，从而影响下一胎的泌乳性能。寄养时，仔猪间的日龄相差不超过3 d，把大的仔猪寄出去，寄出时可用寄母的乳汁擦抹待寄仔猪的全身。

3.4.6.4　非留种的小公猪1周龄去势，去势时要彻底，切口不宜太大，术后用5%碘酊消毒。

3.4.6.5　仔猪保温箱温度：初生、32 ℃，体重2 kg、30 ℃，体重4 kg、29 ℃，体重6 kg、28 ℃，8 kg及以上至断奶、27 ℃，断奶后4周、24～26 ℃。

3.4.6.6　产房要保持干燥，预防仔猪下痢。产栏内只要有小猪，便不能用水冲洗。

3.4.6.7　仔猪出生后5～7日龄开始诱导补料，保持料槽清洁，饲料新鲜。少喂勤添，晚间多补喂1次，每天补料次数为4～5次。

3.4.6.8　仔猪平均28～35日龄断奶，采用一次性断奶的方法。断奶前后3 d开食补盐，以防应激，并做好饲料的逐渐过渡。

3.4.6.9　刚断奶小猪转入保育栏，要将饮水器撑开，使其有小量流水，诱导仔猪饮水。同时，装好自由采食料槽供仔猪采食；断奶后1周哺乳料与保育料混用，并逐渐过渡到保育料。

3.4.7　产房值班。实行昼夜不间断轮流值班，工作人员不得擅自离岗。不得已离岗时，每次离开时间控制在1 h以内。

4　断奶保育车间生产管理规程

4.1　工作目标

4.1.1　保育期成活率94%以上。

4.1.2　保育期满（2月龄左右）出栏体重25 kg及以上。

4.2　工作内容

4.2.1　空栏彻底冲洗消毒，做好接收断奶仔猪的一切准备。

4.2.2　接收断奶仔猪，以强弱、大小分群。

4.2.3　给仔猪提供新鲜清洁的饮水，定期检查饮水器，保证饮水。

4.2.4　提供新鲜清洁的饲料，不用发霉变质饲料，及时清理料槽内剩余饲料。

4.2.5　用仔猪保育料，自由采食，少喂勤添，及时加料。

4.2.6　调整保温设施，保证舍内温度达到要求；注意天气变化，防止贼风侵入；降低室内湿度，注意门窗的开、关与适当的通风。

4.2.7　保持舍内卫生，及时清扫垃圾杂物，尽可能减少冲洗次数和冲洗用水量。

4.2.8　尽可能减少舍内人员出入，做到专人定舍定岗；每个单元执行全进全出制，定期消毒，保证各单元门口消毒池药液的有效浓度。

4.2.9　每天观察猪群，发现病猪，及时做好隔离防治工作。

4.2.10　准确、及时做好各种记录，及时上报日报表、周报表。

4.3　工作日程

7:30—8:30　喂饲

8:30—9:30　治疗

9:30—11:00　清理卫生及其他工作

11:00—11:30　喂饲

14:30—15:00　喂饲

15:00—16:00　清理卫生及其他工作

16:00—17:00　治疗、报表

17:00—17:30　喂饲

4.4　操作规程

4.4.1　猪群转入前，空栏要彻底冲洗消毒，空栏时间不少于 3 d。

4.4.2　猪群转入、转出每周一批次，使用猪栏批次清楚。

4.4.3　仔猪入栏时，备好盛有饲料的自动食槽和饮水器，供仔猪饮水和吃料。

4.4.4　仔猪入栏时头 2 d 注意限料，以后自由采食，少喂勤添。

4.4.5　及时调整猪群，以强弱、大小分群，保持合理的密度，注意链球菌病的防治。病猪、僵猪及时隔离饲养。

4.4.6　保持圈舍卫生，控制舍内适宜的温度、湿度和通风换气，做好猪群采食、卧息、排便"三定位"的调教训练。

4.4.7　仔猪转入保育栏的第 1 周，饲料中适当添加抗应激药物，如维生素 C、多维素、矿物质、添加剂等；也可添加一些抗生素药物，如强力霉素、利高霉素、土霉素、卡那霉素等。1 周后驱除体内外寄生虫 1 次。

4.4.8　清理卫生时，注意观察猪群排粪情况；喂料时，观察食欲情况；休息时，检查呼吸情况。发现病猪，对症治疗。病猪及时隔离饲养，统一用药。

4.4.9 注意舍内有害气体的控制，按季节温度的变化，做好通风换气、防暑降温及防寒保温等工作。

4.4.10 分群调整时，为了减少相互咬架而产生应激，应遵守“留弱不留强”“拆多不拆少”“夜并昼不并”的原则。可对并窝的猪喷洒药液（如来苏尔），清除气味差异，并窝后饲养人员要多加观察。

4.4.11 猪舍每周消毒1～2次，每周消毒药更换1次。

4.4.12 转群猪应鉴定合格后出栏，残次猪特殊处理。

5 生长育肥车间生产管理规程

5.1 工作目标

5.1.1 生长育肥阶段成活率97%及以上。

5.1.2 饲料转化率（25～100 kg或100～120 kg）：≤2.7∶1。

5.1.3 生长育肥期平均日增重（25～100 kg或100～120 kg）：≥650 g。

5.1.4 哺乳期＋保育期＋生长期＋育肥期，饲养日龄≤182 d。生长育肥期（25～100 kg或100～120 kg）饲养日龄≤105 d。

5.2 工作内容

5.2.1 转入猪以大小、强弱分群，病猪隔离饲养。

5.2.2 提供充足的饮水和标准化的饲料。

5.2.3 做好通风、防暑降温等工作。

5.2.4 观察猪群健康情况，发现病猪，及时治疗。

5.2.5 做好驱虫与免疫工作。

5.2.6 保持圈舍卫生，及时清粪除污，冲洗栏舍。

5.2.7 空栏彻底冲洗消毒。

5.2.8 做好设备的检查、维修及各种记录、报表。

5.3 工作日程

7:30—8:30 喂饲

8:30—9:30 观察猪群、治疗

9:30—11:30 清理卫生及其他工作

14:30—15:30 清理卫生及其他工作

15:30—16:30 喂饲

16:30—17:30 观察猪群、治疗及其他工作

5.4 操作规程

5.4.1 转入猪群前，空栏要彻底冲洗消毒，空栏时间不少于3 d。

5.4.2 猪群转入、转出每周一批次，猪群猪栏批次清楚。

5.4.3 及时调整猪群，以强弱、大小、公母分群，保持合理密度；病猪及时隔离饲养。

5.4.4 生长育肥猪分小猪、中猪、大猪三段饲养，精准配制饲料配方，小猪、中猪阶段自由采食，大猪阶段限量饲喂。喂料时参考饲养标准，以喂八九成饱、不剩料为原则。

5.4.5　保持圈舍卫生,加强猪群调教,训练猪群采食、卧息、排便“三定位”。
5.4.6　采用干清粪工艺,粪便入化粪池;猪栏冬季每隔 1 d 冲洗一次,夏季每天冲洗 1 次。
5.4.7　清理卫生时,注意观察猪群排粪情况;喂料时,观察食欲情况;休息时,检查呼吸情况。发现病猪,及时隔离,对症治疗。
5.4.8　按季节温度的变化,调整好通风降温和防寒保温设备,经常检查饮水器,做好防暑防寒等工作。
5.4.9　调群合群时,尽量保持猪群的整齐度和减少产生应激。
5.4.10　猪舍每周消毒 1 次,消毒药每周更换 1 次。
5.4.11　出栏商品猪应鉴定合格后出场,残次猪特殊处理销售。

6　猪的兽医综合防治管理规程

6.1　严格按照《猪场生活区防疫制度》《猪场生产线防疫制度》《猪场购销猪防疫制度》《猪场车辆卫生防疫制度》和《猪场日常卫生管理制度》等管理规定,认真做好场区、猪舍内外和猪只内购、外销区域的卫生与消毒工作。
6.2　严格按照《猪的免疫程序》《猪的保健用药》《猪的驱虫程序》等制度,认真做好猪的免疫注射与保健驱虫工作。
6.3　严格按照配种妊娠、分娩产仔、断奶保育、生长育肥车间的生产管理规程,精准精细做好猪的饲养管理,提高猪的抗病能力。
6.4　调查和了解本地区猪流行病的发生、发展、防控等有关信息,及时采取科学化、合理化的综合防制措施。
6.5　定期进行猪病的抗体检测工作,一旦发生疫情或受到周围疫情威胁,及时采取紧急隔离和消毒等自卫措施,全体职工必须严格遵守隔离管理制度。
6.6　引种猪必须进行检疫并隔离观察至少 40 d;生产猪群和购销猪只要发现病猪,应严格消毒污染过的栏舍场地,及时隔离和治疗。
6.7　猪的日常管理要勤观察猪只的健康情况,及时发现病猪,及时采取治疗措施;兽医及相关人员消毒后,方可进入生产线进行病猪的诊疗,并做出后续处理方案。
6.8　猪舍内设置病猪隔离专用栏,发现病猪首先进行隔离,严重疫情,及时上报;兽医及相关人员要熟练掌握肌内注射、静脉注射、腹腔补液、去势手术、难产等简单的操作技术。
6.9　兽医室要按时提出药品和疫苗的采购计划;药房专人管理,备齐常用药,正确保存;各类生产车间领药量,不得超过 1 周的用量,库存无货提前 1 周上报采购计划。
6.10　猪的疫苗注射、用药剂量和针头、输液器等,严格按说明书或遵医嘱使用;给药途径、剂量、用法等准确无误,避免用药不当对猪的健康影响。
6.11　猪只用药后认真观察猪群反应。出现异常或不良反应时,要及时采取补救措施。有毒副作用的药品应慎用,注意配伍禁忌。
6.12　猪的常见病应首先进行必要的临床检查,如体温、食欲、精神、粪便、呼吸、心率等,然后做出正确的诊断和对症治疗。
6.13　及时治疗僵猪,配方采用肌苷＋维生素 B_1,连用 7 d,治疗前驱虫、健胃;仔猪黄白痢等常见病，要有目的地进行对症治疗，定期做药敏试验，有计划地进行药物预防。

6.14　病死猪用专用车运到腐尸池处理；若要解剖应在腐尸池解剖台进行，剖检报告存档管理。临床检查、剖检不能确诊的病死猪，应及时采取病料化验和送检处理。

6.15　久治不愈或无治疗价值的病猪、残次猪和尸体猪等，须经兽医鉴定，方可决定是否出售、淘汰，并按相关程序正确处理。

6.16　兽医人员要认真做好病猪病志、剖检记录和死亡记录，经常总结临床经验，并及时将猪群疾病情况，反映到生产科室，以便有计划、有目的地进行猪病防治。

7　种猪的选留更新与淘汰计划

种猪的更新与淘汰是维持猪群合理结构、提高生产水平和可持续发展的重要技术环节。一般情况下种猪的年更新淘汰率：种母猪控制在25%～35%，种公猪控制在35%～45%；后备母猪控制在10%左右，后备公猪控制在20%左右。

具体的更新与淘汰原则如下。

7.1　后备母猪超过8月龄以上不发情的和断奶母猪2个情期以上不发情的；后备公猪超过10月龄以上不能使用的；种公猪连续2个月精检不合格的和后备猪有先天性生殖器官疾病的。

7.2　青年母猪第1胎、第2胎活产仔窝均在6头以下的；经产母猪累计3胎次活产仔窝均在 6头以下的。

7.3　经产母猪连续2次或累计3次妊娠期习惯性流产的；母猪配种后复发情连续2次以上的。

7.4　经产母猪连续2胎次或累计3胎次哺乳仔猪成活率低于60%的，以及泌乳能力差、咬仔、经常难产的母猪。

7.5　经产母猪7胎次以上，且7胎的窝均活产仔数低于8头的。

7.6　种猪发生普通病连续治疗2个疗程而不能康复的；种猪发生严重传染病或不明原因而失去使用价值的。

8　猪场的生产例会与培训制度

猪场为了有计划地开展生产管理工作，了解生产线的基本情况，总结生产中积累的经验，解决生产中存在的问题，保证生产有条不紊地进行。应针对生产线的管理、技术和饲养人员，定期召开生产例会和安排岗位培训，并进行思想政治、职业素养和技术创新等方面的专项培训，提高全场生产的管理水平。

8.1　每周末晚7:00—9:00为生产例会和技术培训的时间。一般情况下安排在周日晚上进行，生产例会1 h，技术培训1 h。特殊情况下灵活安排，但总的时间不变。

8.2　例会内容主要是总结检查上周工作，安排布置下周工作；按生产进度或实际生产情况进行有目的、有计划的技术培训。

8.3　例会程序

8.3.1　各车间班组长或生产线主管，总结汇报1周的生产管理工作，提出需要推广的经验、解决的问题和下一步做好岗位工作的建议。

8.3.2　主持人(生产副场长)全面总结工作，肯定成绩、解答问题，并统一布置下周的重要工作。对于生产例会上提出的一般性技术问题，要当场研究解决，涉及其他问题或较为复杂的技术问题，要在会后及时上报场务会议讨论研究，并在下周的生产例会上予以解答。

8.3.3　生产例会结束后，进行岗位专业知识和技能的培训，大力培育职工的“工匠精神”和提高职工的创新发展能力。

9　猪场的物资与生产报表制度

猪场的物资和生产报表，既是反映猪场生产管理和岗位职责落实情况的有效手段，也是统计分析和科学指导生产的依据，对降低生产消耗和提高效益具有重要意义。

9.1　物资管理由专人负责，要建立进销存台账制度，凭单进出仓库，做到货单相符，不准弄虚作假。

9.2　生产必需品如饲料、药物、生产工具及低价值易耗品等，每月制订计划上报。各生产班组根据实际需要领取，减少浪费。

9.3　生产班组做好各种记录报表，并准确如实地填写周报表，交到主管审核后，及时送到场部，其中配种、妊娠、分娩、断奶、保育、生长、育肥及转栏、销售等报表，应一式两份上报。

9.4　猪场生产报表目录

9.4.1　种猪配种情况周报表和母猪分娩及产仔情况周报表。

9.4.2　断奶母猪和仔猪生产情况周报表及死淘情况周报表。

9.4.3　肉猪转栏情况周报表和猪只上市及死亡情况周报表。

9.4.4　母猪妊检空怀及流产情况周报表。

9.4.5　猪群生产盘点周报表以及月报表。

9.4.6　配种妊娠舍、分娩保育舍、生长育肥舍周报表。

9.4.7　公猪的配种登记月报表和母猪人工授精周报表。

9.4.8　饲料需求计划月报表、饲料进销存周报表、饲料进销存月报表、药物需求计划月报表、药物进销存周报表、药物进销存月报表。

9.4.9　生产工具及低值耗材需求计划月报表、进销存月报表和饲料、兽药、低值耗材等内部领用周报表。

10　消毒室人员的进出管理制度

10.1　员工应自觉遵守消毒室管理制度，上班必须沐浴更衣后，方可进入生产线。

10.2　员工上班换下的衣服、鞋帽等，留在消毒房外间的衣柜内，经消毒沐浴后，穿上工作服和工作靴上班。

10.3　员工下班时工作服留在里间衣柜内，然后在外间穿上自己的衣服鞋帽等回到生活区。

10.4　换衣间保持整洁，衣服编号和衣柜编号一一对应，工作服、毛巾折叠整齐，禁止随意乱放，胶靴放在自己的编号柜内。

10.5　地面、冲凉房保持清洁干净、整齐有序，无臭味。

10.6　工作服、工作靴等不得乱拿乱放，要整洁、整齐。

10.7　专人负责消毒更衣房的人员进出管理工作。

11　仓库管理员的岗位责任制度

11.1　严格遵守财务人员守则，物资出入库时要计量和办理手续。

11.2　所有物资要分门别类堆放，做到整齐有序、安全、稳固。

11.3　每月盘点1次，如账物不符应及时查明原因，履职尽责。若因失职造成损失的需承担管理责任。

11.4　协助生产线管理人员，做好物资的保管和发放工作。

11.5　协助后勤主管做好物资库存和领用计划的制订工作。

12　生产车间周工作日程安排

由于工厂化养猪的生产工艺呈现流水化运行特征，生产管理的周期性和规律性很强，各个环节相互联系、相互依存、相互影响，且环环相扣。因此，要求各个生产车间的员工，都要按照生产工艺所要求的岗位工作日程和内容，严格遵守劳动纪律，按时上下班，相互配合、尽职尽责完成岗位工作任务。猪场生产车间每周工作日程见表6-10。

表6-10　生产车间每周工作日程

日期	配种妊娠舍	分娩保育舍	生长育肥舍
周一	日常工作、大清洁与大消毒、淘汰猪鉴定等。	日常工作、大清洁与大消毒、断奶母猪淘汰鉴定等。	日常工作、大清洁与大消毒、更新淘汰猪鉴定等。
周二	日常工作、更换消毒池盆药液、接收断奶母猪、空怀母猪整群等。	日常工作、更换消毒池盆药液、断奶母猪转出、空栏冲洗消毒等。	日常工作、更换消毒池盆药液、空栏冲洗消毒等。
周三	日常工作、不发情不妊娠猪集中饲养、驱虫、免疫注射等。	日常工作、驱虫、免疫注射等。	日常工作、驱虫、免疫注射等。
周四	日常工作、大清洁与大消毒、调整猪群等。	日常工作、大清洁与大消毒、仔猪去势、僵猪治疗等。	日常工作、大清洁与大消毒、调整猪群等。
周五	日常工作、更换消毒池盆药液、妊娠与临产母猪的进出管理等。	日常工作、更换消毒池盆药液、接收临产母猪、做好分娩准备等。	日常工作、更换消毒池盆药液、空栏冲洗消毒等。
周六	日常工作、空栏冲洗与消毒等。	日常工作和仔猪剪牙、断尾、补铁、强弱分群等。	日常工作、出栏猪鉴定等。
周日	日常工作、妊娠诊断与复查、设备检查维修、周报表等。	日常工作、清点仔猪数、设备检查维修、周报表等。	日常工作、存栏盘点、设备检查维修、周报表等。

五、猪的生产成本和效益分析

猪的生产成本和效益分析，就是考核养猪生产中的各项消耗，分析各项消耗增减原因，从而找到降低生产成本的途径。成本是猪场生产产品所消耗的物化劳动和活劳动的总和，是在生产中被消耗掉的价值，为了维持再生产，这种消耗必须在生产成果中予以补偿。一个养猪企业如果要增加效益，通常有两条途径：一是通过扩大再生产，增加总收入；二是通过改善经营管理，节约各项消耗，降低生产成本，提高经济效益。因此，猪场的经营管理必须高度重视生产成本的核算和经济效益的分析，以更好地为猪场的可持续发展提供支撑。

（一）猪的生产成本核算

1. 猪的生产成本分类

主要包括直接成本和间接成本。直接成本是指直接用于养猪生产的费用，具体有猪群饲养劳务费、猪群生产饲料费、猪病防治药品费等；间接成本是指间接用于养猪生产的费用，具体有猪场管理劳务费、种猪价值摊销费、固定资产折旧费、设施设备维修费、水电暖等资源费、低耗品及工具费、产品销运开支费、粪便污水处理费、其他事项开支费（如贷款利息、差旅费、招待费、绿化费等）。在养猪生产实践中，需要计入成本的直接费用和间接费用项目很多，概括起来主要有以下 12 种。

（1）猪群饲养劳务费　指用于种公猪站、配种车间、妊娠车间、分娩车间、保育车间、生长（或育成）车间、育肥（或后备）车间及饲料生产、设备养护、兽医保健、产品销售和肥料生产等岗位人员的工资报酬。主要包括各个生产岗位的班组长、饲养员和临时工等。要通过劳务费的合理支出，充分调动生产一线饲养人员的工作积极性。

（2）猪群生产饲料费　指用于哺乳仔猪、保育仔猪、育成猪、后备猪、生长猪、育肥猪、鉴定猪、种公猪、繁殖母猪等各类猪群的全价料、浓缩料、预混料及其他单一饲料等发生的费用，这是养猪生产中的最大支出部分，要尽可能地细化饲料的使用管理，减少饲料浪费，节约生产成本。

（3）猪病防治药品费　指用于猪场、猪舍、猪群的兽医卫生、消毒防疫和诊疗保健，能直接记入账目的药物、疫苗和针剂等发生的费用。要基于预防为主、治疗为辅的养猪原则，尽可能降低猪的发病率，减少药品、疫苗、针剂等在消毒防疫和疾病诊疗过程中的开支。

（4）猪场管理劳务费　指用于企业行政、生产、后勤等管理岗位人员的工资报酬。主要包括场长、副场长、科室主任及职员等，要通过劳务费的合理支出，充分调动管理岗位工作人员的积极性。

（5）种猪价值摊销费　指用于负担种公猪和种母猪的价值摊销费用，若是购买或转入的仔猪、后备猪，应将期初原值计入成本。一般情况下，可按照其 3～4 年的使用期限，分年度摊销成本费用。例如，一头种猪的期初原值是 4 000 元，如果按照 4 年的价值摊销，可以按照每年 1 000 元的使用价值，将其分摊到猪场主产品（商品猪）的生产成本中计算即可。

（6）固定资产折旧费　指用于猪场的办公用房、生产用房、后勤用房及购买价值符合国家标准的相关器械设备等固定资产，并按一定的使用年限所发生的折旧费用。一般情况下，设施设备的年折旧率可按 5%左右计算即可。

（7）设施设备维修费　指用于固定资产在使用过程中所发生的一切维护修理费用。如各类房舍的修缮费、饲料机组的修理费、粪污设备的修理费、车辆维护的保养费等，要规范设施设备的操作使用，尽可能减少维修费用的支出。

（8）水电暖等资源费　指用于职工生活、行政办公、猪群生产、粪污处理、物料运输等过程中，所消耗的水、电、煤、汽、油等发生的费用。现代养猪自动化喂料饮水系统、自动化环境控制系统、粪污资源化利用系统等新技术、新工艺和新方法的应用，已促使养猪所消耗的燃料费、动力费等开支，在生产中占有很大比重。

(9)低耗品及工具费　指用于猪场经营管理过程中能够直接记入的办公用品、生产用品、劳保用品、日常用品等低值耗材所发生的费用。如工作服、喷雾器、注射器、扫帚、手套等方面的费用。

(10)产品销运开支费　指产品销运过程中所发生的客户对接、装卸运输和售后服务等成本费用。如装卸、交通和销售杂费等。

(11)粪便污水处理费　指用于猪场粪污清理和资源化处理等过程中发生的装卸、拉运和有机肥生产耗材等费用。

(12)其他事项开支费　凡不能直接归入以上各个事项的开支费用，如节日慰问、职工差旅、办公招待和场区绿化等。

2. 猪的生产成本核算

猪的生产成本是企业经营过程中必然发生的消耗。有的直接服务于产品生产，如猪群饲养劳务费、猪群生产饲料费、猪病防治药品费等，这种为生产某一种产品(如商品种猪、商品肉猪等)所支付的开支，就称为直接支出，又称为该产品的直接生产成本，客观上可以真实计入生产经营成本，不打折扣。而另一些消耗，如猪场管理劳务费、种猪价值摊销费、固定资产折旧费、设施设备维修费、水电暖等资源费、低耗品及工具费、产品销运开支费、粪便污水处理费和其他事项开支费等，是间接服务于产品的生产所共同支付的开支，称为该产品的间接生产成本，又称为间接支出，这些费用不是单一的为某种或几种产品服务，而是为产品的全要素生产服务，所以不能只记在某一种产品的账上，也不能单独计入某种产品的生产经营成本，而是需要采取分摊的方法，计入产品的生产成本。

计算猪的生产成本，需要掌握必备的基础性资料。首先要在一个生产周期或一年内，掌握人员的岗位与配置、猪群的结构与规模、耗费的事项与投入、产品的种类与产量及相关的财务管理数据等统计资料；然后根据成本项目记账或汇总，核算猪的直接生产成本、间接生产成本、产品总成本、产品单位成本和产品饲养日单位成本；进而运用这些数据资料，并依据产品的市场销售单价和主副产品的总产量，计算产品的销售收入、单位产品的利润额和总利润额等经济效益指标。在生产实践中，应聚焦降低成本项目的关键要素，为高效益、高质量养猪提供科学可靠的决策依据。

(1)产品总成本　表明猪场生产某一产品生产期内的全部成本之和(包括直接生产成本和间接生产成本)，是计算产品单位成本的重要依据。其计算公式如下。

产品总成本＝直接生产成本＋间接生产成本

(2)产品单位成本　这是经营者必须进行分析核算的重要成本指标。在产品单价一定的条件下，产品单位成本越高，所获的盈利越少，全场的经济效益就越低。如果产品成本超过产品销售单价，势必发生亏损，应尽量避免这种情况的发生。其计算公式如下。

产品单位成本＝(产品总成本－副产品价值)÷猪产品产量

(3)产品饲养日单位成本　表明猪场生产某一产品平均每天每头猪支出的成本(包括直接成本和间接成本)，对猪场的经济核算十分重要。其计算公式如下。

产品饲养日单位成本＝产品总成本÷产品总量÷单位产品饲养日

(二)猪的经济效益分析

猪的经济效益分析是根据生产成本核算所反映的项目费用，对产品的成本、产量、收入、利润等进行分析和统计，以便对养猪生产的经营、管理和效益做出科学而正确的评价，进而为企业的扩大再生产和可持续发展提供决策和依据。

1. 产品的成本分析

养猪的主产品是商品肉猪，其中仔猪经过哺乳、保育阶段的精心饲养，进入生长(或育成)阶段，可按照种用和肉用方向重点培育和销售。其中种用方向的后备猪主要用于自繁自养种猪群的更新接续，一般对外销售的数量较少；而肉用方向的育肥猪主要用于规模化的商品猪生产，是企业获取收益的主要来源和推向市场销售的主打产品。因此，猪场经济效益的好坏关键在于商品猪生产的成本高低。其成本分析应首先计算其产品的直接生产成本和间接生产成本，然后计算产品总成本、产品单位成本、产品饲养日单位成本等。通常情况下，商品猪的饲料成本约占总成本的 70%，是影响养猪效益高低的重要因素。在生产实践中，应通过科学配合饲料、提高饲料报酬、减少饲养浪费等措施，尽可能降低商品猪的生产成本。

2. 产品的销售分析

猪产品的销售应在充分调研人们对无公害、绿色、有机等高质量猪肉需求的基础上，切实凸显体重达标、适时出栏和价格高位等关键要素，尽可能增加产品的销售收入，并力争实现产品价值的最大化。其计算公式如下。

产品总收入＝主产品销售收入＋副产品销售收入

主产品销售收入＝主产品总量×主产品单位售价

副产品销售收入＝淘汰种猪销售收入＋有机粪肥销售收入

3. 产品的利润分析

猪产品所创造的价值中，扣除成本支付报酬、补偿生产消耗之后的余额，即养猪者的盈利又称为毛利。毛利减去税金就是利润。利润不但是考核养猪生产经营好坏的重要手段，而且是决定养猪企业能否扩大再生产的重要条件。

产品利润额＝产品总收入－产品总成本－税金±营业外收支

当上式结果出现负值时即为亏损。利润额只说明利润的多少，不能反映利润水平的高低。因此，考核利润还要计算成本、产值和投资的利润率。计算公式如下。

成本利润率＝利润额÷产品总成本×100%

产值利润率＝利润额÷产品总产值×100%

投资利润率＝利润额÷投资总额×100%

(三)猪场效益分析案例

某规模化猪场始建于 2017 年 12 月，初建时的固定资产原值为 800.00 万元，若年折旧率按照5%计算,2022年12月末账面净值为652.00万元。猪场的生产目标为年出栏商品猪10 000头,生产节律以"周"为单位,生产工艺设定配种、妊娠、分娩、保育、生长(或育成)、后备和育肥七个环节,生产时段按猪群类别设定5周、13周、5周、5周、6周、18周、9周七个期限,生产组织以"周"为单位执行"分组分期、全进全出"的转群制度。如果该猪场母猪的配种妊娠率、妊娠分娩率和窝均产仔数分别为90%、98%和10头;猪在哺乳、保育、生长(或育成)、后备、育肥阶段的成活率分别为92%、94%、96%、98%、98%;种用公、母猪的比例设定为1∶25,年更新淘汰率为30%;后备猪以种猪年更新淘汰率为依据,并在生长(或育成)段结束时确定留种的数量,公、母猪分群饲养。猪场的人员配置、猪群结构、饲料与产品的市价及相关的成本项目如下。

1. 人员配置

猪场行政、生产和后勤等岗位的设置(详见图6-7)与人员配置情况为:场长1人、行政副场长1人、生产副场长1人、后勤副场长1人,并成立相应的行政(党务、场务、人事、财务和安全等)、后勤(伙食、水电、车辆、绿化等)和生产科室(以生产组别为主,配备组长和饲养员即可),其中科长3人,科室职员10人;生产一线猪群的饲养及保障服务人员,按照种公猪站、配种妊娠组、分娩接产组、断奶保育组、生长育肥组、饲料生产组、设备养护组、兽医保健组、产品销售组和肥料生产组等组别配备。其中,种公猪站设站长1人、技术员1人、饲养员1人,其他各组每组设组长1人、饲养员1人,饲养员不足时,可从临时市场聘用务工人员;全场职工合计38人,其中,猪场组织管理人员17人,月均工资为4 000元/人;生产管理人员21人,月均工资为5 000元/人。

2. 猪群结构

猪场猪群的生产结构和规模见表6-11。

表6-11 万头规模化猪场猪群的生产结构与规模

猪群类别	猪的饲养周数	猪的转群组数	每组转群猪数	每期周转猪数	采食量/[kg/(日·头)]	备注
种公猪群	不转群	常年均衡饲养		24	2.52	种公猪站
配种母猪群	5	5	28	140	2.35	配种车间
妊娠母猪群	13	13	25	325	2.44	妊娠车间
泌乳母猪群	5	5	24	120	5.50	分娩车间
哺乳仔猪群	5	5	221	1 105	0.29	分娩车间
保育仔猪群	5	5	208	1 040	0.84	保育车间
生长(或育成)猪群	6	6	200	1 200	1.60	生长(或育成)车间
后备猪群	18	18	4	72	2.15	后备车间
育肥猪群	9	9	193	1 737	2.62	育肥车间
猪场常年存栏猪总数				5 763	20.31	生产周转

3. 成本信息

经调查和分析,猪群生产的饲料价格为:哺乳猪料0.35万元/t,保育猪料0.32万元/t,生长猪料、后备猪料和育肥猪料 0.30 万元/t，种公猪和种母猪料 0.28 万元/t；猪病防治的药品费：哺乳仔猪 10 元/(头·期)、保育仔猪 10 元/(头·期)、生长(或育成)猪 15 元/(头·期)、育肥猪 20 元/(头·期)、后备猪 50 元/(头·年)、种公猪和配种母猪、怀孕母猪、泌乳母猪均为 60 元/(头·期)；种猪的期初原值 3 200 元，按 4 年使用期回收；固定资产折旧费 32 万元，设施设备维修费 28 万元、水电暖等资源费 20 万元，低耗品及工具费 10 万元，产品运销开支费 5 万元；粪便污水处理费 15 万元；其他事项开支费 10 万元。

4. 产品销价

每头商品肉猪市场销售单价 1 600 元/头，副产品(淘汰种猪)销售收入 10 万元，副产品(有机粪肥)销售收入 30 万元。

根据以上资料，分析 2022 年猪场的生产成本和经济效益。

第一步，成本分析。

(1)猪产品直接成本的计算　由于猪场的主产品是商品肉猪，根据成本项目分配原则，种公猪、配种母猪、妊娠母猪、泌乳母猪、后备猪、哺乳仔猪、保育仔猪、生长(或育成)猪、育肥猪的直接饲养成本，均应分摊至主产品(体重达 90～100 kg 或 100～120 kg 的商品肉猪)当中进行核算。

①猪群饲养劳务费。计入直接成本的猪群饲养劳务费，主要包括种公猪饲养组、配种妊娠组、分娩接产组、断奶保育组、生长育肥组以及协助生产线服务的饲料生产组、设备养护组、兽医保健组、产品销售组和肥料生产组等岗位，承担工作的组长、职员等劳务人员的工资，共计 21 人。

猪群饲养劳务费：5 000×21×12÷10 000＝10.50(万元)

②猪群生产饲料费。根据各类猪群每日每头猪的采食量标准，计算饲养日总和所消耗的饲料费。

种公猪：　24×365×2.52÷1 000×0.28≈6.18(万元)

空怀母猪：140×52÷5×35×2.35÷1 000×0.28≈33.53(万元)

妊娠母猪：325×52÷13×91×2.44÷1 000×0.28≈80.82(万元)

泌乳母猪：120×52÷5×35×5.50÷1 000×0.28≈67.27(万元)

哺乳仔猪：1 105×52÷5×35×0.29÷1 000×0.35≈40.83(万元)

保育仔猪：1 040×52÷5×35×0.84÷1 000×0.32≈101.76(万元)

生长猪：　1 200×52÷6×42×1.60÷1 000×0.30≈209.66(万元)

育肥猪：　1 737×52÷9×63×2.62÷1 000×0.30≈496.96(万元)

后备猪：　72×52÷18×126×2.15÷1 000×0.30≈16.90(万元)

猪群生产饲料费合计：1 053.91(万元)

③猪病防治药品费。根据不同类别猪群的常年存栏数和每头每年的兽医防治药品耗费标准计算。

种公母猪：(140＋325＋120＋24)×60÷10 000≈3.65(万元)

哺乳仔猪：1105×52/5×10÷10 000≈11.49(万元)

保育仔猪：1040×52/5×10÷10 000≈10.82(万元)

生长猪：　1200×52/6×15÷10 000＝15.60(万元)

育肥猪：　1737×52/9×20÷10 000≈20.07(万元)

后备猪：　72×50/18×50÷10 000＝1.04(万元)

猪病防治药品费合计:62.67(万元)

猪产品的直接成本合计:1 127.08(万元)

(2)猪产品间接成本的计算　由于猪场管理劳务费、种猪价值摊销费、固定资产折旧费、设施设备维修费、水电煤等资源费、低耗品及工具费、产品销运开支费和其他事项开支费等项目，都是间接服务于产品的生产。根据成本分摊原则，均应分摊至商品猪(产品)的间接成本中进行核算。

①猪场管理劳务费。猪场管理人员的月工资平均水平为 4 000 元，其中设场长 1 人、副场长 3 人、科长 3 人、管理职员 10 人，共 17 人。

猪场管理劳务费应为:4 000×17×12÷10 000＝81.60(万元)。

②种猪价值摊销费。种猪是猪场抽象的固定资产，如果按 4 年使用期更新，则年摊销费为:3 200÷4×609÷10 000＝48.72(万元)。

③固定资产折旧费。由于养猪场始建于 2017 年 12 月，固定资产原值 800 万元。若固定资产按年折旧率 5%计费，2021 年 12 月猪场固定资产值应为 652 万元，故 2022 年猪场固定资产折旧费应为:652×5%＝32.60(万元)。

④设施设备维修费。养猪场各类房舍及饲料、环保、育种、繁殖、饲养、兽医和粪污处理等设施设备的维修费 28 万元。

⑤水电暖等资源费。供水、供电、供暖等费用 20 万元。

⑥低耗品及工具费。日常耗材、工具等费用 10 万元。

⑦产品销运开支费。商品猪在市场销售过程中发生的客户对接、装卸运输和售后服务等费用 5 万元。

⑧粪便污水处理费。猪场粪污清理和资源化处理等过程中发生的装卸、拉运和有机肥生产耗材等费用 15 万元。

⑨其他事项开支费。职工差旅、节日慰问、办公招待和场区绿化等费用 10 万元。

猪产品的间接成本合计:250.92 万元。

(3)猪产品成本的计算　主要以产品总成本、产品单位成本和产品饲养日单位成本等指标，进行计算。

①产品总成本。产品总成本＝直接生产成本＋间接生产成本＝1 127.08＋250.92＝1 378.00(万元)

②产品单位成本。由于猪场产品收入还存在副产品、种猪淘汰和粪肥产出等，故：

产品单位成本＝(产品总成本－副产品价值)÷产品总量

＝(1 378.00－40)÷(1 737×52/9)×10 000≈1 333.20(元)

③产品饲养日单位成本。产品饲养日单位成本＝(产品总成本－副产品价值)÷产品总量÷单位产品饲养日＝(1 378.00－40)×10 000÷(1 737×52÷9)÷175(哺乳期＋保育期＋生长期＋育肥期)≈7.62 元/(头·日)。

第二步，效益分析。

由于猪场的经济收入主要来自商品肉猪、淘汰种猪和粪肥产出的销售收入。其中主产品为商品肉猪，可结合猪的生产成本，对猪场经济效益进行分析核算。

(1)产品销售总收入　由于该猪场是以商品肉猪的生产为主，副产品价值主要来自更新猪群结构淘汰种公猪和繁殖母猪的销售收入，以及粪污处理形成的有机肥生产收入。故根据产品产量、产品单位售价（1 600 元/头），可计算来自主产品（商品肉猪）和副产品（淘汰种猪、有机粪肥）的总收入。

①商品猪销售收入＝产品总量×产品单位售价＝1 737×52/9×1 600÷10 000＝1 605.76（万元）。

②副产品销售收入＝淘汰种猪销售收入＋有机粪污销售收入＝10＋40＝50（万元）。

③产品销售总收入＝商品猪销售收入＋副产品销售收入＝1 605.76＋40＝1 645.76（万元）。

（2）产品总利润额和单位利润额　2022 年，猪场产品销售总收入 1 654.08 万元，由于近几年养殖业税金很少，猪场也没有营业外收入。据此可计算产品总利润额和单位利润额。

①产品总利润额＝产品销售总收入－（产品总成本－副产品价值）

＝1 645.76－（1 378.00－40）

＝307.76（万元）

②产品单位利润＝产品总利润额÷产品产量

＝307.76×10 000÷（1 737×52÷9）

≈306.66（元）

通过分析结果，可以得知猪场产品的单位成本、总成本，单位产品的销售收入、总收入和单位产品的利润额、总利润额等经济指标。它不但有利于决策者对现实的成本，做出正确的分析评价，而且还可以根据产品售价和利润额，随时掌握猪场经营的盈亏状态。并以此为据，找出降低养猪成本的措施和途径，为高效益养猪奠定基础。

思政关联

产业化养猪——助力乡村振兴

党的十九大报告首次提出实施乡村振兴战略，坚持农业农村优先发展，加快推进农业农村现代化，提升亿万农民幸福感，这是“三农”工作重心的历史性转移。我国脱贫攻坚取得胜利后，已进入乡村振兴战略引领的新时代，主要发展内容是产业振兴、人才振兴、文化振兴、生态振兴和组织振兴，其中产业振兴是乡村振兴的重中之重。实现乡村振兴要把农业发展摆在突出的位置，把产业发展摆在优先的位置：一是深入推进农业供给侧结构性改革，奏响质量兴农、绿色兴农、品牌兴农的主旋律，推动农业由增产导向转向提质导向，二是加快培育乡村主导产业、乡土特色产业，促进农村一、二、三产业的融合发展，实现农民增收富裕和农村经济繁荣。

养猪业是我国农村经济发展的重要组成部分，助力乡村振兴的突破点是将养猪业做优、做大和做强，其中做优靠生态，做大靠规模，做强靠产业。而养猪产业化就是把人员、资金、设施、设备、饲料、环境、引种、繁殖、选育、饲养、防病、治病、猪群周转、种猪更新、肉猪出栏、屠宰加工、产品销售、社会服务等要素连接在一起，形成集生产、加工、销售和服务为一体的经营模式。因此，大力发展产业化养猪，对于培育乡村振兴产业，助力经济社会发展，具有重要的历史意义和现实意义。

全面推进乡村振兴是新时代建设农业强国的重要任务。中国要强农业必须强；中国要美农村必须美；中国要富农民必须富。发展农村经济，壮大支柱产业。一是要转变思路，树立大农业观念，以战略高度看待现代畜牧业。发展现代养猪业，要根据当地环境承载能力，确定养猪规模，要求饲养管理规范化、科学化，并严格按照绿色食品规定生产经营，保证猪肉产品无污染，让消费者买得放心，吃得舒心。二是要调整结构，以市场需求为导向迎合消费者。发展现代养猪业，要遵循“以地定养，以养肥地，循环发展”的原则，将猪、沼、肥、粮、鱼、林、果、蔬、花等连接在一起，积极打造集畜牧、水产、林果、花卉、餐饮、观光、旅游于一体的康养产业，建设美丽家园、美丽乡村、美丽祖国。三是要加强管理，以成本优势实现利益最大化。发展现代养猪业，要发挥高质量的人才、技术、标准、法规和政策等优势，从设施、设备、饲料、环境、品种、生产、疫病、产品、营销等方面，周密组织，科学生产，实现生态、产业、效益的最大化，为农民增收致富、振兴乡村经济奠定基础。四是要搭建平台，以优质服务引领养猪产业化。发展现代养猪业，要积极搭建“公司＋基地”“公司＋农户”“种植＋养殖”“绿色＋特色”“旅游＋养殖”“网络＋养殖”等多形式的经营平台，利用现代网络和营销手段，提升产业的美誉度和影响力。让农户成为乡村产业发展的主体，让农户在产业发展中体验现代生活，让养猪业真正助力乡村振兴。

实践训练

养猪的生物安全和生产管理岗位实践

一、实习目的

通过养猪的生物安全和生产管理实践，将理论专业知识融入猪场种公猪站、繁殖母猪场、保育猪场、商品场、饲料站、兽医站、肥料站等工作岗位，为更好地服务养猪生产的管理，打下必要的基础。

二、实习地点

畜牧兽医专业群校内外产教融合型养猪企业。

三、实习内容

1. 养猪的生物安全岗位实践

主要参与猪场的消毒、卫生、隔离、防疫、检疫、驱虫、病诊、治疗、用药、除污、灭鼠、绿化等工作，并认真做好实践总结和经验交流。

2. 养猪的生产管理岗位实践

主要参与猪只的引种、入群、组群、周转、饲喂、饮水、配种、妊娠、分娩、接产、哺乳、保育、生长、育成、育肥、后备和销售等工作，并认真做好岗位实践与总结。

四、实习组织

（1）教师配合学校联系校企合作单位，签订学生岗位实习协议，并认真做好学生的岗前培训和其他准备工作。

（2）教师配合学校聘请企业兼职教师与学校专职教师，以“双导师”的形式指导学生的岗位实习。

(3)学校和企业共同安排学生的实习岗位，并实施岗位分组轮回实践制度，切实保证学生的实习质量。

五、实习总结

(1)教师组织学生定期开展岗位实习总结汇报会，交流经验和体会，共享收获成果。

(2)学生根据实习的工作岗位，及时填写岗位实习周记，认真编撰专业实践论文。

(3)教师应积极参与学生的经验交流会，及时检查实习周记和修改专业实践论文，并对学生的岗位实习表现进行考核和评定。

线上学习

(1)课件学习 养猪的生物安全与生产管理。

(2)标准学习 《规模猪场生产技术规程》(GB/T 17824.2—2008)、《瘦肉型种猪生产技术规范》(GB/T 25883—2010)、《猪营养需要量》(GB/T 39235—2020)等。

(3)相关链接 中国畜牧网、中国养猪网等官网。

(4)技术视频 以德康集团及大伟嘉集团生产技术视频为例，仅作为实际学习操作参考。

项目六养猪的生物安全与生产管理 PPT

《规模猪场生产技术规程》(GB/T 17824.2—2008)

《瘦肉型种猪生产技术规范》(GB/T 25883—2010)

《猪营养需要量》(GB/T 39235—2020)

分娩选种

初乳管理

加强初乳管理提高仔猪成活率

母猪产后护理精要

弱仔猪护理精要

仔猪去势

仔猪断尾

仔猪补铁

考核评价

1. 理论测试

以养猪的生物安全和生产管理为主要内容，以校园网为共享平台，连接学生手机和教室智慧黑板，并要求其在规定的时间（30 min）内完成答题内容，并适时提交。教师通过智慧黑板考核窗口，适时发布学生的答题结果，并进行适当的点评（15 min）。成绩评定按照每空格 2 分，共计 50×2＝100 分，其中 90 分及以上为优秀，80 分及以上为良好，60 分及以上为合格，59 分及以下为不合格。

（1）党的十九大报告首次提出实施乡村振兴战略，这是“三农”工作重心的历史性转移。主要发展内容是（　　）振兴、（　　）振兴、文化振兴、生态振兴和组织振兴，其中（　　）是乡村振兴的重中之重。

（2）猪的生物安全体系建立，需要严格控制人员与用品、器械与设备、（　　）与（　　）、（　　）与（　　）、宠物和蝇鼠、（　　）与（　　）等物流媒介的安全流通。

（3）猪的生产类群是指基于引种、繁殖和选育而形成的种公猪群、（　　）群、（　　）群、（　　）群、（　　）群、（　　）群、生长猪群（留种为育成猪群）、育肥猪群（留种为后备猪群）和鉴定猪群，鉴定猪培育合格者即转为基础公猪或基础母猪。

（4）哺乳仔猪是指自出生之日起，哺乳至（　　）日龄或 35 日龄、目标体重达 8 kg 及以上时的猪只。这一时期仔猪的平均日采食量（　　）kg，平均日增重（　　）g，料重比（　　）。

（5）保育仔猪一般是指自断奶之日起，转入保育舍饲养（　　）日龄或 42 日龄、目标体重达 25 kg 及以上时的猪只。这一时期保育仔猪的平均日采食量一般为（　　）kg，平均日增重（　　）g，料重比（　　）。

（6）生长育肥猪“前高后低”的饲养方式是指在小猪（　　）kg 和中猪（　　）kg 阶段通过给予高能量、高蛋白且富含矿物质和氨基酸的全价日粮，（　　）采食、自由饮水，保证骨骼和肌肉得到最大限度的生长；在大猪（　　或　　）kg 阶段通过控制能量水平、调整饲料结构和适当（　　）喂量等措施，减少脂肪的快速沉积和提高瘦肉率。

（7）配种车间饲养的是由后备车间补充入群的（　　）和分娩车间转来的（　　）。饲养管理的主要任务是让母猪保持适宜的（　　），按时（　　）、排卵和接受配种，顺利实现受胎妊娠的生产目标。

（8）妊娠车间饲养的是由（　　）车间完成人工输精或自然交配，并经早期妊娠诊断（配种后　　d 左右），确认怀孕而转来的母猪。饲养管理的主要任务是让母猪维持利于妊娠的（　　）膘情，确保胎儿在子宫内良好的（　　）和促进母猪的泌乳储备，从而顺利实现母猪安全、多量和优质产仔的生产目标。

（9）分娩车间饲养的是由（　　）车间完成怀孕并经临产判定确认（　　）周之内分娩而转来的产仔母猪。饲养管理的主要任务是让其顺利的分娩、高效的（　　）和安全的干奶，并为下一轮次母猪的（　　）做好准备，进而实现多产仔、多泌乳和多育仔的生产目标。

（10）种公猪适宜的配种体况是保持健壮的（　　）、充沛的（　　）、旺盛的（　　）和适宜的（　　）膘情。为了满足这一要求，多以生湿拌料、干粉料或颗粒料为主，执行（　　）饲喂、自由饮水的饲养方式，并要求定时、定量和定质，严禁使用发霉变质的饲料和不清洁的饮水。

(11)猪的生产成本分为直接成本和间接成本。直接成本是指直接用于养猪生产的费用，主要包括猪群(　　　　)费、猪群(　　　　　)费、猪病(　　　　　)费等；间接成本是指间接用于养猪生产的费用，主要包括猪场管理(　　　　)费、种猪价值(　　　　)费、固定资产(　　　　)费、设施设备维修费、水电暖等资源费、低耗品及工具费、产品销运开支费、粪便污水处理费、其他事项开支费等。

2. 实践观测

以学生平时的实践训练表现和总结报告为观测点，按照 90 分及以上为优秀，80 分及以上为良好，60 分及以上为合格，59 分及以下为不合格，进行成绩评定。

3. 综合评价

通过“理论测试＋实践观测”的方式进行，考核成绩＝理论考核(50%)＋实践考核(50%)。

项目六考核评价参考答案

参 考 文 献

[1] John Gadd. 现代养猪生产技术[M]. 周绪斌，张佳，潘雪男，译. 北京：中国农业出版社，2020.

[2] Palmer J Holden，Ensminger M E. 养猪学[M]. 7 版. 王爱国，主译. 北京：中国农业大学出版社，2007.

[3] 吴德. 猪标准化规模养殖图册[M]. 北京：中国农业出版社，2019.

[4] 赵书广. 中国养猪大成[M]. 北京：中国农业出版社，2003.

[5] 彭健. 母猪营养代谢与精准饲养[M]. 北京：中国农业出版社，2019.

[6] 杨公社. 猪生产学[M]. 北京：中国农业出版社，2002.

[7] 黄杰河. 智能化养猪生产技术操作规程[M]. 北京：中国农业科学技术出版社，2015.

[8] 陈辉. 人工智能在养猪生产中应用研究进展[J]. 猪业科学，2019，36(04).

[9] 司马博锋. 光照制度在养猪生产上的应用研究进展[J]. 养猪，2018(05).

[10] 薛瑞林，刘蓓桦，范珍燕. 智能化养猪技术的现状和发展策略[J]. 猪业科学，2022，39(10).

[11] 吴坚，顾培元. 现代养猪技术的创新与应用[J]. 中国动物保健，2021，23(11).

[12] "十四五"全国畜牧兽医行业发展规划. https://www.gov.cn/xinwen/2021-12/22/content_5663946.htm.

[13] 国务院办公厅关于促进畜牧业高质量发展的意见. https://www.gov.cn/zhengce/zhengceku/2020-09/27/content_5547612.htm.